中国硫酸钠矿床

ZHONGGUO LIUSUANNA KUANGCHUANG

魏东岩 严德天 著

图书在版编目(CIP)数据

中国硫酸钠矿床/魏东岩,严德天著. —武汉:中国地质大学出版社,2024.12. —ISBN 978-7-5625-5999-3

Ⅰ.P618.2

中国国家版本馆 CIP 数据核字第 20245J8D21 号

中国硫酸钠矿床	魏东岩 严德天 著
责任编辑:周 旭	责任校对:张咏梅

出版发行:中国地质大学出版社(武汉市洪山区鲁磨路388号)	邮编:430074
电 话:(027)67883511　　传 真:(027)67883580	E-mail:cbb@cug.edu.cn
经 销:全国新华书店	http://cugp.cug.edu.cn

开本:787毫米×1092毫米 1/16	字数:320千字	印张:12.5
版次:2024年12月第1版	印次:2024年12月第1次印刷	
印刷:武汉邮科印务有限公司		
ISBN 978-7-5625-5999-3		定价:68.00元

如有印装质量问题请与印刷厂联系调换

绪 论

硫酸钠矿床通常被称作芒硝矿床,它是盐类矿床的一种重要类型。

盐类矿床主要是由 K^+、Na^+、Ca^{2+}、Mg^{2+} 等阳离子与 CO_3^{2-}、HCO_3^-、SO_4^{2-}、Cl^-、NO_3^-、BO_3^{3-}、BO_4^{5-} 等阴离子组合形成的矿物固体堆积体。硫酸钠矿床正是由阳离子 Na^+(还有 Ca^{2+}、Mg^{2+} 等)与阴离子 SO_4^{2-} 组合形成的矿物堆积体。在现代陆相第四纪盐湖中,一般都能发现硫酸钠矿床的矿石矿物,如芒硝、无水芒硝、白钠镁矾、钙芒硝、钾芒硝等,其中以芒硝($Na_2SO_4 \cdot 10H_2O$)和无水芒硝(Na_2SO_4)最为常见。芒硝与石盐是第四纪盐湖中分布最广泛的盐类矿物。与石盐不同的是,芒硝是喜冷盐类矿物,在地质历史中出现的时间较为短暂,只出现在第四纪。无水芒硝和白钠镁矾既可出现于第四纪,也可以出现于中新生代。钙芒硝除产出于第四纪外,更多产出于中新生代,甚至古生代或元古宙。就硫酸钠矿床而论,芒硝矿床显然不能代表硫酸钠矿床的整体。我们将能从其中提取硫酸钠组分的矿床统称为硫酸钠矿床。硫酸钠矿床,可以是固体矿床,也可以是液体矿床,还可以是固液兼存矿床。

我国硫酸钠矿床资源十分丰富,同时我国也是世界上最大的无水硫酸钠(元明粉)出口国,硫酸钠储量居世界首位。我国赋存芒硝资源最丰富的省(自治区)有青海、内蒙古、新疆、西藏等,含钙芒硝资源最丰富的省有青海、四川、云南、湖北、湖南等,其中四川盆地西部钙芒硝矿床资源潜力巨大。

我国硫酸钠矿床成因分类主要考虑的因素有产出的时代、岩相、产状、矿石建造等。首先按照产出时代与产出环境及岩相的不同,可划分为第四纪盐湖型、中新生代陆相碎屑岩型和古代海相碳酸盐型硫酸钠矿床,然后根据物相和产状再细分,最后根据矿石建造再进一步细分。

第四纪硫酸钠矿床可分为盐湖型芒硝矿床和砂下湖型芒硝矿床两个亚类。这两类亚型芒硝矿床,特别是盐湖型芒硝矿床是我国当前开采利用的主要对象之一。这是因为该类矿床品位高、埋藏浅、易掘采、投资少、收益大,多可综合利用,具有极大的经济价值。但由于开采不当,有时甚至是掠夺性、破坏性开采,加之没有采取边采边保护措施,该类矿产资源面临极大的损失与浪费。第四纪硫酸钠矿床的分布除与构造运动有关外,还与气候(与冰期、冰后期有关)以及纬度关系密切,多集中分布于北纬 30°~49°之间。成盐期主要可分为 3 期,即第四纪早更新世—晚更新世初期、晚更新世末期—全新世、全新世中晚期—近代。

中新生代钙芒硝矿床根据组成的矿石建造可分为 3 个亚类,即钙芒硝矿床、岩盐-钙芒硝矿床、钙芒硝-岩盐-无水芒硝矿床。在四川盆地三叠系中还发现了钙芒硝-杂卤石-岩盐矿床亚类。中新生代钙芒硝矿床(包括部分无水芒硝矿床等)的分布与板块构造密切相关。例如江苏淮安晚白垩世的钙芒硝-岩盐矿床,江西、安徽、湖北、湖南等地的古近纪—新近纪钙芒硝(无水芒硝)矿床分布于邻近俯冲带大陆裂谷系盆地中。晚侏罗世、晚白垩世、新近纪、第四纪钙芒硝矿床或芒硝矿床则分布在新疆吐鲁番-哈密盆地、云南滇中安宁盆地、禄劝禄丰盆地、青海柴达木盆地等板块碰撞形成的山前或山间盆地中。

研究表明,我国硫酸钠矿床具有如下特征:①矿床类型多、分布广、储量大;②芒硝(钙芒硝)与多个矿种共生或伴生,如硝盐共生、硝膏共生、硝碱共生、芒硝-硝石共生、硝硼共生、钙芒硝与含钾卤水伴生(如罗布泊"砂下湖"钙芒硝矿层中赋存有含钾卤水,形成大型钾盐矿床);③在我国西部,当钙芒硝矿层出露地表,在适宜的条件下,可以形成次生芒硝、石膏矿床,便于就近开采,节约开采资金;④我国硫酸钠矿床(特别是钙芒硝集中分布区)同时也是油气远景区,可油硝兼探,节约勘探费用;⑤我国有些地区,如四川盆地西部,钙芒硝矿床通常含地下硝水矿床,矿层埋藏较浅,适合民采,利于贫困地区脱贫;⑥我国华南陆块的江汉盆地和江西吉泰盆地等发育了白垩纪—古近纪的无水芒硝(钾芒硝)-钙芒硝蒸发岩建造,其内往往形成富含钾、锂、铷、铯、溴、碘、硼等的矿液,值得高度注意。

在硫酸钠矿床开采利用过程中应特别注意以下几点:

(1)要十分珍惜矿产资源,因为矿产资源是不可再生资源,不能滥采乱挖,不能"吃富弃贫",不能随意丢弃矿产资源。

(2)要边开发利用,边实施保护措施。例如我们的先人开发山西运城盐池的过程,是与洪水进犯盐池作斗争的过程,同时也是修筑水利设施进行保护的过程。

(3)要注意环境保护,不能污染水源、农田,在开发前和开发中必须视情况变化制订环境保护措施。

笔者从20世纪60年代以来,大部分时间都在做硫酸钠矿床方面的研究工作。在硫酸钠矿床物质成分研究中,通过野外现场和室内运用显微镜、扫描电镜等仪器对硫酸钠矿物及嗜盐生物的长期研究,发现了大量嗜盐生物的化石,如卤虫和卤水蝇的幼体、成虫化石以及它们的卵化石与粪粒化石(称其为两虫化石)等,并提出了蒸发岩生物成因的新观点(魏东岩,2008)。

"中国硫酸钠矿床"作为中国地质学会的研究课题立项已有多年,20世纪90年代,经袁见齐教授推荐,笔者参与编写了《中国矿床》(1994)中硫酸钠矿床的相关内容。袁见齐教授生前也希望笔者能尽早编写《中国硫酸钠矿床》一书。宋叔和院士在20世纪90年代曾专门与笔者长谈《中国硫酸钠矿床》的写作问题。老一辈地质学家的期待一直鼓励着笔者努力完成这本书的写作。曲懿华教授在本书写作过程中提供了部分资料,并给予了很好的建议。赵鹏大院士和魏民教授都提出了很好的意见,还对笔者给予了鼓励。笔者对以上老前辈及老先生的教诲、指导和帮助深表谢意!同时还要对负责文字打印和图件汇总工作的栾俊霞同志表示感谢!

由于笔者水平有限,书中难免有错误和缺漏之处,希望翻阅到本书的专家、学者不吝赐教,以便笔者能及时修正错误,提高并更新认识。

目 录

上篇 综述

第一章 硫酸钠矿床的矿物成分及矿石类型 ……………………………………………… (3)
  第一节 硫酸钠矿床的矿石矿物 ……………………………………………………… (3)
  第二节 硫酸钠矿床中的其他盐类矿物 ……………………………………………… (9)
  第三节 硫酸钠矿床中的钙镁碳酸盐类矿物 ………………………………………… (11)
  第四节 硫酸钠矿床中的黏土矿物 …………………………………………………… (13)
  第五节 硫酸钠矿床中的其他自生矿物或副矿物 …………………………………… (17)
  第六节 硫酸钠矿床的矿石类型 ……………………………………………………… (19)

第二章 硫酸钠矿床成矿地质背景及矿床成因分类 ……………………………………… (23)
  第一节 硫酸钠矿床的成矿时期 ……………………………………………………… (23)
  第二节 硫酸钠矿床的构造控制与空间分布 ………………………………………… (24)
  第三节 中国第四纪盐湖概述 ………………………………………………………… (27)
  第四节 硫酸钠矿床的成因分类 ……………………………………………………… (28)

第三章 第四纪盐湖的生物资源 …………………………………………………………… (31)
  第一节 藻 类 ………………………………………………………………………… (31)
  第二节 细 菌 ………………………………………………………………………… (32)
  第三节 原生动物及其他浮游生物 …………………………………………………… (33)
  第四节 卤水虾(卤虫) ………………………………………………………………… (34)
  第五节 卤水蝇(卤蝇) ………………………………………………………………… (36)
  第六节 鸟 类 ………………………………………………………………………… (38)
  第七节 盐湖区植被及有蹄动物 ……………………………………………………… (39)

第四章 硫酸钠矿床生物成因简述 ………………………………………………………… (40)
  第一节 现代盐湖生物食物链 ………………………………………………………… (40)
  第二节 硫酸钠矿层中生物化石的研究 ……………………………………………… (41)
  第三节 生物在硫酸钠(钙)形成中的作用 …………………………………………… (44)
  第四节 硫酸钠的物理化学特征 ……………………………………………………… (47)

第五章 硫酸钠矿产资源开发、保护与找矿方向 ………………………………………… (50)
  第一节 我国硫酸钠矿床的开发利用现状 …………………………………………… (50)

第二节　硫酸钠矿床开发与保护 …………………………………………………… (51)

　　第三节　我国硫酸钠矿床的找矿方向 ……………………………………………… (52)

第六章　全球硫酸钠矿产资源概况 …………………………………………………………… (53)

　　第一节　中国硫酸钠矿产资源概况 ………………………………………………… (53)

　　第二节　世界其他国家硫酸钠资源概况 …………………………………………… (57)

下篇　矿床实例

第一章　第四纪盐湖型芒硝矿床及石盐芒硝矿床 ………………………………………… (63)

　　第一节　新疆巴里坤盐湖芒硝矿床 ………………………………………………… (63)

　　第二节　山西运城盐湖石盐芒硝矿床 ……………………………………………… (67)

　　第三节　新疆达坂城东盐湖石盐芒硝矿床 ………………………………………… (71)

　　第四节　内蒙古吉兰泰盐湖芒硝石盐矿床 ………………………………………… (74)

　　第五节　新疆哈密七角井石盐芒硝矿床 …………………………………………… (76)

　　第六节　新疆艾丁湖芒硝石盐矿床 ………………………………………………… (79)

　　第七节　新疆艾比湖石盐芒硝矿床 ………………………………………………… (81)

第二章　第四纪盐湖型含芒硝的复合矿床 ………………………………………………… (85)

　　第一节　青海大柴旦芒硝-硼矿床 …………………………………………………… (85)

　　第二节　西藏扎仓茶卡菱镁矿-硼矿-芒硝矿床 ……………………………………… (88)

　　第三节　西藏班戈湖水菱镁矿-硼砂-芒硝矿床 …………………………………… (93)

　　第四节　西藏郭加林湖水菱镁矿-硼-芒硝矿床 …………………………………… (98)

　　第五节　青海昆特依石盐-芒硝-钾盐矿床 ………………………………………… (99)

　　第六节　内蒙古盐海子泡碱-芒硝矿床 …………………………………………… (103)

　　第七节　新疆乌宗布拉克芒硝-硝酸钾矿床 ……………………………………… (106)

　　第八节　内蒙古哈登贺少湖含钾石膏芒硝-白钠镁矾矿床 ……………………… (110)

第三章　内蒙古达拉特旗第四纪砂下湖型芒硝矿床 ……………………………………… (111)

　　第一节　地理及大地构造位置 …………………………………………………… (111)

　　第二节　区域地质概况 …………………………………………………………… (111)

　　第三节　矿区地质及矿床地质 …………………………………………………… (113)

　　第四节　矿床成因 ………………………………………………………………… (120)

第四章　第四纪砂下湖型含芒硝（钙芒硝）复合矿床 ……………………………………… (122)

　　第一节　新疆罗布泊含卤水钾盐-钙芒硝矿床 …………………………………… (122)

　　第二节　青海察汗斯拉图钾盐-芒硝矿床 ………………………………………… (129)

　　第三节　内蒙古察干里门诺尔芒硝-碱矿床 ……………………………………… (134)

第五章　中新生代陆相碎屑岩型钙芒硝矿床 ……………………………………………… (138)

　　第一节　四川新津钙芒硝矿床 …………………………………………………… (138)

　　第二节　青海西宁硝沟钙芒硝矿床 ……………………………………………… (139)

第三节　广西陶圩钙芒硝矿床 …………………………………………………… (143)

第六章　中新生代陆相碎屑岩型含钙芒硝复合矿床 …………………………………… (147)

第一节　云南安宁石盐-钙芒硝矿床 ……………………………………………… (147)

第二节　湖南澧县曾家河石盐-钙芒硝-无水芒硝矿床 ………………………… (151)

第三节　湖南衡阳石盐-钙芒硝矿床 ……………………………………………… (155)

第四节　湖北潜江石盐-钾芒硝-钙芒硝矿床 …………………………………… (158)

第五节　江苏洪泽顺河集含重碳钠盐的钙芒硝-石盐-无水芒硝矿床 ………… (161)

第七章　古代海相碳酸岩型钙芒硝矿床（矿点） ………………………………………… (168)

第一节　新疆库车盆地第三纪(古近纪＋新近纪)海相碎屑-碳酸岩型石盐-钙芒硝矿床 …………………………………………………………………………… (168)

第二节　四川渠县钙芒硝-杂卤石矿床 …………………………………………… (171)

第三节　其他海相碳酸岩型钙芒硝（矿点） ……………………………………… (171)

主要参考文献 …………………………………………………………………………………… (174)

附　录　中国硫酸钠矿床中典型矿物化石照片及说明 ………………………………… (178)

上篇

综述

第一章 硫酸钠矿床的矿物成分及矿石类型

硫酸钠矿床的主要矿石矿物是含 Na、K、Mg、Ca 的硫酸盐,即芒硝、无水芒硝、钙芒硝、白钠镁矾、钾芒硝、碳酸芒硝等。硫酸钠矿床具有不同的类型,与上述矿石矿物相共生或伴生的盐类矿物还有含 Na、K、Mg、Ca 的碳酸盐、硫酸盐、氯化物和硼酸盐等,如泡碱、天然碱、重碳钠盐、单斜钠钙石、泻利盐、硬石膏、石膏、杂卤石、石盐、钾石盐、光卤石、硼砂、钠硼解石、硼磷镁石等。

宋代科学家沈括在其所著《梦溪笔谈》中对"产于解盐泽"中的石膏作了生动的描述:"太阴玄精,生解州盐泽大卤中,沟渠土内得之。大者如杏叶,小者如鱼鳞,悉皆六角,端正似刻,正如龟甲。其裙襕小堕,其前则下剡,其后则上剡,正如穿山甲相掩之处,全是龟甲,更无异也。色绿而莹彻;叩之则直理而折,莹明如鉴,折处亦六角如柳叶。火烧过则悉解折,薄如柳叶,片片相离,白如霜雪,平洁可爱"。

第一节 硫酸钠矿床的矿石矿物

矿石矿物分两种:一种为单盐矿物,如芒硝、无水芒硝;另一种为复盐矿物,如白钠镁矾和钙芒硝等。表 1-1 列出了一些常见的含硫酸钠的矿物。

表 1-1 常见的含硫酸钠的矿物

矿物名称	英文名称	矿物化学式
芒硝	mirabilite	$Na_2SO_4 \cdot 10H_2O$
无水芒硝	thénardite	Na_2SO_4
白钠镁矾	blödite	$Na_2Mg(SO_4)_2 \cdot 4H_2O$
钙芒硝	glauberite	$Na_2SO_4 \cdot CaSO_4$
水钙芒硝	hydroglauberite	$Na_{10}Ca_3(SO_4)_8 \cdot 6H_2O$
钾芒硝	aphthitalite	$K_3Na(SO_4)_2$
碳酸芒硝	hanksite	$KNa_{22}(SO_4)_9(CO_3)_2Cl$
无水钠镁矾	vanthoffite	$Na_6Mg(SO_4)_4$
卤钠石(氟盐矾)	sulphohalite	$Na_6(SO_4)_2ClF$
氟钠矾	galeite	$Na_{15}(SO_4)_5ClF_4$

续表 1-1

矿物名称	英文名称	矿物化学式
硫卤钠石	schairerite	$Na_{21}(SO_4)_7ClF_6$
盐镁芒硝(丹斯石)	dansite	$Na_{21}MgCl_3(SO_4)_{10}$
碳酸钠矾	burkeite	$Na_6(CO_3)(SO_4)_2$
羟钠镁矾(水钠镁矾)	uklonskovite	$NaMg(SO_4)F \cdot 2H_2O$
钠镁矾	löweite	$Na_{12}Mg_7(SO_4)_{13}(OH) \cdot 15H_2O$
杂芒硝(硫碳镁钠石)	tychite	$Na_6Mg_2(CO_3)_4(SO_4)$
针钠铁矾	ferrinatrite	$Na_3Fe(SO_4)_3 \cdot 3H_2O$
钠明矾	mendozite	$NaAl(SO_4)_2 \cdot 11H_2O$
钠铜矾	natrochalcite	$NaCu_2(SO_4)_2(OH) \cdot H_2O$
钠铁矾	natrojarosite	$NaFe_3^{3+}(SO_4)_2(OH)_6$
纤钠铁矾	sideronatrite	$Na_2Fe(SO_4)_2(OH) \cdot 3H_2O$
斜钠明矾	tamarugite	$NaAl(SO_4)_2 \cdot 6H_2O$

国内外的地质学家对钙芒硝研究得不多,因此本书着重对钙芒硝在盐类沉积中的地位、钙芒硝的矿物学研究以及钙芒硝的产出与成因进行叙述。

1. 盐类沉积中的钙芒硝

作为硫酸钠矿床主要矿石矿物的钙芒硝,在过去相当一段时间鲜为人知,被认为是一种分布不太广泛的矿物。人们常把它误认为石膏,有时也误认为是石盐。其实,钙芒硝是含盐系中分布极广的盐类矿物,可以毫不夸张地说,地质历史上各个时代的含盐系地层中几乎都能找到钙芒硝。

钙芒硝不仅在现代盐湖有产出,在古代湖相沉积中也多有产出。在我国古近纪—新近纪、白垩纪以及侏罗纪内陆湖相地层中都有可观的储量。据统计,在我国硫酸钠保有储量中,钙芒硝矿床类型约占 52.3%。

陆相碎屑岩系中钙芒硝广泛产出,甚至在海相碳酸盐岩系中也发现了钙芒硝或钙芒硝矿层。例如,在我国四川震旦纪海相含盐系以及四川三叠纪海相含盐系中都发现了厚层钙芒硝,在我国华北奥陶纪石膏和硬石膏沉积中还发现了钙芒硝薄层和钙芒硝微晶;在北美早志留世盐岩、石膏矿层和美国三叠纪红色含盐泥质页岩中都发现了钙芒硝;在德国二叠纪含盐沉积层中也发现与石盐共生的钙芒硝。

在我国东部的裂谷系中,南自南岭,北至燕山,都广泛分布中新生代湖相石盐-钙芒硝矿床。此外,早白垩世和古近纪的钙芒硝沉积见于云南中部和四川西部以及西宁盆地,云南昆明附近的安宁盆地也发现晚侏罗世特大型石盐-钙芒硝矿床。由此可见,钙芒硝矿床是不容忽视的具有潜在意义的硫酸钠矿床,研究盐类矿床中的主要矿石矿物钙芒硝,不仅具有理论意义,而且具有现实意义。

2. 钙芒硝的矿物学研究

1) 钙芒硝的地质产状

钙芒硝在不同时代不同层位中的产出状态和共生伴生矿物亦不同。例如,在震旦纪古盐矿中,钙芒硝与石盐、菱镁矿共生;在四川三叠纪含盐地层中钙芒硝与杂卤石、硬石膏和菱镁矿共生;在中新生代湖相石盐-钙芒硝矿床中,钙芒硝或与石盐和硬石膏共生,或单独产出,如四川新津钙芒硝矿床和青海西宁钙芒硝矿床;在第四纪盐矿和芒硝矿床中,钙芒硝或单独呈层产出,或与芒硝、石盐、无水芒硝、白钠镁矾等共生。

2) 晶体形态

钙芒硝是硫酸钠矿床的主要矿石矿物之一,是钠钙硫酸盐的复盐矿物,其理论成分为 Na_2O 22.29%,CaO 20.16%,SO_3 57.55%。

钙芒硝属单斜晶系,单斜柱组,对称型式为 L^2PC。空间群 C_{2h}^5-C_2/c。$a_0=10.129Å$;$b_0=8.306Å$,$c_0=8.553Å$;$β=112.19°$;$Z=4$。

钙芒硝晶体形态较复杂(图1-1),常见单形 $a\{100\}$、$c\{001\}$、$m\{110\}$、$s\{111\}$。沿(001)成板状,沿[$\bar{1}01$]方向延伸成柱状,还常见细小针状晶,其中多见菱形板状者。晶形大小不一,最大者达5~6cm,最小者仅0.1mm或更小。微晶状钙芒硝集合体可呈致密块状,外表酷似白云岩,如云南安宁盆地侏罗纪石盐-钙芒硝矿床。

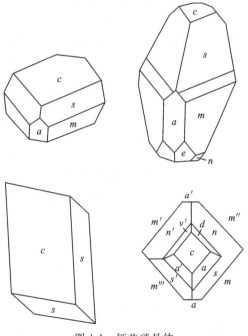

图 1-1 钙芒硝晶体

菱形厚板状的钙芒硝最发育的晶形有两种:①平行双面{001}为晶体上最发育的单形,晶体依其发育为板状;平行(001)的解理完全;在(001)面常浮生着一个至数个钙芒硝晶体。②平行双面{110}发育程度次于{001}双面,平行{110}的解理清楚。

3) 物理性质

晶体无色透明,或因含有铁质为淡黄色,或因含泥质染为浅灰色。玻璃光泽到微蜡状光泽,在(001)解理面上具珍珠光泽。贝壳状断口。硬度较芒硝和石膏大,为 2.5~3。性脆。相对密度 2.7~2.85,2.78(计算)。味微咸。部分溶于水,完全溶于酸。火烧之易破裂且熔成白瓷釉状物质。

4) 光学性质

钙芒硝镜下颜色为透明无色,有时呈淡黄色。二轴晶负光性。光轴面垂直于(010),$Ng=b$,$Nm \wedge c=12°$。$Ng=1.536$,$Nm=1.532$,$Np=1.515$。实测钙芒硝折光率为 $Ng=1.5418\pm0.0725$,$Nm=1.5345$,$Np=1.5160\pm0.0065$。重折率 $\Delta=0.021$~0.0212。$\gamma>\upsilon$,水平色散。

5) 水浸鉴定特点

钙芒硝在水中,其细小颗粒为二级蓝绿干涉色。遇水后数秒内即在表面和周围水体中析出针状、二连晶的石膏晶体,随后晶体相连变为云雾般毡状。然而,钙芒硝原颗粒表面轮廓形态保持不变。至此,二级干涉色渐变为一级灰,最终失去光性。

对水钙芒硝进行水浸鉴定,发现其特点与钙芒硝相似。当其被水浸湿后即在其表面和四周水滴中析出单体或连晶的石膏。之后,石膏又连成片状。

6) 钙芒硝与其他盐类矿物的关系

镜下研究表明,芒硝晶体中常见自形钙芒硝包裹体,钙芒硝被白钠镁矾交代,钙芒硝晶体被石盐交代,钙芒硝晶体中包裹有针状的石膏晶体。

在江汉油田钻孔中,曾见硬石膏-钙芒硝-无水芒硝-石盐的互层中有钙芒硝和硬石膏相互交代的现象。

在广西晚白垩世钙芒硝矿床中,常见钙芒硝具清楚的环带构造且含蓝石棉包裹体。

此外,钙芒硝与稀少硼矿物——硼磷镁石共生。在芒硝矿床中,常见卤水虾粪粒化石中含有钙芒硝颗粒。

7) 钙芒硝的次生变化

钙芒硝在与水作用时,可形成一种呈钙芒硝假象的石膏或水钙芒硝与石膏的混晶,我们将其称为水化钙芒硝。钙芒硝的这种水化作用,可导致硫酸钠次生富集带的形成,如在青海西宁就有此类矿床。

钙芒硝水化作用的全过程可从钙芒硝水浸鉴定中看到。对钙芒硝的水化作用,我们曾做过这样的试验:将钙芒硝置于水中,在常温下 3 天后,大部分变为石膏,7 天后全部变为石膏。然而,钙芒硝的水化作用常常进行得不彻底,在自然界常可见其呈混晶的状态,即水化钙芒硝呈钙芒硝的假象,但其晶面、晶棱、晶面夹角均发生了弯曲和变异。水化钙芒硝的镜下特点是,颗粒表面不"干净",呈不均匀的一级灰至稻草黄干涉色,可以此与钙芒硝和原生石膏相区别。

3. 钙芒硝的产出与成因

钙芒硝是盐类沉积中广泛分布的矿物,它的成因问题已引起了国内外学者的注意。综合国外地质学家对钙芒硝成因的研究观点,可分为以下几种:范特霍夫和谢尔宾纳认为,钙芒硝是交代石膏而形成的;瓦利亚什科和兹科维也夫则根据实验结果指出,钙芒硝可以从卤水蒸发沉淀,但必须经过一个准稳定状态,即先形成 $CaSO_4·Na_2SO_4·2H_2O$,继而变为 $NaSO_4·Ca_2SO_4·H_2O$,最后才变成钙芒硝 $CaSO_4·Na_2SO_4$;别列希科夫通过对咸海卤水的蒸发实验和格拉西莫娃通过对费尔干纳含盐系的研究,均认为钙芒硝多半是直接从硫酸盐溶解中晶出的。

现代盐湖钙芒硝沉积和中新生代盐湖钙芒硝沉积研究表明,上述国外研究者提出的直接从硫酸盐溶液晶出的原生成因和交代石膏成因,以及从卤水中先沉积水钙芒硝后脱水变为钙芒硝的次生成因,似乎在同一个钙芒硝矿床中都能看到。例如,魏东岩在研究山西运城盐湖时,就发现钙芒硝在含盐系中具有不同成因的6种产出状态:

(1)钙芒硝与黏土一起构成泥质钙芒硝矿层。它可作为芒硝和白钠镁矾矿层的顶底板,亦可作为芒硝矿层和白钠镁矾矿层的夹层。泥质钙芒硝矿层之下为含石膏泥岩。

(2)纯的淡黄色致密块状薄层状钙芒硝分布于泥质钙芒硝和芒硝沉积层之间。

(3)泥质钙芒硝层中的白色细粒单矿物钙芒硝薄层。

(4)作为芒硝矿物的包裹体存在。

(5)淡黄色粟状准稳定钙芒硝呈星散状产出于灰绿色—棕红色淤泥中。

(6)钙芒硝在石盐层中作为夹层或在石盐岩中星散分布。

在上述产出形态中,(2)、(3)、(4)和(6)为自原始硫酸钠卤水中直接沉积而形成的。钙芒硝从卤水中析出应早于石盐、芒硝、无水芒硝和白钠镁矾沉积阶段,而晚于石膏(硬石膏)沉积阶段。这种观点可从钙芒硝与其他矿物相互交代包裹关系中得到证实。

与黏土矿物密切伴生,并呈泥质钙芒硝大量产出为钙芒硝一大特点。而在泥质钙芒硝矿层中大量分布的粗大的厚板状且具浮生、交代现象的钙芒硝晶体的成因较为复杂。依笔者之见,这种菱形厚板状钙芒硝晶体是由硫酸钠弱饱和溶液与淤泥互相作用,发生离子交换而生成的,且在生成过程中,很可能经历了钙芒硝准稳定阶段。这种设想,以物化实验为依据,并从淤泥中发现了粟状准稳定钙芒硝而得到证实;由离子交换而形成的钙芒硝,其钙主要源自淤泥,硫酸钠来自卤水。由于硫酸钠溶液饱和程度较低,又加之淤泥松散有自由空间,故常形成巨大的菱形板状钙芒硝自形晶。又因钙芒硝在生长过程中,晶面对淤泥胶体微粒的吸附作用较强,所以,常形成沿(001)晶面的浮生和交生现象。这种钙芒硝应视为同生成岩早期的产物。

高建华(1985)等在研究侏罗纪安宁盐矿的钙芒硝时,也认为钙芒硝存在原生、交代和次生成因之说,并依成因将钙芒硝分为原生钙芒硝、重结晶钙芒硝、交代型钙芒硝和次生钙芒硝4种类型。

根据已有的水-盐体系相平衡实验资料,钙芒硝形成的物理化学条件是:

(1)在 $NaCl-Na_2SO_4-MgSO_4-MgCl_2-H_2O$ 体系中,接近 $NaCl-Na_2SO_4$ 一边(包括无水芒硝区在内的区域)存在一个副反应。

$$Ca(HCO_3)_2 + Na_2SO_4 + MgSO_4 \longrightarrow CaSO_4·Na_2SO_4 + Mg(HCO_3)_2$$

在这一反应过程中形成的钙芒硝必须要经过准稳定形态。

(2)在25~35℃常温条件下,耶奈克三角图中富硫酸钠的一角,易沉淀准稳定的水钙芒硝,平衡后转变成钙芒硝。

(3)钙芒硝从较富镁卤水中直接析出,形成的下限温度是35℃。

苏联学者格拉西莫娃认为,如果硫酸盐卤水中的氯化钠较丰富,那么,早先沉淀的石膏则被钙芒硝取而代之,反应式为

$$2NaCl + MgSO_4 + CaSO_4 \Longrightarrow Na_2SO_4 \cdot CaSO_4 + MgCl_2$$

韩蔚田(1984)也认为,在硫酸盐水体中,钙的浓度是微量的,因此,依靠水体中自身的钙离子形成钙芒硝的数量是有限的,已经沉积的石膏与卤水反应是形成钙芒硝的主要方式,反应式为

$$CaSO_4 \cdot 2H_2O + 2Na^+ + SO_4^{2-} \longrightarrow CaNa_2(SO_4)_2 + 2H_2O$$

从理论上说,上述论点是有道理的,或许在有的含盐系中可以看到。然而,在实际矿床的研究中,如笔者在研究运城盐湖时便发现了与上述论点相抵触的事实:

(1)含石膏亚黏土与含钙芒硝亚黏土层界线总是泾渭分明,未发现因交代使其接触界线参差不齐的现象。

(2)大量薄片研究表明,还未发现钙芒硝交代石膏的现象,相反,却见钙芒硝包裹石膏。

(3)在厚层纯芒硝层中既发现钙芒硝层也发现白色微粒石膏薄夹层。

如果按照石膏被交代的理论,上述所列事实是不好解释的。既然已经沉积的石膏与卤水反应形成钙芒硝,那为什么芒硝夹层中的石膏不被交代成钙芒硝呢?既然钙芒硝是交代石膏形成的,那为什么却不见石膏被交代而恰恰看到石膏被包裹的现象呢?因此,交代石膏形成钙芒硝的论点,虽然不能被排除,但无论如何也不能占据主导地位。

根据运城盐湖钙芒硝产出的地质特征和钙芒硝矿物学以及钙芒硝与其他矿物的关系分析,钙芒硝应有3种成因:其一,直接从硫酸盐溶液中结晶而形成;其二,从硫酸盐溶解中先晶出水钙芒硝,随后脱水变为钙芒硝;其三,硫酸钠弱饱和溶液与富含钙的淤泥发生离子交换而形成。决定3种形成方式的主导因素是溶液的成分、浓度和温度。

近年来,在盐湖芒硝矿床和中新生代盐岩-钙芒硝矿床的生物成矿研究中发现,第四纪芒硝矿石中卤水虾粪粒化石的组成矿物有水钙芒硝和钙芒硝。无独有偶,在中新生代盐岩矿石中也发现了纯钙芒硝组成的粪粒,这是一种新的钙芒硝成因类型。

前已叙及,我国钙芒硝不仅分布于现代盐湖、砂下湖和中新生代陆相碎屑岩建造中,还分布于震旦纪和三叠纪海相碳酸盐建造中。海相碳酸盐建造中产出的钙芒硝的一个显著特征是与大量原生沉积的菱镁矿共生。根据许靖华等(1980)的研究,菱镁矿具原生沉积的特征,其形成环境为萨布哈台地上的孤立湖盆。

笔者对四川震旦纪长宁盐矿以及四川、陕南三叠纪钙芒硝矿层和硬石膏-菱镁矿层的研究结果表明,富含菱镁矿的钙芒硝矿层很可能形成于湖坪(乃至湖上)盐湖环境。在这种盐湖中,海水是主要来源,同时,也接受大陆地下水流的补给,富含 $CaSO_4$ 和 Na_2SO_4 的水溶液与输入的富含 $MgCO_3$ 的溶液相反应形成钙芒硝和菱镁矿。因此,海相碳酸盐-蒸发岩建造中的钙芒硝可作为一种很好的指相标志。

第二节 硫酸钠矿床中的其他盐类矿物

硫酸钠矿床中除了前述的矿石矿物外,还有共生和伴生的其他盐类矿物,如石盐、水石盐、钾石盐、光卤石、石膏、硬石膏、杂卤石、泻利盐、泡碱、天然碱、重碳钠盐、单斜钠钙石、硼砂、钠硼解石、硼磷镁石、钠硝石、钾硝石等。

1. 石盐 Halite(NaCl)

石盐是分布最广的一种盐类矿物,在海相和陆相蒸发岩层中均有产出。石盐常与石膏、硬石膏、硫镁矾、无水芒硝、芒硝、钙芒硝、泻利盐、钾石盐、钾盐镁矾等矿物共生。在海相钙芒硝矿床中,石盐是主要的共生矿物。在中新生代陆相盐岩-钙芒硝矿床中,石盐常与钙芒硝和无水芒硝共生。在现代内陆盐湖中,石盐常与芒硝共生或伴生,石盐也常与无水芒硝和白钠镁矾共生。

2. 水石盐 Hydrohalite(NaCl·2H$_2$O)

水石盐是自然界唯一的含水碱金属氯化物,于1846年在奥地利萨尔斯堡哈茵盐矿中被发现。1945年在苏联拉兹瓦尔湖深4.5~17.5m处发现厚达4.5m的水石盐矿床。水石盐在-21.9~$+0.15℃$的低温条件下形成。在我国西藏、青海的多个盐湖均有发现(郑绵平等,1989;郑喜玉等,2002)。

3. 钾石盐 Sylvite(KCl)

钾石盐一般形成于海盐盆地和内陆盐湖盆地的晚期,在石盐形成之后,其成盐的卤水浓缩程度更高,因此,钾石盐形成的规模远小于石盐。

我国产钾石盐的地区有云南勐野井钾盐矿和青海察尔汗盐湖区。在第四纪芒硝矿床中,产出钾石盐的有青海大浪滩和西藏扎布耶茶卡等。

4. 泡碱 Natron,Soda(Na$_2$CO$_3$·10H$_2$O)

泡碱又称苏打,是第四纪内陆碱湖中常见的矿物。它常与天然碱、芒硝等矿物共生。泡碱是在较低的温度下从碳酸钠溶液中析出的。生物成矿研究表明,泡碱的形成与嗜盐菌藻类有关,因此,它是生物化学作用的产物。

5. 天然碱 Trona[Na$_3$(HCO$_3$)(CO$_3$)·2H$_2$O]

天然碱主要产于碱湖和苏打湖中,在其他类型盐湖的沉积物中也有产出,同样在干旱地区风化壳中亦有发现。天然碱通常与泡碱、水碱、石盐、钙芒硝、芒硝、无水芒硝和石膏伴生或共生。在我国内蒙古的碱湖、西藏和新疆的盐湖以及河南古近纪碱矿床中均有发现。在国外,美国、埃及、东亚等国家和地区均有产出。

6. 重碳钠盐 Nahcolite($NaHCO_3$)

重碳钠盐又称苏打石,在美国西尔斯湖中部盐层中广泛分布,与单斜钠钙石、无水芒硝、碳钠矾、氯碳钠镁石、硼砂和石盐一起组成薄层。重碳钠盐在我国现代内陆盐湖(如西藏班戈湖)中有发现;在我国江苏洪泽(古近系—新近系)有产出;在河南(古近系—新近系)碱矿床中,重碳钠盐呈薄层状、透镜状产出。在美国古近系—新近系绿河盆地的次级盆地皮安斯克瑞克(Piceance Creek)盆地中,重碳钠盐是主要的矿石矿物。它有3种类型:①层状重碳钠盐,褐色,微晶—细粒,厚0.2~3.4m,一般夹有油页岩和泥灰岩薄层,$NaHCO_3$平均含量为57%;另外尚有一种白色粗粒、多孔隙的重碳钠盐,亦呈层状分布,多数侧向与岩盐共生。②油页岩中浸染状重碳钠盐,细—中粒,厚0.3~6.8m,$NaHCO_3$含量为20%~70%,一般为40%~55%。③结核状重碳钠盐,在油页岩、泥灰岩中呈结核状分布,色褐,粗粒,呈放射状集合体。

此外,在埃及的苏打湖中重碳钠盐与天然碱共生,在东非的一些干盐湖中也发现有重碳钠盐。

7. 单斜钠钙石 Gaylussite[$Na_2Ca(CO_3)_2 \cdot 5H_2O$]

单斜钠钙石又名针碳钠钙石、斜碳钠钙石、斜钠钙石,是一种常见的盐类矿物。它广泛地分布于我国西藏、内蒙古的一些碱湖中,单斜钠钙有两种产出状态:其一,产出于碱矿层的顶底板黑色含自形单斜钠钙石的黏土(或淤泥,或砂子)中。其二,单斜钠钙石作为砂岩的胶结物构成单斜钠钙石砂岩,在碳酸盐-硫酸盐盐湖中,含自形单斜钠钙石黏土位于芒硝矿层的顶底板;在富含硼、锂的盐湖中,单斜钠钙石常与氯碳钠镁石、芒硝、硼砂、天然碱、扎布耶石、石盐等共生;有时单斜钠钙石或被钾石盐所交代,或被扎布耶石所包裹。

8. 硼磷镁石 Lüneburgite[$Mg_3B_2O_3(PO_4)_2 \cdot 8H_2O$]

硼磷镁石是一种稀少的含水含磷硼酸盐矿物。该矿物最早在1870年被发现于德国汉诺威的吕内堡,现已知国外产地有美国新墨西哥二叠纪含盐盆地,俄罗斯里海的卡拉-博加兹-戈尔海湾及喀尔巴阡的斯捷布尼克等地区。此外,在秘鲁鸟粪石沉积层中也有发现。国内是笔者于1968年在山西运城盐湖中更新世砂下湖型芒硝矿床中发现的。

9. 钠硝石 Nitratine($NaNO_3$)

钠硝石又称智利硝石,盛产于南美智利。在我国新疆鄯善县红台和小草湖一带有可观的工业储量。该类矿床中,与钠硝石共生的盐类矿物有石盐、石膏、无水芒硝、白钠镁矾、钙芒硝等。

10. 钾硝石 Niter(KNO_3)

我国钾硝石的主要产地在新疆,有工业价值的产地为吐鲁番市乌勇布拉克小横山钾硝石矿、若羌县大洼地钾硝石矿以及罗布泊钾硝石矿等。在我国西藏盐湖中还发现了诸多硼酸盐矿物,如柱硼镁石、钠硼解石、库水硼镁石、水碳硼石、章氏硼镁石等,此外还发现了南极石(李秉孝等,1986)。

第三节 硫酸钠矿床中的钙镁碳酸盐类矿物

实验表明海水和湖水的蒸发,首先结晶的都是难溶的碳酸盐类矿物。一般来说,随着卤水盐度的升高,富钙碳酸盐向富镁碳酸盐过渡,即由方解石向白云石、菱镁矿变化。

硫酸钠矿床中的碳酸盐矿物分布十分广泛,它不仅在第四纪内陆盐湖芒硝矿床或石盐-芒硝矿床或芒硝-碱矿床或芒硝-硼矿床中有分布,而且在中新生代钙芒硝矿床或石盐-钙芒硝矿床或钙芒硝-无水芒硝矿床中也有分布。

一、第四纪内陆盐湖硫酸钠矿床中的碳酸盐矿物

按照钙镁碳酸盐矿物种类及共生组合的不同,可将第四纪内陆盐湖分为4种类型:①含盐系中发育方解石-白云石-菱镁矿组合,如吉兰泰盐湖;②含盐系中发育方解石-白云石组合,如查干里门诺尔碱湖;③含盐系中发育文石-方解石-菱镁矿组合,如巴里坤盐湖;④含盐系中发育文石-方解石-白云石-水菱镁矿组合,如西藏班戈湖。

1. 吉兰泰盐湖中的钙及钙镁碳酸盐矿物

吉兰泰盐湖属于硫酸盐型硫酸镁亚型盐湖,其沉积剖面揭示表明,上部为盐岩层,其下为芒硝层。该盐湖碎屑沉积物中的钙镁碳酸盐矿物有方解石、白云石和菱镁矿等3种。

在3种钙镁碳酸盐矿物中,以方解石分布最为广泛,几乎所有碎屑沉积物样品中都有方解石。方解石的类型以低镁方解石和镁方解石为主。在未成盐阶段,方解石的相对含量较高,而在成盐阶段则相对含量较低。白云石的分布也很普遍,尤其在黏土中含量较高。一般来说,在各个层位的碎屑沉积物中,白云石的相对含量低于方解石,且未成盐阶段高于成盐阶段。菱镁矿从未成盐阶段晚期开始含量急剧增高,到成盐阶段芒硝沉积之后的盐岩沉积早期达到最高(此时方解石和白云石消失),之后又渐减。

2. 查干里门诺尔碱湖钙镁碳酸盐矿物

查干里门诺尔碱湖沉积物中的钙镁碳酸盐矿物,只有方解石和白云石两种。一般来说,方解石与白云石呈负相关。在含芒硝的碱矿层中,白云石含量较高。然而,在未成盐阶段形成的黏土中白云石也有相当高的含量。

该湖沉积层中方解石的类型以纯方解石和低镁方解石为主,仅在成盐阶段中晚期的含芒硝粉砂质黏土层和灰黑色碱层内的碎屑沉积物薄夹层中出现了镁方解石;白云石则以原白云石为多见。

3. 巴里坤盐湖的钙及钙镁碳酸盐矿物

在新疆巴里坤盐湖含盐系中,钙镁碳酸盐矿物分布极其广泛。碳酸盐矿物通常与黏土矿

物组成黏土层或淤泥层,或夹于芒硝层中,或分布于芒硝层的顶底板。经 X 光衍射测试、差热分析、红外光谱分析和扫描电镜观察,钙镁碳酸盐矿物主要有方解石、文石和菱镁矿 3 种,一般呈隐晶质或显微晶质存在。

含盐系中的方解石为隐晶质或微晶质,呈分散状与其他碳酸盐矿物一起散布于淤泥、黏土及粉砂中,也常作为卤水虾粪粒化石和白色毫米级纹层碳酸盐的主要组成矿物之一。扫描电镜分析表明,在卤水虾粪粒中,发现了结晶完好的高镁方解石,能谱测定其钙和镁含量均较高。

文石,白色或浅黄色、淡黄色,隐晶质至微粒状,粒径一般为 0.015～0.03mm,个别可达 0.15～0.2mm。镜下为粒状、细柱状、短柱状,少数为菱形。文石呈分散状或纹层状广泛分布于湖盆底部,或为卤水虾粪粒化石的主要组成成分,常与方解石或其他碳酸盐矿物共生,与伊利石、石英等伴生。

菱镁矿呈分散的微粒状与黏土等碎屑矿物共生,或与文石、方解石等一起构成白色碳酸盐纹层,或为卤水虾粪粒化石的主要组成矿物之一。从芒硝矿层底板淤泥、黏土以及白色碳酸盐毫米级纹层的红外光谱和差热分析测定中,均能揭示菱镁矿的存在。

4. 班戈湖的钙及钙镁碳酸盐矿物

西藏班戈湖是含硼、锂的芒硝湖。在含盐系中存在文石、方解石、白云石、水菱镁矿以及含锂菱镁矿等碳酸盐矿物。

在含盐系中,碳酸盐组合的变化是有一定规律的。据郑绵平(1983)研究,由未成盐阶段至成盐阶段,总的趋势是碱土金属钙碳酸盐→碱土钙镁碳酸盐→碱金属(锂、钠)和镁碳酸盐沉积。

二、中新生代硫酸钠矿床中的钙镁碳酸盐矿物

中新生代硫酸钠矿床主要有钙芒硝矿床、石盐-钙芒硝矿床、无水芒硝-钙芒硝矿床 3 种类型。现以江汉盆地潜江组含盐系和安宁盆地含盐系为例来研究碳酸盐矿物的组合及分布特征。

1. 江汉盆地潜江组含盐系中钙镁碳酸盐矿物

江汉盆地潜江凹陷面积近 2600km^2,发育了巨厚的白垩系—新近系河湖相沉积。含盐系位于古近系潜江组。潜江组总厚 3500m,其中盐层累积厚 1800m,共有 160 多个基本含盐韵律,主要岩性为泥质钙芒硝岩、盐岩、无水芒硝岩以及钾芒硝岩。

潜江组含盐系中碳酸盐矿物的分布有一定的规律性,根据徐其俊(1978)的研究,含盐段的泥质岩夹层中,主要分布有菱镁矿,次为白云石;而泥质岩的上、下部主要为白云石,次为菱镁矿,中部则多为方解石。碳酸盐矿物在含盐系剖面上呈现自下而上有规律的变化,即方解石-白云石、菱镁矿、白云石、方解石的交替变化,反映了湖盆水体发生淡化—咸化—淡化的演化全过程。

2. 安宁盆地含盐系中钙镁碳酸盐矿物

安宁盆地面积 $260km^2$。盆内侏罗系和白垩系总厚约 3000m。上侏罗统安宁组为含盐层位，厚 369～646m，岩性主要为钙芒硝岩、泥质钙芒硝岩和石盐岩。

含盐系中碳酸盐矿物有方解石、白云石和菱镁矿，常以方解石-白云石、白云石-菱镁矿组合出现。方解石和白云石与黏土矿物等构成泥灰岩、含灰泥云岩，分布于含盐系的底部和顶部；白云石和菱镁矿以及黏土矿物构成含菱镁矿泥云岩和泥云岩，主要分布于蒸发岩产出的层段。白云石和菱镁矿颗粒非常细小（<0.03mm），自形菱形晶和假六方板状晶体甚为明显。

三、硫酸钠矿床中钙镁碳酸盐矿物的形成机理

不论是现代内陆盐湖硫酸钠矿床，还是中新生代硫酸钠矿床，其内的钙镁碳酸盐矿物，如方解石、白云石、菱镁矿等都是正常化学沉积产物。这些化学沉积产物在盐层剖面上（水平方向或垂直方向）的分布是有规律的，即向富镁方向发展。也就是说，随着卤水盐度的逐渐增高，依次出现的碳酸盐矿物是方解石（文石）、白云石、菱镁矿。

这里来探讨钙镁碳酸盐矿物的形成机理。М. Г. Валяшко（1962）研究了碳酸氢钙与硫酸盐类溶液的反应。

当溶液中 $MgSO_4$ 的含量很低时，溶液中只出现碳酸氢钙的分解作用并形成方解石。

$$Ca(HCO_3)_2 \longrightarrow CaCO_3 + CO_2 + H_2O$$

当溶液中 $MgSO_4$ 含量逐渐增高，反应形成白云石和石膏。

$$2Ca(HCO_3)_2 + MgSO_4 \longrightarrow CaMg(CO_3)_2 + CaSO_4 + H_2O$$

当溶液中 $MgSO_4$ 的含量继续增高，且在富含硫酸钠的溶液中，反应形成钙芒硝和 $MgCO_3$ 的碱式盐，并进一步脱水，变为菱镁矿。

$$Ca(HCO_3)_2 + MgSO_4 + Na_2SO_4 \longrightarrow CaSO_4 \cdot Na_2SO_4$$
$$+ Mg(HCO_3)_2$$
$$\downarrow$$
$$xMg(OH)_2 \cdot yMgCO_3$$

关于文石和方解石的形成环境和形成条件有多种说法。一种比较老的观点认为文石形成的原因是结晶速度很快，或者是温度很高；方解石的形成则反之。另一种较新的看法认为文石与方解石晶体各具形态的主要原因是水溶液中 Mg/Ca 的不同。实验表明，在富含 Mg^{2+} 的溶液里，方解石生长是受阻碍的，得到的只能是镁方解石和文石。当溶液里 Mg/Ca＞2∶1 时，取代方解石的是文石晶体；当 Mg/Ca 为 2∶1 时，同时可形成文石和方解石。

第四节 硫酸钠矿床中的黏土矿物

黏土矿物是硫酸钠矿床中的主要组成成分。现分别叙述第四纪内陆盐湖芒硝矿床和中新生代硫酸钠矿床中的黏土矿物。

一、第四纪内陆盐湖芒硝矿床中的黏土矿物

黏土矿物在第四纪内陆盐湖芒硝矿床中的分布主要有 3 种产状：其一，作为芒硝矿层顶底板中碎屑沉积物的主要组成成分；其二，作为芒硝矿床夹层中的碎屑成分；其三，作为芒硝矿石中卤水虾粪粒化石和卤水蝇粪粒化石的组成成分。

从表 1-2 中可以看出，伊利石是最主要的黏土矿物，绿泥石次之，而蒙脱石、高岭石则微量。从黏土矿物的组合来看，可概括为：①伊利石-绿泥石；②伊利石-绿泥石-蒙脱石；③伊利石-绿泥石-蒙脱石-高岭石；④伊利石-绿泥石-高岭石；⑤伊利石-高岭石；⑥蒙脱石-伊利石-高岭石。其中，最常见的为伊利石-绿泥石组合。

研究表明，第四纪内陆盐湖芒硝矿床的含盐系中，在水平方向上和垂直方向上黏土矿物及其组合是不同的。这是由于黏土矿物受盐湖的盐度、温度，以及介质的成分、pH 值、Eh 值等因素的影响。表 1-3 和表 1-4 分别列出了内蒙古盐海子 ya02 孔和新疆巴里坤盐湖 024 孔中黏土矿物随深度变化的情况。

表 1-2　我国一些第四纪内陆盐湖芒硝矿床(或含芒硝的盐类矿床)中的黏土矿物及其组合

地区	湖名	矿产	黏土矿物
内蒙古	盐海子	含碱芒硝矿	伊利石、高岭石，或蒙脱石、伊利石、高岭石
	查干里门诺尔	含芒硝碱矿	伊利石、绿泥石、蒙脱石、高岭石
	吉兰泰盐池	芒硝-石盐矿	伊利石、绿泥石、蒙脱石、高岭石
	合同察汗淖	含芒硝碱矿	伊利石
	察汗淖	含芒硝碱矿	伊利石(高岭石)
	白彦淖	含芒硝碱矿	伊利石(高岭石)
	哈马尔太淖	含芒硝碱矿	伊利石
山西	运城盐湖	石盐、白钠镁矾-钙芒硝-芒硝矿	伊利石、高岭石、贝得石(蒙脱石)
新疆	艾丁湖	石盐、芒硝、无水芒硝矿	伊利石、绿泥石、蒙脱石、高岭石
	巴里坤湖	芒硝矿	伊利石、绿泥石、高岭石
	伊吾湖	芒硝矿	伊利石、绿泥石、高岭石
	艾比湖	芒硝矿	伊利石、绿泥石、蒙脱石、高岭石
	七角井盐湖	石盐、芒硝矿	伊利石、绿泥石、高岭石
	白沙窝	芒硝、无水芒硝矿	伊利石、绿泥石、蒙脱石、高岭石
	乌尔喀什布拉克湖	含芒硝钾硝石矿	伊利石、绿泥石、高岭石
	乌勇布拉克湖	含芒硝钾硝石矿	伊利石、绿泥石、高岭石

续表 1-2

地区	湖名	矿产	黏土矿物
青海	大柴旦湖	芒硝、硼酸盐	伊利石、绿泥石、蒙脱石
	小柴旦湖	芒硝、硼酸盐	伊利石、绿泥石、蒙脱石
	一里坪盐湖	芒硝(?)	伊利石、绿泥石、蒙脱石、高岭石
西藏	班戈错Ⅱ	芒硝、硼砂	伊利石、绿泥石、高岭石(蒙脱石、埃洛石、坡缕石)
	班戈错Ⅲ	芒硝、水菱镁矿	伊利石、绿泥石
	郭加林错	芒硝、硼砂	伊利石、绿泥石、高岭石
	依布茶卡	石盐、芒硝	伊利石、绿泥石、蒙脱石、混层矿物
	尼玛错	芒硝	伊利石、绿泥石
	洞错	石盐、芒硝	伊利石、绿泥石
	达瓦错	芒硝	伊利石、绿泥石、高岭石
	扎仓茶卡Ⅰ	石盐、芒硝、硼酸盐、水菱镁矿	伊利石、绿泥石、蒙脱石、高岭石
	扎仓茶卡Ⅱ	石盐、芒硝、硼酸盐、水菱镁矿	伊利石、绿泥石、蒙脱石、高岭石
	扎仓茶卡Ⅲ	石盐、芒硝、硼酸盐	伊利石、绿泥石、蒙脱石、高岭石
	别若则错	芒硝	伊利石、绿泥石
	茶拉卡	芒硝、硼砂	伊利石、绿泥石、蒙脱石、高岭石
	扎布耶茶卡	石盐、芒硝、硼酸盐	伊利石、绿泥石、蒙脱石、高岭石
	噶尔昆沙错	石盐、芒硝、硼砂、钠硼介石	伊利石、绿泥石

表 1-3　内蒙古盐海子 ya02 孔黏土矿物

样号	孔深(m)	岩芯岩石名称	黏土矿物
L001	0.7～1.65	含砂芒硝岩	伊利石、高岭石
L002	1.65～3.20	芒硝岩	伊利石、高岭石(含量较高)
L003	3.20～3.86	含芒硝黏土	伊利石、高岭石
L004	3.86～4.31	含黏土芒硝岩	伊利石、高岭石
L005	4.31～10.61	芒硝岩	伊利石
L006	10.61～11.08	含黏土芒硝岩	伊利石
L007	11.08～11.92	黑色黏土	伊利石

续表 1-3

样号	孔深(m)	岩芯岩石名称	黏土矿物
L008	11.92~12.92	黑色黏土	伊利石
L009	12.92~13.30	黑色黏土	蒙脱石、伊利石(少)
L010	13.30~14.19	黑色黏土	伊利石
L011	14.19~15.38	黑色黏土	伊利石
L012	15.38~16.92	含砂黏土	蒙脱石、伊利石、高岭石
L013	16.92~19.10	黑色黏土	蒙脱石、伊利石(少)
L014	19.10~20.08	黑色黏土	蒙脱石、伊利石、高岭石
L015	20.08~21.25	含黏土的粉砂	伊利石、绿泥石

表 1-4　新疆巴里坤盐湖 024 孔黏土矿物

样号	孔深(m)	岩芯岩石名称	黏土矿物
A05	2.1~2.16	黄灰色含膏黏土	伊利石
A07	3.51~4.08	蓝灰色含芒硝粉砂质黏土	伊利石
A08	4.3~4.64	绿灰色含芒硝粉砂质黏土	伊利石、绿泥石
A09	4.64~4.98	绿灰色含芒硝粉砂质黏土	伊利石、绿泥石
A010	4.98~5.43	绿灰色含芒硝粉砂质黏土	伊利石、绿泥石
A011	5.43~5.85	蓝灰色—褐灰色粉砂质黏土	伊利石、绿泥石(极少)
G001	7.48~7.74	绿灰色粉砂质黏土,含少量芒硝	伊利石
G006	11.53~11.83	芒硝矿石	伊利石
A033	18.89~20.00	蓝灰色黏土含草莓状黄铁矿	伊利石
A112	89.05~89.75	浅灰色—棕红色黏土	伊利石、绿泥石

二、中新生代硫酸钠矿床中的黏土矿物

从表 1-5 中可以看出,中新生代含盐系黏土矿物分布最广的是伊利石,其次是绿泥石,少量蒙脱石和高岭石。胡文瑄(1984)通过研究晚侏罗世云南安宁盆地石盐-钙芒硝矿床,指出不同黏土矿物分布于不同的盐层中,石盐岩中主要赋存伊利石,钙芒硝岩中易出现混层矿物,硬石膏岩中产出伊利石、绿泥石组合。

表 1-5　中新生代钙芒硝矿床和含盐、碱钙芒硝矿床的黏土矿物

矿床产地	矿产	黏土矿物
广东龙归	碱矿-钙芒硝-无水芒硝	伊利石、埃洛石
新疆库车	钙芒硝-石盐	伊利石、绿泥石、蒙脱石

续表 1-5

矿床产地	矿产	黏土矿物
淮安1井	石盐-钙芒硝	伊利石、绿泥石、高岭石
洪泽洪钾1井	（重碳钠盐）-钙芒硝-石盐	伊利石、绿泥石
丰县丰钾1井-6	钙芒硝-石盐	伊利石、蒙脱石、贝得石
丰县丰钾1-49	钙芒硝-石盐	伊利石、高岭石
云南安宁盆地	石盐-钙芒硝	伊利石、绿泥石、绿泥石—蒙脱石混层

三、黏土矿物的标志意义

黏土矿物对沉积环境十分敏感，它是鉴别沉积盆地古温度、古盐度、介质成分和 pH 值、Eh 值的重要标志。因此，在不同类型盆地和盐类沉积的不同发育阶段，黏土矿物的种类及其组合也是不同的。

不论是第四纪内陆盐湖芒硝矿床，还是中新生代硫酸钠矿床，黏土矿物种类及其组合是相同或相似的，主要的黏土矿物有伊利石、绿泥石、蒙脱石、高岭石等，其中最为常见的是伊利石。

威维尔和普拉德(1973)认为，K^+/H^+、K^+/Mg^{2+}、K^+/Na^+ 比率高时，有利于伊利石的生成，反之则利于绿泥石和蒙脱石的形成。一般来说，伊利石富 Si^{4+}、Al^{3+}、K^+，形成于淋滤作用不强的弱碱性条件；绿泥石富 Si^{4+}、Al^{3+}、Mg^{2+}、Fe^{3+}，形成于盐度较高的碱性环境；蒙脱石富 Si^{4+}、Al^{3+}、Mg^{2+}，形成于淋滤作用不强的弱碱性环境；高岭石富 Si^{4+}、Al^{3+}，形成于淋滤作用较强的酸性条件。因此，可以根据黏土矿物的种类及其组合来推测当时形成的古气候、古盐度和古环境。例如，可以根据高岭石相对含量高，而绿泥石和伊利石相对含量低等特征，推测当时的形成条件为气候相对湿润，淋滤作用较强，弱酸性环境介质，盐度较低（为淡化期）。又如，伊利石向绿泥石转化，表明盆地咸化程度增大，Mg 相对含量增高，气候相对干热。

笔者曾利用扫描电镜仔细研究过巴里坤第四纪芒硝矿床中的黏土矿物，除少量是自生的，绝大部分是他生的。黏土试样中普遍含有长石，因为长石是生成黏土矿物的主体。长石虽不是水的可溶性盐，却是含碱离子的硅酸盐，故在富含钾、铁、镁的弱碱性和碱性环境中，在干旱、半干旱的气候条件下，形成了伊利石和绿泥石的矿物组合。这种黏土矿物的组合与青藏高原盐湖和内蒙古盐湖黏土矿物有相似性，即是以伊利石矿物为主的伊利石-绿泥石组合。

徐昶(1993)研究了我国大部分盐湖产出的黏土矿物，从黏土矿物所含的化学成分出发将我国盐湖产地划分为 3 个区，即西藏和新疆为富 Mg 区（MgO 含量为 5.23%～6.16%），青海为富 K 区（K_2O 含量为 6.19%），内蒙古为富 Al 区（Al_2O_3 含量为 25.02%）。

第五节　硫酸钠矿床中的其他自生矿物或副矿物

硫酸钠矿床中非矿石矿物除了碳酸盐矿物和黏土矿物外，常见的还有自生石英、玉髓、黄铁矿等,较少见的有天青石、磷灰石、蓝闪石、滑石和方沸石等。

一、含盐系中的自生石英和玉髓

现代盐湖盐类沉积中自形石英和玉髓极少发现。郑绵平(1986)在研究青藏高原扎布耶盐湖查堆雄东部沙嘴群沉积时,报道过自生石英。

第四纪之前,自生石英和玉髓广泛分布于硫酸钠矿层及其含盐系中,其中分布最广的为云南思茅坳陷勐野井含盐系,其次为库车盆地、安宁盆地、淮安盆地、江汉盆地等的含盐系。一般来说,时代较新的含盐系中自生石英相对较少,而玉髓相对较多。

自生石英一般晶形完好,不含杂质者为无色,含 Fe_2O_3 包裹体者为红色,含有机质包裹体者为烟灰色。白色自生石英主要见于石盐层中或作为粪粒化石的组成成分;烟灰色自生石英发现于钙芒硝岩中,也有的发现于钾盐层中;而红色自生石英则多见于钾盐层中。自生石英多数晶体锥面不发育而呈六方柱状,少数柱面不发育而显六方双锥状。一部分自生石英因颜色的差异而具环带状构造,也有的自生石英呈小晶簇状,个别自生石英呈柱面和双锥面的聚形。

玉髓是一种非常细的纤维状矿物,正延性玉髓是交代蒸发盐的矿物。该种矿物多产于泥质岩、钙芒硝泥岩、泥质岩盐中。据刘群(1987)、胡文瑄等(1984)的研究,玉髓产出的状况概括有 3 种:①玉髓呈皮壳状包裹着粗巨晶钙芒硝晶体,皮壳状薄膜具胶状同心环状构造;②玉髓呈具同心环状构造的肾状或瘤状,见于石盐岩和钙芒硝泥岩的交界面;③玉髓呈斑点状、不规则状、团块状、肠状等分布于细晶钙芒硝泥岩、粗巨晶钙芒硝泥岩中。玉髓常交代钙芒硝,偶尔也交代呈钙芒硝假象的石盐。

关于自生石英和玉髓的成因,众说纷纭。有的学者基于现代盐类沉积物中极少产出自生石英的事实,认为古代盐类沉积中的自生石英是后生的;舍特勒(1961)认为自生石英有一部分是由随热液一起进入成盐盆地的 SiO_2 形成的;基霍米诺夫(1980)和巴甫诺夫(1983)认为自生石英是直接从水盆地中沉积形成的;魏东岩(2008)认为自生石英可能与生物作用有关。玉髓,尤其是正延性玉髓,多数学者认为其形成于高 pH 值、高浓度的盐水环境中。Folk(1993)指出,正延性玉髓为我们提供了鉴别在地质年代中曾存在过但现在已消失了的蒸发盐岩的重要证据。

二、含盐系中的黄铁矿

硫酸钠矿床含盐系中的铁矿物主要是黄铁矿和硫铁矿。在现代内陆盐湖中仅见黄铁矿。在第四纪之前的含盐盆地,如安宁、江汉、桐柏、龙归、洪泽等盆地中仅见黄铁矿,而思茅盆地中黄铁矿和硫铁矿均有分布。

在巴里坤盐湖含盐系中,黄铁矿普遍产出(魏东岩,1989),特别在富含有机质的带有硫化氢气味的淤泥和黏土中更为常见。

黄铁矿在扫描电镜下可见标志性特征的草莓结构。莓球大小近等,排面有的有序,有的错节叠置,莓球大小为 $2\sim4\mu m$。有趣的是,在黄铁矿的莓球上生长着石膏骸晶和自形晶,后者大小为 $0.8\mu m\times3.5\mu m$,这表明黄铁矿和石膏存在着共生关系。

云南晚侏罗世安宁组含盐系中黄铁矿分布广泛（胡文瑄，1984），在石盐段和钙芒硝段尤为丰富，黄铁矿呈细粒浸染状，粒径多小于0.005mm，集合体较大，可达0.1mm，黄铁矿晶体常见八面体，而立方体者则未发现。思茅坳陷含盐系中黄铁矿的晶形主要是八面体，其次是五角十二面体，偶见立方体。总之，不同含盐系中黄铁矿的晶体形态各异，具体原因有待研究。

在硫酸钠矿床含盐系中，一般认为，黄铁矿是含盐盆地底层水及淤泥中的硫酸盐被细菌还原产生的大量H_2S与盐湖硅酸盐分解出的Fe^{2+}相结合形成的。

此外，在安宁石盐—钙芒硝矿床中，还发现放射状针铁矿（胡文瑄，1984）；在西藏扎布耶茶卡中还发现自生矿物针铁矿、碳氢钠石等（郑绵平等，1989）。

第六节 硫酸钠矿床的矿石类型

硫酸钠矿床的矿石类型是根据矿石的组构（即结构和构造）、矿物成分及含量和化学成分及含量来划出的。鉴于第四纪内陆盐湖硫酸钠矿床和中新生代硫酸钠矿床存在着诸多方面的不同，故将其矿石类型分别叙述。

一、第四纪内陆盐湖硫酸钠矿床中的矿石类型

主要的矿石类型有晶质芒硝矿石、晶质白钠镁矾矿石、晶质无水芒硝矿石、泥质钙芒硝矿石、钙芒硝矿石等。

1. 晶质芒硝矿石

晶质芒硝矿石是无色透明的全晶质矿石，几乎全由芒硝组成，有时可见条带状构造，具不等粒镶嵌结构、中巨粒半自形镶嵌结构、半自形他形粒状结构、细粒等粒结构、不等粒结构等。矿石的构造有条带状构造（水平条带状构造）、致密块状构造等。矿石平均体重$1.46t/m^3$。

矿石的矿物成分及含量为：芒硝90%～98%，钙芒硝0～2%，无水芒硝0～2%，黏土矿物及其他碎屑矿物0～5%。

主要化学成分及含量为：Na_2SO_4 30%～45%，$CaSO_4$ 0.7%～3%，总H_2O 40%～55%，水不溶物0.5%～8%。

在巴里坤盐湖、达拉特旗砂下湖等盐湖的晶质芒硝矿石中普遍含有3%～5%或更多的卤水虾（卤虫）化石和卤蝇幼虫蜕皮化石以及它们的粪粒化石，粪粒化石成分主要为黏土矿物及其他碎屑矿物。有时粪粒化石被芒硝或无水芒硝交代，或部分交代，或全部交代。

2. 晶质白钠镁矾矿石

晶质白钠镁矾矿石是乳白色半透明的全晶质矿石，主要由白钠镁矾组成。镜下见巨粒状花岗变晶结构，层状构造。在镜下可见白钠镁矾晶粒中和晶粒间含卤虫化石和卤虫粪粒化石及卤蝇粪粒化石。矿石平均体重$2.04t/m^3$。

矿石矿物成分及含量为：白钠镁矾80%～95%，芒硝0～10%，钙芒硝3%～5%，无水芒

硝 0～1％,黏土矿物 0～3％。

主要化学成分及含量为：$MgSO_4$ 20％～33％，Na_2SO_4 30％～41％，$CaSO_4$ 0.01％～8％，总 H_2O 15％～29％，水不溶物 0.3％～2％。

3. 晶质无水芒硝矿石

晶质无水芒硝矿石为无色或肉红色半透明的全晶质矿石,几乎全由单矿物无水芒硝组成。矿石具半自形不等粒镶嵌结构,粒状结构,块状构造。

主要化学成分及含量为：Na_2SO_4 97.71％，$CaSO_4$ 0.50％，$MgSO_4$ 0.47％，总 H_2O 0.55％，水不溶物 0.77％。

4. 泥质钙芒硝矿石

泥质钙芒硝矿石的特点是含有大量黏土矿物。盐类矿物主要是钙芒硝,很少有石膏混入。钙芒硝呈菱形板状的巨晶或呈细针状及其集合体分布于黏土中,构成斑晶状结构,且具层状构造。矿石平均体重 1.90t/m³。镜下见钙芒硝晶体被卤虫和卤蝇幼虫的蜕皮化石所围。晶体中常包裹卤虫、卤蝇化石。

矿石主要矿物成分及含量为：钙芒硝 20％～70％,芒硝 0～5％,石膏 0～3％,黏土矿物 30％～80％。

主要化学成分及含量为：Na_2SO_4 10％～36％，$CaSO_4$ 5％～9％，$MgSO_4$ 0.45％～1.2％，总 H_2O 10％～15％,水不溶物 38％～56％。

泥质钙芒硝矿石根据其结构、构造和盐类矿物的特征又可细分为 4 个亚类,此处不再赘述。

5. 钙芒硝矿石

第四纪盐湖钙芒硝矿石主要产于山西运城盐湖界村矿区和新疆罗布泊地区。钙芒硝矿含少量石盐和杂卤石,质较纯,厚度数米至数十米,矿石常呈蜂窝状构造。岩芯柱具水平和斜向层理构造,镜下可见卤虫和卤蝇幼虫蜕皮化石。

除纯钙芒硝矿石外,罗布泊地区还有粉砂质钙芒硝矿石和淤泥质钙芒硝矿石。

6. 第四纪硫酸钠矿床中盐类的沉积分异特征

盐类的沉积分异作用无论是在水平方向还是在垂直方向均表现得十分明显。在水平方向上,从湖岸边缘至湖中心,依次沉积了碎屑物质、白云质泥岩、含石膏亚黏土、钙芒硝亚黏土、芒硝和无水芒硝(或白钠镁矾),后一种沉积物沉积面积较前一种沉积物沉积面积小。以运城盐湖界村砂下湖矿床为例,根据 30 多个勘探钻孔资料,垂直方向上盐类的沉积有以下 5 种情况。

	(1)	(2)	(3)	(4)	(5)
上	石膏	石膏	石膏	石膏	石膏
↑	钙芒硝	钙芒硝	钙芒硝	钙芒硝	钙芒硝
	芒硝	白钠镁矾	白钠镁矾	无水芒硝	无水芒硝
			芒硝	钙芒硝	芒硝+钙芒硝
下	钙芒硝	钙芒硝	钙芒硝	石膏	钙芒硝
	石膏	石膏	石膏		石膏

从以上 5 种情况可看出一个普遍的规律，即原始卤水经历了从淡到浓，又从浓到淡的变化。而反映原始卤水"浓"的盐类矿物却不同，或为芒硝，或为白钠镁矾，或为无水芒硝。但从(3)中可以看出白钠镁矾位于芒硝的顶部，这反映出白钠镁矾沉积时的卤水浓度大于芒硝沉积时的卤水浓度，说明白钠镁矾沉积时气候条件是较为干热的。

化学成分在垂直剖面上的变化为硫酸钠的含量自下而上似有渐增的趋向，至钠镁硫酸盐层（白钠镁矾）变为最大。硫酸钙和硫酸钠的含量在钠镁硫酸盐层中常呈反比，而在泥质钙芒硝层中常呈正比。

在钠镁盐层中，韵律结构极为明显。在以芒硝为主的晶质芒硝层中，芒硝层和钙芒硝薄层（偶有石膏微层）相间出现，造成数十个年沉积韵素，有的多达 42 个。一般芒硝单层较泥质钙芒硝单层厚得多，这表明硫酸钠一直起着主导作用。在以白钠镁矾为主的晶质白钠镁矾层中，白钠镁矾单层和泥质钙芒硝单层亦交替出现，构成美丽的韵律。

二、中新生代硫酸钠矿床的矿石类型

主要的矿石类型有钙芒硝矿石、泥质钙芒硝矿石、无水芒硝矿石、芒硝矿石等，次要的矿石类型有次生的芒硝矿石、钾芒硝矿石、无水钾镁矾矿石、钠镁矾矿石等。

1. 钙芒硝矿石

钙芒硝矿石是硫酸钠矿床最主要的一种矿石类型，常有红矿和绿矿之分。红矿者色棕红色，绿矿者色灰绿色。红矿者多为绿矿次生变化所致。矿石中，钙芒硝含量 45%～85%，黏土矿物 5%～15%，硬石膏 5%，白云石 3%，黄铁矿 1%，余者含微量碳质。矿石化学成分：

Na_2SO_4 17%~44%,平均34%；$CaSO_4$ 36%~41%,平均38%；水不溶物23%~34%。出露地表的该类型矿石呈层状,水平层理较发育,在层面上可出现波纹,其上可见众多的卤虫化石。矿石具自形晶粒状结构、板状结构、自形—半自形不等粒结构,条带状构造,致密块状、花斑状构造等。钙芒硝矿石中普遍含有卤虫和卤蝇化石及其粪粒化石。

根据产状、组构及共生关系,钙芒硝矿石可细分为如下几种：①层状钙芒硝矿石,具半自形细晶、微晶镶嵌结构。②花斑状钙芒硝矿石,具自形—半自形粗巨晶粒结构和交代结构。该矿石的特点是钙芒硝形成花斑状、花瓣状、竹叶状集合体分布于白云质泥岩中。③含有石盐的钙芒硝矿石。矿石中钙芒硝晶粒较细小,常呈自形针状、放射状、叶片状、柱状和他形斑点状。④脉状钙芒硝矿石,具纤维状和糖粒状结构,常分布于围岩裂隙或层间。

2. 泥质钙芒硝矿石

与钙芒硝矿石不同,泥质钙芒硝矿石含黏土矿物和碳酸盐矿物较多。常具不等粒结构、斑状结构,条带状构造、纹层状构造。主要矿物含量为：钙芒硝50%左右,石膏(硬石膏)20%左右,黏土矿物和碳酸盐矿物20%左右,Na_2SO_4 15%~35%。

3. 无水芒硝矿石

无水芒硝矿石呈无色、烟灰色、肉红色,部分呈天蓝色,具自形—半自形镶嵌结构、板状巨晶结构、纤维变晶结构、他形粒状结构,块状构造。主要矿物含量为：无水芒硝50%~70%；钙芒硝20%~40%；泥云质小于10%；Na_2SO_4 68%~95%,平均77%。

在晶质无水芒硝矿石中,无水芒硝含量高达90%,余者为少量的钙芒硝、石盐等,具不等粒镶嵌结构、包裹结构、交代结构,具块状构造。

4. 芒硝矿石

芒硝矿石系钙芒硝矿石次生风化产物。次生芒硝矿体呈面形壳状覆盖于原生钙芒硝矿体之上,受地形、气候等条件制约,常形成于干旱少雨的地区。比如,我国青海西宁的钙芒硝矿床就发育有次生芒硝矿体。该矿矿石具晶质—泥质结构,角砾状构造、条纹状构造和块状构造等。矿石组成矿物有芒硝、无水芒硝、钙芒硝、石膏、黏土矿物和碳酸盐矿物等。Na_2SO_4 含量一般为20%~28%,最高可达47%。

第二章 硫酸钠矿床成矿地质背景及矿床成因分类

我国矿床类型以硫酸钠矿床多,硫酸钠资源丰富居世界之冠。截至 2018 年底,已查明硫酸钠矿产地 253 处,其中,超大型 16 处,大型 53 处,中型 49 处。查明矿石储量 $268.84×10^8$ t,折算成 Na_2SO_4 约为 $88.72×10^8$ t。

第一节 硫酸钠矿床的成矿时期

我国盐类矿床根据其产出的时代,可划分为 13 个主要成矿期(表 2-1)。

表 2-1 我国盐类矿床的主要成盐期

蒸发岩大类	成盐期	蒸发岩大类	成盐期
第四纪盐湖型	第 13 成盐期为现代 第 12 成盐期为全新世中晚期—近代 第 11 成盐期为晚更新世晚期—全新世早期 第 10 成盐期为早—中更新世	前侏罗纪 海相碳酸盐岩型	第 5 成盐期为早中三叠世 第 4 成盐期为石炭世 第 3 成盐期为中奥陶世 第 2 成盐期为寒武世 第 1 成盐期为晚震旦世
中新生代 陆相碎屑岩型	第 9 成盐期为新近纪 第 8 成盐期为始新世—渐新世 第 7 成盐期为晚白垩世—古新世 第 6 成盐期为晚侏罗世		

从表 2-1 中可以看出,印支运动是我国成盐史上具有划时代的事件。由于印支运动,我国整体上升成陆(除西北少数地区),完成了中国大陆区的拼接,于是地质历史上的蒸发岩大类发生了根本性转变,由海相碳酸盐岩型变为陆相碎屑岩型。印支运动之后,板块活动急剧加强,中国进入了构造变动的强烈时期,即燕山运动及喜马拉雅运动期,这就导致了中国东西部,尤其是东部的中新生代断陷盆地星罗棋布般地分布,这为盐类的沉积奠定了盆地—沉积场所的基础。地壳构造的变动,又直接影响到气候的变化,炎热干燥的气候利于盐类的沉积。我国中新生代陆相碎屑岩型盐类矿床的广泛产出就是构造变动和气候变迁综合作用的结果。

具有工业意义的硫酸钠矿床(包括白钠镁矾、无水芒硝、钙芒硝等)与其他盐类矿床有所不同,主要产于中新生代陆相碎屑岩型中,而芒硝矿床则绝大多数产于第四纪盐湖中或第四纪砂下湖中。第四纪以气候显著变冷为特征，是地球出现的第四次大规模冰川活动和新构造运动时期。至于海相碳酸盐岩型硫酸钠矿床（矿点）只在四川渠县三叠系有钙芒硝和四川长宁盆地上震旦统有厚层钙芒硝产出，目前尚不具有大的工业价值。

我国硫酸钠矿床主要产于表2-1中所列的第6成盐期、第7成盐期、第8成盐期、第10成盐期、第11成盐期、第12成盐期、第13成盐期。其中，第6、第7、第8成盐期主要形成钙芒硝，第8成盐期还有无水芒硝-钙芒硝沉积；而第10、第11、第12、第13成盐期主要形成芒硝，或芒硝与其他硼、碱等矿床的复合矿床。这之中，第12成盐期即全新世中晚期—近代的成盐作用期，是我国盐湖和盐湖盆地成盐作用最为普遍和最为强烈的成盐作用期，形成了规模巨大、类型齐全的盐类沉积，包括碳酸盐类、硫酸盐类、硼酸盐类、氯化物盐类和硝酸盐类以及稀有特种元素盐类的沉积。

过去我们常讲矿床具有不可再生性，但盐类矿床中的石盐和芒硝等或许可有例外，现代盐湖就是盐类形成的室外最大天然实验室。我们所说的第13成盐期，是目前正在进行或将要进行的盐湖成盐作用期。这类盐湖在青藏地区可见，如库木库勒、可可西里高原和羌塘盆地北部的卤水湖（郑喜玉等，2002）。

至于第1成盐期中的钙芒硝矿，迄今尚未发现大型的钙芒硝矿床，有待于今后的寻找。

第二节　硫酸钠矿床的构造控制与空间分布

硫酸钠矿床和石油、天然气、煤等能源矿产一样，都与盆地有关，而盆地是受构造控制的。袁见齐教授（1983）在论及盐类矿床的时空分布时指出，中国境内广泛分布着中、新生代碎屑岩系的盐类矿床，而中三叠世以前则出现陆表海浅水沉积的低盐度沉积，袁先生这里所指的中三叠世以前即是印支运动之前。印支运动是东亚地区地质发展的一个重要转折点，也是中国盐类矿床由海相过渡为陆相的重要转折点。印支运动之前的海相成盐盆地中的硫酸钠矿床主要是钙芒硝—岩盐矿床，未曾见有无水芒硝矿床和芒硝矿床。

印支运动之后，又接着出现燕山运动和喜马拉雅运动，这些构造运动的时期恰是我国盐类矿床的重要形成时期。按照板块构造的观点，盆地主要有4种类型，即板块俯冲形成的大陆边缘盆地、邻俯冲带大陆裂谷系盆地、板块碰撞形成的山前或山间盆地、近板块活动带大陆内部坳陷盆地。其中，我国东部一系列盆地皆属于邻俯冲带大陆裂谷系盆地，该类盆地发育了含油建造和红色含盐建造，江苏淮安晚白垩世的石盐-钙芒硝矿床，江西、安徽、湖北、湖南等地的第三纪（古近纪＋新近纪）石盐-钙芒硝矿床都分布于此类盆地中。属于板块碰撞形成的山前或山间盆地的有新疆吐鲁番-哈密盆地、云南滇中安宁盆地、禄劝禄丰盆地、青海柴达木盆地等，在这些盆地中，分布有晚侏罗世、晚白垩世、第三纪（古近纪＋新近纪）、第四纪钙芒硝或芒硝矿床。属于近板块活动带大陆内部坳陷盆地的有四川盆地、鄂尔多斯盆地、汾渭地堑，以及内蒙古、甘肃一带的小型断陷型盆地群。在川西坳陷分布有晚白垩世新津钙芒硝矿床、眉山大洪山钙芒硝矿床等。在汾渭地堑中部分布有运城盐湖以及作为砂下湖矿床产出的中更新世白钠镁矾—芒硝矿床。在内蒙古、甘肃一带分布有第四纪芒硝矿床，以内蒙古达拉特旗芒硝矿床最为著名。

前已叙及,我国印支运动之后,成盐活动加强,成盐期也增多,由燕山运动和喜马拉雅运动所造成的成盐盆地亦分布很广泛,现将主要的成盐区简述如下。

一、塔里木盆地及邻区

塔里木盆地包括塔里木北缘的库车坳陷成盐盆地和吐鲁番-哈密坳陷成盐盆地(简称吐哈成盐盆地)。

1. 库车坳陷成盐盆地

库车坳陷成盐盆地,东起库尔楚,西至塔拉克,北自天山,南止新和-轮台及穷木兹杜克大断裂,面积为 3 万 km²。有 4 个成盐期,即古新世早期(库木克列木群的塔拉克组)、始新世中晚期(小库孜拜组中上部)、渐新世早期(苏维依组)、中新世(吉迪克组)。其中,始新统以石膏、石盐和钙芒硝沉积为特征。

2. 吐哈成盐盆地

吐哈成盐盆地是天山山间盆地。成盐时代为渐新世—中新世,成盐层位为桃树园子组,主要盐类矿物有石盐、石膏和钙芒硝。

二、陕甘宁盆地及六盘山成盐区

1. 陕甘宁盆地

盆地内白垩系和第三系(古近系—新近系)中普遍含石膏,白垩纪早中期志丹群顶部含石盐。盆地西缘以石膏为主,个别地段含石膏、石盐和无水芒硝薄层。

2. 六盘山断陷盆地

断陷盆地白垩系—第三系(古近系+新近系)为一套红色碎屑岩建造,沉积厚度 6000 余米。沉积中心位于盆地北部同心—海源一带,主要为石膏,深部见少量石盐和钙芒硝。

三、川西—滇中成盐区

赋存钙芒硝的成盐盆地主要有川西坳陷成盐盆地和滇中成盐盆地。

1. 川西坳陷成盐盆地

盆地位于龙门山台缘褶带前的山前坳陷,呈北东-南西向展布,东以龙泉山为界,西以龙门山深断裂为界,南以雅安—夹江一线为界,面积约 4 万 km²。

盆地形成于三叠纪末期的印支运动。盆地内白垩系灌口组为一套厚达千米的陆相红色碎屑岩地层,其间夹石膏和钙芒硝等盐类沉积,并有硝水赋存。石膏和钙芒硝出露点有 20 余处,是钙芒硝矿床的重要产区。

近年来在盐源地区,勘探发现三叠纪含盐系,厚达 500 余米,盐类矿物主要由石盐和钙芒硝组成。

2. 滇中成盐盆地

该盆地总面积约 4 万 km^2。盆地中部近南北向的元谋深断裂将盆地分为东西两部分。西部为楚雄盆地;东部为"小盆地系",含龙思、上小井、元永井、安宁、富民等小盆地。

滇中盆地主要含盐层位为上侏罗统安宁组和古近系古新统。钙芒硝和石盐互层为该含盐系的特点。

四、华北成盐区

华北成盐区地域广大,西以太行山为界,南与秦岭为邻,北与燕山相接。该区由于受太平洋板块向西、印度板块向北俯冲的影响,白垩纪晚期开始形成一系列大小不等的断陷盆地,如合肥、周口、洛阳、鲁西南、开封、临清、黄骅、冀中等。

华北盆地是中国东部中新生代重要成盐区之一。在盐类沉积中,以石盐为主,而硫酸钠组分含量较华南区少。

五、华南及东南成盐区

中国东部和南部由于受太平洋板块和印度板块的影响,形成北北东、北东和北西向构造,控制了大型断陷盆地,如江汉、苏北、鄱阳、南襄等盆地。该类盆地从白垩纪开始形成,不论是成盆时间,还是成盐时间均早于华北。成盐时期有 3 个:①晚白垩世—古新世;②始新世;③渐新世。成盐时代从南向北有逐渐变新的趋势。迄今为止,已发现石盐盆地 20 个,除含石膏、石盐外,普遍含无水芒硝和钙芒硝。其中,江汉盆地有 2 个凹陷含有钠镁盐和无水钾镁矾-钾芒硝矿层。

六、西宁-民和成盐区

西宁-民和盆地位于祁连中间隆起带之上,为中新生代逐渐发展起来的,由多个次级隆起和坳陷组成的多级咸化湖盆地。自西向东主要次级构造有西部斜坡、双树湾坳陷、小峡隆起、平安坳陷、晁家庄隆起和巴州坳陷。

西宁-民和盆地于中侏罗世始沉降,形成湖沼期含煤、油页岩、砂泥质建造,晚侏罗世气候逐渐转为干旱。早白垩世盆地强烈下沉,水域扩大,形成统一盆地。古近纪初期,盆地范围不断增大,至渐新世—中新世早期,沉积范围达到极盛时期。

西宁-民和盆地具有利于成盐的条件,这些条件有:①蚀源区面积广大,物质来源丰富;②盆地发展历史较长,卤水浓缩程度高;③盆地内断裂发育,形成封闭、还原条件较好的地堑式箕状深凹;④干湿交替出现的古气候。

西宁-民和盆地主要产出石膏岩和钙芒硝岩。钙芒硝岩分布于上白垩统民和组二段和三段以及第三系(古近系+新近系)西宁群下岩组和中岩组中。

综上所述,我国中新生代包括硫酸钠矿床在内的碎屑岩型盐矿均形成于高山深盆环境中,为中国西部青藏高原板块碰撞边缘形成的撞击裂谷。多数地质学家认为,我国东部的中新生代盆地是大陆被动边缘的裂谷型盆地(袁见齐等,1983)。

第三节 中国第四纪盐湖概述

我国是一个多盐湖的国家,盐湖矿产(如石盐、芒硝、钾盐、硝碱等)在我国经济建设中发挥了重要的作用。我国自己生产的钾肥原料主要来自青海柴达木察尔汗盐湖和新疆罗布泊盐湖,作为硫酸钠原料的芒硝当前主要产自盐湖。盐湖产出的硼、锂、铷、铯、镁等是潜在的资源矿产;盐湖的生物,如卤水虾、卤水蝇、藻类、菌类等具有潜在的、巨大的食品和医药价值。

我国地形复杂,盐湖数量多、类型齐全。据实地考察统计,全国大小盐湖总共1000多个,盐湖总面积约$5×10^4 km^2$。其中,面积大于$1 km^2$的盐湖有800多个,所占面积约$4×10^4 km^2$(郑喜玉等,2002)。

我国盐湖分布区是地球北半球盐湖带的一部分,地理坐标E74°～125°,N25°～50°。地理位置是北起大兴安岭,经太行山—黄土高原,再到念青唐古拉山,直到冈底斯山一线以北的地区。这包括河北、山西、内蒙古、吉林、陕西、甘肃、宁夏、青海、新疆、西藏等10个省(自治区),其中,西藏、青海、内蒙古、新疆4个省(自治区)是我国盐湖的主要分布区,盐湖的数量和面积均占全国的95%以上,$1 km^2$以上的盐湖就有792个。

我国盐湖以多、大、富、全、特著称于世。所谓"多",指数量多,有1000余个。其中,内蒙古有375个,西藏有234个,新疆有112个,青海有71个。"大",指单个盐湖面积大,如我国最大的盐湖——柴达木盆地察尔汗盐湖,面积为$5856 km^2$,位列世界第三[世界第一大盐湖是玻利维亚的乌尤尼湖(Uyuni lake)面积$9000 km^2$;第二大盐湖为澳大利亚的艾尔湖(Eyre lake),面积$8500 km^2$]。又如,塔里木盆地罗布泊盐湖,面积为$5500 km^2$,大浪滩盐湖,面积为$5000 km^2$,都位列世界十大现代陆相盐湖。"富",指矿产储量大,如察尔汗盐湖盛产石盐、钾盐,石盐储量约505亿t,固体钾盐矿2.736亿t。又如,罗布泊盐湖盐类资源丰富,有石盐、钾镁盐、硝酸钾盐和钙芒硝等,石盐分布面积$3700 km^2$,估算有数百亿吨;钾盐在大洼地圈定储量520万t,罗北凹地KCl远景储量2.5亿t;钙芒硝是液体钾矿的载体,其储量估计数亿吨;硝酸钾储量为12万t。"全",指盐湖类型全,氯化物型、硫酸盐型、碳酸盐型、硝酸盐型皆有,其中尤以硫酸盐型盐湖为最多,且分布最广,芒硝、无水芒硝主要产于该类型盐湖中。碳酸盐型盐湖主要分布于内蒙古高原,其次是西藏,亦有少数盐湖分布于新疆。氯化物型盐湖虽数量不多,然而在青海柴达木盆地的氯化物型盐湖面积却很大。硝酸盐型盐湖主要分布于新疆。"特",有两层意思:一是指盐湖地理位置特殊,高的、低的均有。例如藏北高原(羌塘)的窝尔巴错湖湖面海拔高达5194m,是世界上最高的盐湖,面积$78 km^2$。又如,新疆艾丁湖湖面海拔154m,仅次于巴勒斯坦的死海(392m),为世界第二低于海平面的盐湖。二是指盐湖产出矿种奇特,如青藏高原盐湖,含有特种稀有元素如锂、铯、铷与硼、钾、镁、盐、硝等共生的组合。郑绵平(1989)还将青藏高原盐湖按不同的盐湖类型和特殊的矿种划分出数个成矿带:碳酸盐盐湖硼、锂、钾、铯、铷(盐、碱)一级成矿带;硫酸钠(镁)盐湖硼、锂、钾(铯、铷、盐、硝)一级成矿带;硫酸镁亚型盐湖锂、硼、钾、盐、硝二级成矿带;硫酸盐—氯化物盐湖钾、镁(硼、锂)一级成矿带;硫酸钠盐湖盐、硝三级成矿区等。

我国盐湖湖盆勘测表明,大部分面积大的湖盆都是构造盆地。袁见齐教授(1983)在论述高山深盆地形的形成时指出，现代的高山深盆均位于地壳的活动性地带，与裂谷、堑沟构造的发展过程有关。在内蒙古，有的小盐盆还可能是外作用力所致，如河流侵蚀盆地，或风蚀盆地。郑绵平(1989)在研究青藏盐湖时，将湖盆的成因划分为冰川湖、河谷淤积湖、堤间湖、盐溶湖、热水湖、火山湖、构造湖、陨坑湖 8 类，且把构造盆地细分为山间断块深盆、带内拗断湖盆、微裂谷湖盆、走滑湖盆等。

青藏高原是我国盐湖特色表现最完美的地区，这与青藏高原受到印度板块挤压，于中新世中期开始以断块形式降升有关(朱允铸等，1994)。自 2.8MaB.P 以来，青藏高原经历了 4 次新构造运动，形成了大大小小的盐湖。张彭熹等(1987)详细研究了柴达木盆地盐类沉积特征，认为柴达木盆地从北西向南东成盐时期由老至新变化，并将成盐期分为两期，第一成盐期为上新世，形成的盐类有石膏、石盐、芒硝、白钠镁矾等；第二成盐期为晚更新世—现代，盐类沉积以石膏、石盐为主，其中夹芒硝、白钠镁矾、泻利盐、柱硼镁石、钠硼解石。全新世则以较纯的石盐沉积为主，在有些地方如察尔汗等地出现了蒸发盐类最后的产物——钾石盐、光卤石和水氯镁石。郑绵平(1989)通过研究青藏高原盐湖特种矿种(如 B、Li、Cs、K、As、F 等)的供给源，认为强烈的构造运动导致的深断裂使深部热卤释放(地热水或称泥火山水)，该深部热卤是特种矿的主要来源。此类例子见于大、小柴旦湖和西藏一些盐湖。当然，盐湖物质的供给源还有盆地周围山体岩石的风化物、继承性含盐岩系等。

第四节 硫酸钠矿床的成因分类

现代矿床学是 19 世纪下半叶，伴随现代工业革命脱离矿物学而独立出来的一门学科。盐类矿床与其他矿床相比，对人类的生存繁衍更为重要。翻开人类发展史，古代文明之地即人类最早生存开发之地，除有水(河流)、谷物(平原、谷地)外，再就是有盐(盐湖)，这是人类生存必不可少的 3 个条件。古人称盐是"食肴之将""百味之祖""国之大宝"。盐文化是中华文化的一个重要组成部分。

显然利用盐类矿物的历史久远，然而将盐类矿床进行分类研究的地质学家却不多。苏联学者 А·А·ИВАНОВ(1953)对盐类矿床的分类，是一个简明而全面的成因分类。袁见齐(1960)在 А·А·ИВАНОВ(1953)分类的基础上，结合中国的情况，提出了一个既能反映盐类矿床成因特征，又能满足实际要求，同时也尽可能考虑到决定矿床工业意义的各种主要因素的全面的矿床成因分类。刘群(1987)认为对于盐类矿床最根本的划分应考虑沉积建造，按照沉积建造，盐类沉积可以分为化学岩型和陆源碎屑—化学岩型两大类；并认为，按照沉积建造划分的好处是不仅能说明它们有不同的形成条件和分布规律，还能说明有不同的物质供给、不同的剖面结构、不同的化学组成等一系列地质和地球化学的特征。

作者在 А·А·ИВАНОВ(1953)和袁见齐(1960)分类的基础上，综合考虑刘群(1987)的意见，结合中国盐类矿床的特点，以矿床分类的全面性和实用性为原则，拟编出一个硫酸钠矿床分类表(表 2-2)。

表 2-2 硫酸钠矿床分类

中国硫酸钠矿床				
	第四纪盐湖芒硝矿床	液相硫酸钠矿床	内陆盐湖	湖表卤水
				淤泥卤水
				晶间卤水
			砂下盐湖	潜卤水,以罗布泊罗北凹地含钾盐水为例
				承压卤水,含 K、Na、Mg 硫酸盐亚型卤水
		固体芒硝矿床		石膏-芒硝(无水芒硝)建造,如白音陶里木诺尔
				石盐-芒硝(无水芒硝)建造,如吉兰泰盐湖、艾丁湖
				芒硝(无水芒硝)建造,如巴里坤盐湖、内蒙古上、中、下马塔拉盐湖
				石盐-芒硝-白钠镁矾建造,如内蒙古哈登贺少湖
				石盐-泡碱-芒硝建造,如内蒙古盐海子干盐湖
				硼酸盐-芒硝建造,如西藏杜佳里湖
				石盐-芒硝-硼酸盐建造,如青海大柴旦盐湖
				菱镁矿-硼砂-芒硝建造,如西藏班戈湖
				水菱镁矿-硼酸盐-芒硝建造,如西藏郭加林湖
				石盐-芒硝-光卤石建造,如青海昆特依干盐湖
				石盐-钾镁盐-芒硝建造,如青海察汗斯拉图干盐湖
				芒硝-石盐-钾硝石建造,如新疆乌宗布拉克盐湖
		砂下湖型硫酸钠矿床		芒硝建造,如内蒙古达拉特旗芒硝矿床
				芒硝-白钠镁矾-钙芒硝建造,如山西运城界村矿区
				(含杂卤石等)钙芒硝建造(作为特大型液态钾矿的载体),如罗布泊罗北凹地
				石盐-芒硝-天然碱建造,如内蒙古察干里门诺尔
	中新生代陆相碎屑岩型	钙芒硝和无水芒硝矿床	固体矿床	硬石膏-钙芒硝建造,如川西、青海西宁、广西陶圩等
				石盐-钙芒硝建造,如云南安宁
				无水芒硝-石盐-钙芒硝建造,如湖南澧县
				天然碱-钙芒硝建造,如广东龙归、三水
				石膏-石盐-钙芒硝建造,如新疆库车
			液相矿床	地下硝水,如滇中盆地
				富钾、锂、铷、铯、溴、碘、硼等卤水,如江汉盆地
	古代(前侏罗纪)海相	碳酸盐岩型钙芒硝矿床	固体矿床	硬石膏-杂卤石(无水钾镁矾)-钙芒硝建造,如四川渠县农乐
				石盐-钙芒硝建造,如四川长宁
				石膏-钙芒硝建造,如华北下奥陶统
			液相矿床	地下硝水,如川西

该矿床分类以时代和沉积相以及沉积类型作为划分大类的依据,再以固相、液相和埋藏状况来划分亚类,最后以矿石的矿物组合(即建造)进行详细划分。

硫酸钠矿床是盐类矿床的重要组成部分,硫酸钠矿床是指可以提取 Na_2SO_4 组分的一组矿床。按照矿石矿物可分为两种,一为单盐矿物,如芒硝、无水芒硝;一为复盐矿物,如白钠镁矾和钙芒硝等。由单盐矿物构成的矿床称为芒硝矿床,或无水芒硝矿床,或总称芒硝矿床;由复盐矿物构成的矿床,称为白钠镁矾矿床,或钙芒硝矿床。单独由无水芒硝或白钠镁矾构成的矿床不多。一般来说,硫酸钠矿床主要分为芒硝矿床和钙芒硝矿床两大类。当然,也有两者组合的矿床。

硫酸钠矿床成因分类考虑的主要因素有芒硝矿床、钙芒硝矿床和无水芒硝矿床等产出的时代、岩相、产状、矿石建造等。首先,按照矿床产出的时代与岩相的不同将矿床划分为三大类,即第四纪盐湖芒硝矿床、中新生代陆相碎屑岩型钙芒硝和无水芒硝矿床以及古代(前侏罗纪)海相碳酸岩型钙芒硝矿床。其次,根据产状,将第四纪盐湖型芒硝矿床分为3个亚类:①液相硫酸钠矿床,包括内陆盐湖、砂下盐湖;②固体芒硝矿床;③砂下湖型硫酸钠矿床,这类矿床的成矿时期是第四纪,现已被砂泥层所掩埋,因其是第四纪的盐湖,故归入此类中,该类矿床往往分布面积广,厚度大,品位高,是极具工业价值的一种重要的硫酸钠矿床。将中新生代陆相碎屑岩型钙芒硝和无水芒硝矿床也划分出固、液两种矿床亚类。古代(前侏罗纪)海相碳酸盐岩型钙芒硝矿床同样也划分出固、液相两种硫酸钠矿床,且以固体钙芒硝矿床为主。最后,根据矿石沉积与建造又作进一步的矿床成因分类。

第三章 第四纪盐湖的生物资源

包括硫酸钠矿床在内的盐类矿床除了固体和液体矿床资源外,还存在着其他资源。郑绵平院士针对盐湖综合利用问题提出大盐湖产业体系的概念,即盐湖矿业、盐湖农业、盐湖旅游业。本章着重讨论第四纪盐湖的生物资源。

关于盐湖生物的研究已有 260 多年的历史了。早在 1755 年,就有人开始研究美国 Lymington 湖的盐湖生物卤水虾。Say(1830)对美国 Mono 湖碱水卤蝇进行了描述和分类。在 20 世纪 30 年代,Smith 和 Zobell(1937)首先提出美国大盐湖存在细菌群落。60 年代,苏联学者 К·И.鲁卡舍夫(1963)注意到微生物的生物地球化学特征,认为硝化细菌使氨氧化成亚硝酸,进而氧化成硝酸,并认为硫化细菌种群具有使硫和硫化物氧化成硫酸的能力。70 年代,由于世界盐业生产的需要以及盐藻体生物药用和食用研究的兴起,盐湖生物学、生态学和生物地球化学得到了迅猛发展。在实际应用方面,人们研究了嗜盐菌的嗜盐机理,如各种嗜盐性酶和类胡萝卜素类色素的产生和应用,菌视紫素的光化反应及应用等。

盐湖水盐体系中,生物种类较多,概括起来有藻类、细菌、原生动物及其他浮游生物、卤水虾(卤虫)、卤水蝇(卤蝇)、鸟类等。

第一节 藻 类

所有淡水中发育的主要藻类在盐湖中都已发现(Williams,1996),其中最主要的嗜盐绿藻是盐生杜氏藻(*Danaliella salina*),在高—中盐度盐湖中常见硅藻门。20 世纪 80 年代,中国盐湖的藻类研究已有了很大的进展。新疆巴里坤硫酸钠型盐湖,除发现盐生杜氏藻外,还发现绿色杜氏藻、舟形藻、桥弯藻、弯藻属等(魏东岩等,1989)。在西藏高寒盐湖,如在含钾的碳酸钠型盐湖——扎布耶湖中发育大量高海拔嗜寒性嗜盐藻,以杜氏藻为主,衣藻属(*Chlamydomonas*)为次,能在 -4℃且含盐度 418~512g/L 的条件下生长(郑绵平等,1989)。在中国盐湖藻类研究中,以新疆艾比湖最为详尽和系统。艾比湖属硫酸钠亚型盐湖,共发现浮游植物 7 门 57 属,其中,绿藻门占 57.5%,硅藻门占 29.1%,蓝藻门占 8.9%,甲藻门占 3.6%。主要种类为肾形藻(*Nephrocytium*)、舟形藻(*Navicula*)。值得指出的是,蓝藻门的似发藻为我国浮游植物的首次记录。似发藻系喜盐种,其数量和生物量在浮游植物中占有一定比例,是卤水虾的主要食物组成之一。艾比湖的浮游植物种类随季节变化而变化,5 月份出现种类最多,为 45 种,之后渐减,至 10 月份仅为 19 种,而数量与生物量则以 10 月份为最高(任慕莲等,1992)。

这里还需强调的是,在盐湖中,尤其是在碱性湖泊中生长着一种低等植物——螺旋藻,具有重要的经济价值。它被联合国粮食及农业组织推荐为"21世纪最理想的食物",世界卫生组织称其为"21世纪人类最佳的保健品"。

螺旋藻亦称节旋藻,在分类上属于蓝藻门(Cyanophyta)、段殖藻目(Oscilatoriales)、颤藻科(Oscilatoriaceae)螺旋藻属(Spirulina)。螺旋藻藻体为单列细胞组成的不分枝丝状体,胶体无鞘或有极薄的鞘。螺旋藻约有38种,多数生长在碱性盐湖,目前,国内外主要大规模人工培育钝顶螺旋藻、极大螺旋藻和印度螺旋藻3种品种。

螺旋藻是1940年由法国的克里门特博士发现的,居住在非洲乍得湖畔的佳妮姆族人,按照传统的习惯,捞取湖面上的螺旋藻,直接拌辣椒及香料食用或晒干备用。据测定,它的化学成分60%是蛋白质,主要由异壳氨酸、亮氨酸、赖氨酸、蛋氨酸、苯丙氨酸、苏氨酸、色氨酸、缬氨酸等组成,此外,还含脂肪、碳水化合物、叶绿素、类胡萝卜素、藻青素、维生素 A_1、维生素 B_1、维生素 B_2、维生素 B_6、维生素 B_{12}、维生素 E、烟酸、肌酸、γ—亚麻酸、泛酸钙、叶酸及 Ca、Fe、Zn、Mg 等。螺旋藻具有保健功效,可降低胆固醇、调节血糖、增强免疫系统、保护肠胃、抗肿瘤、防癌抑癌、防治高脂血症、抗氧化、抗衰老、抗疲劳、抗辐射、治疗贫血症等。世界上自然生长螺旋藻的四大湖泊为非洲的乍得湖、墨西哥的特斯科科湖、中国云南丽江的程海湖、内蒙古伊克昭盟的哈马尔太碱湖。

自然界螺旋藻喜热,具耐热性,最佳生长条件为温度 35～37℃,pH 值 3～11。

第二节 细 菌

嗜盐菌、耐盐菌、嗜碱菌、嗜盐碱菌是盐湖这个极端环境的重要组成部分。20世纪80年代之前,嗜盐菌、嗜碱菌统统划归于原核生物。20世纪70年代,Woese 深入细致地测定了嗜盐菌和部分嗜酸热菌及甲烷菌的 5S rRNA 及 16S rRNA 的序列,结合 DNA 杂交及脂类分析等分子生物学的研究后,于1984年提出上述这些细菌均属于古细菌原界,并提出将原核细菌再分为真细菌原界与古细菌原界的观点,1990年 Woese 将古细菌改为古生菌。该观点已为世界所公认(王大珍,1996)。

中国学者从西藏、青海、内蒙古、新疆、山西等省(自治区)具有代表性的 NaCl 型、Na_2SO_4 型、Na_2CO_3 型以及钾镁盐型盐湖中,分离出大量不同类型的嗜盐、嗜碱细菌,并进行了形态、生理生化分子生物学、应用技术方面的研究。王大珍等(1984)从青海大柴旦 Na_2SO_4 亚型盐湖和天津塘沽盐池分离到两株新种嗜盐杆菌,分别定名为 *Halobacterium dachaidanesis*(F3) 和 *H. tanggunensis*(F5)。张纪忠等(1990)从藏北扎布耶盐湖石盐中分离出嗜盐杆菌属的新种,定名为 *H. zangbeiensis*。王大珍等(1992)从青海达布逊高镁盐湖中分离到两株高镁型嗜盐杆菌属新种 HMR_2 及 HRMG。王大珍和唐庆风(1989)从内蒙古查汗淖、查干诺尔和乌杜淖碱湖中分离出生长最适 pH 值依次为 8.7、9.5 和 8 的属于嗜盐碱杆菌属的 3 个新种,并分别定名为 *Natronobacterium chabanesis*(C212)、*Nb. chaganesis*(X213) 和 *Nb. wudunensis*(Y212)。周培瑾等(1990)从大柴旦盐湖分离出一株产碱的极端嗜盐杆菌,经鉴定为新种 *H. haloalcaligenum*。王大珍等(1986)从大柴旦盐湖分离出球形菌株 A17,系嗜盐碱球菌属,定

名为 *Halococcus alkalotrophc dachaidanensis*。周培瑾等(1990)从新疆盐湖分离出 3 株多形态嗜盐小盒菌属(*Haloarcula*),经鉴定认为是新种。马延和等(1991)从内蒙古查汗淖碱湖中分离出一株嗜碱菌 N10-1,生长于 pH 值为 8.5～12.5 的环境中,最适 pH 值为 10.0～11.0,专性嗜碱,在淀粉培养基中产胞外淀粉酶,属于真细菌,但具有特殊的细胞壁,经鉴定与以前报道过的不同。张衡涛等(1990)从大柴旦湖分离出嗜盐菌 D-1201,其菌视紫素(BR)的光谱及分子量都与已报道过的不同。马延和等(1991)从内蒙古乌杜淖碱湖分离出强嗜碱性芽孢杆菌新种 N16-5,定名为 *Bacillus wudunensis*,该菌产 β-甘露聚醣酶,生长于 pH 值为 8～11 的环境中,最适 pH 值为 10.0,需 NaCl 0～15%,专性嗜碱。田小群等(1990)从内蒙古、新疆、黑龙江等地的盐湖分离出专性嗜碱菌,分别属于芽孢杆菌、黄杆菌及微球菌。

学者们对盐湖的微生物多样性也进行了研究。孙超(2007)对新疆地区若干盐湖,主要是 Na_2SO_4 型盐湖,进行了基于 16S rDNA 的原核微生物多样性的研究;赵婉雨(2013)对柴达木盆地达布逊盐湖微生物多样性进行研究;张立丰(2006)对新疆达坂城硫酸钠型盐湖嗜盐古菌 16S rDNA 序列分析和细菌视紫红质基因序列进行研究;孔凡晶等(2010)对火星与地球极端嗜盐生物进行了对比研究。

第三节 原生动物及其他浮游生物

最早在美国大盐湖研究原生动物的是 Vorhies(1917),他曾观察到相似于蛞蝓变形虫(*Amoeba limax*)的小变形虫和纤毛虫属(*Englena*)。之后,Evans(1960)报道的大盐湖原生动物有周毛虫属(*Cyclidilum*)、足吸管虫属(*Podophyra*)、游仆虫属(*Euploles*)、屋滴虫属(*Oikomonas*),此外他还研究了大盐湖原生动物的生态,并指出除吸管虫以游仆虫属为食外,其余均以细菌为食。

许多学者对中国盐湖原生动物也进行了较详细的研究。新疆巴里坤盐湖原生动物划分为变形虫纲和纤毛虫纲两类,其中纤毛虫纲类有尖毛虫(*Oxytricha*)、膜袋虫(*Cydidium*)和固着足吸管虫等,生活于浓度 1°～17°Bé 或更高的卤水中(魏东岩,1989)。新疆艾比湖鉴定出的原生动物有太阳虫(*Actinophrys*)、刺胞虫(*Acanthocystis*)、表壳虫(*Arcella*)、砂壳虫(*Difflugia*)、侠盗虫(*Strobitidium*)、焰毛虫(*Askenasia*)、斜管虫(*Chilodonella*)、筒壳虫(*Tintinnidium*)、肾形虫(*Colpoda*)、尖鼻虫(*Qxyrrhismarina*)、蚕豆虫(*Fabrea salina*)等(任慕莲等,1992)。

盐湖中其他浮游生物还包括桡足类、鳃足类、介形类、端足类等。

在巴里坤盐湖的南海子西南隅泉水入湖的一侧发现端足类(?),其长 1～1.5cm,宽 0.3～0.5cm。该种生物在气温-12℃、水温-1℃、浓度 2°Bé 的条件下,雌(大)雄(小),两性常叠腹相伴嬉游,在冬日水中其色为灰褐色,捞取放干后变为红色(魏东岩,1989)。巴里坤盐湖第四纪介形类有胖真星介、真星介、布氏土星介、隆起土星介、变曲湖花介、变异湖花介、华美湖花介、疑湖花介、近岸正星介、玻璃介、小玻璃介(未定种)等(关绍曾,1989)。

新疆艾比湖鉴定出的浮游生物有轮虫类、枝角类、桡足类(任慕莲等,1992)。轮虫类有矩形龟甲轮虫、方尖削叶轮虫、月形单趾轮虫、臂尾轮虫、异尾轮虫、三肢轮虫;枝角类有蒙古裸腹蚤、拟蚤；桡足类有桡足幼体。

2015年6月15日，在山西运城盐湖3号滩北面的湖面上，呈现罕见的玫瑰红色，究其原因是红色微生物—轮虫与红色藻类混合出现。其实，在运城盐湖，石盐晒制成盐前常会出现红色卤水，这通常是红色卤虫和红色嗜盐菌所致。

在西藏色林错、浆东如瑞错表面及深处均可见大量浮游生物（郑锦平等，1989）。有一种呈棕黑色，大小1.5～2.5mm的生物为西藏拟蚤（*Daphniopsis tibetana Sars*），属于嗜寒性种类。在色林错南岸可见大量端足类。

第四节　卤水虾（卤虫）

一、卤水虾生物学

卤水虾由头部、胸部、腹部和尾部组成（图3-1）。

胸部和腹部可以生殖节的位置相区分，在生殖节之前的体节称作胸部，之后的称作腹部。胸部具11个体节，各有一对游泳足（附肢），其游泳足在中部发育，向两边则发育程度降低。腹部具7个无附肢的体节，其中，最末一节称作尾节。后端具一对刀片状的尾叉，两缘具长刚毛。

卤水虾民间称其为盐虫子，美国俗称其为海猴子。

卤水虾动物学分类为系节肢动物门（Arthopoda）甲壳纲（Class Crustacea）鳃足亚纲（Subclass Branchiopoda）无甲目（Order Anostraca）卤虫科（Artemiidae）的盐卤虫（董聿茂等，1982）。

卤水虾是一种广温耐盐生物，习居于高盐度或高碱度水体或盐田中，在世界不同纬度和不同高度的盐湖、碱湖和晒盐池内均有广泛分布。

卤水虾的个体大小不一，一般长6～14mm，雄性体长略小于雌性。卤水虾是典型的滤食生物，主要的食物是细菌、藻类、原生动物、轮虫等有机物或无机物的碎屑，如长石、石英、黏土矿物、芒硝、石盐、钾石盐、水钙芒硝、钙芒硝、泡碱、天然碱、重碳钠盐、苏打石等。卤水虾既食此类盐类矿物，又排泄此类盐类矿物，这就为我们研究盐类矿物成因及盐类沉积环境提供了便利而有益的条件。

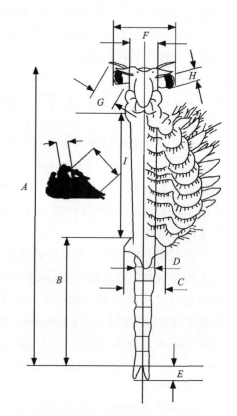

A-体长；B-腹部长；C-卵囊宽度；D-第三腹节宽度；E-尾叉长；F-头宽；G-第一触角长度；H-复眼径；I-胸部长。

图3-1　卤水虾形态测量部位图解

（据魏东岩，2008）

卤水虾的体色随地区或生长期而异，或随所食物质而改变，或随卤水盐度而变。在高盐度卤水中生长的卤水虾通常呈红色。

二、卤水虾的生命周期

卤水虾雌性成虫一生平均产卵 4~6 次，每次平均产卵 168 粒，生命周期为 70~85 天，一年有 4~5 个世代。

目前世界上已有记录的卤水虾卵共计 100 多个品系。卤水虾一般卵径为 (238.9 ± 10.8) ~ $(266.7\pm15.5)\mu m$，通常是 $240\mu m$ 左右。孤雌生殖卵偏大，一般卵径为 (253.2 ± 21.0) ~ $(288.8\pm16.3)\mu m$（朱礼群，1996）。

卤水虾孵化条件为水温 5℃，浓度 4°~5°Bé。卤水虾卵从孵化发育到抱卵成体的过程，可分为卵胞囊破裂孵出期、无节幼体期、幼虫期、次成虫期、成虫期 5 个阶段（图 3-2）。

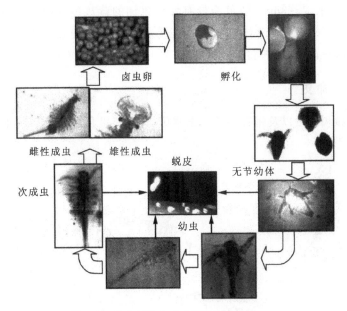

图 3-2　卤水虾的生命历程（据魏东岩，2008）

卤水虾的生殖方式可分为两大类：一类为两性生殖的种群，另一类为孤雌生殖的种群。前者两性异体，体内受精，具交媾器，当交媾时，雄性以粗壮的触角抓住雌性，两性紧紧抱在一块，常见呈游泳状，每次可历数小时；后者又称单性生殖，或称无精生殖。Edward 和 Samuel（1933）对美国大盐湖卤水虾的研究表明，在夏季，卤水虾的主要生殖方式是单性生殖，卵壁是薄的。据朱礼群等（1996）的研究，中国盐湖中卤水虾也有两种生殖方式，新疆除阿尔泰盐湖外的绝大多数盐湖以及青海的众多盐湖均为孤雌生殖，而山西运城盐湖、内蒙古盐湖、西藏部分盐湖、甘肃部分盐湖则为两性生殖。

卤水虾的生存条件是水温 6~35℃，盐度 45‰~340‰，氧临界点 1mg/L 以上（任慕莲，1992）。

卤水虾有长的呼吸管，其末端有最终通气孔。长的呼吸管或一根或两根。

第五节　卤水蝇(卤蝇)

卤水蝇与卤水虾一样,既是生物-水盐体系中最重要的"消费者",也是盐碱类矿物的"制造者"。卤水蝇幼虫呈圆柱状,以湖中大量的藻类和腐烂的有机质屑粒以及岩矿屑为食。卤水蝇幼体分布于湖中数毫米到数米处。以美国大盐湖为例,每年孵化出约 50 000 亿个幼虫,每年从湖里移走的有机物质约 $12×10^4$ t。因此,倘若盐碱湖中没有卤水虾与卤水蝇存在,那么,盐碱湖将变为一潭死水,其生命便会完结,成盐过程也会终止。

卤水蝇的分类体系是动物界—节肢动物门—昆虫纲—双翅目—卤蝇科—卤蝇属。

卤水蝇成虫一般个体较小,头部缺失口毛须,具有一个高傲的凸出的脸,成虫卤蝇 *Ephydra cinerea* 体长 2~3mm,体色为带有绿色色调的蓝灰色,腿和大部体节呈黄色;成虫卤蝇 *E. millbrae*,体长 4~5mm,体色为棕灰色或棕色;成虫卤蝇 *Lucilia*,体长 2~3mm,体色为带有黑棕色的白灰色,胸背部和腿部具黄色(Wesley et al.,2000)。

一、卤蝇的生命史

卤蝇雌蝇产卵和幼虫以及蛹都生活于卤水中,即其 2/3 的生命历程是水生(图3-3)。

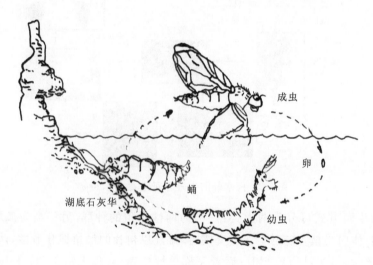

图 3-3　卤蝇的生命历程

卤蝇的生命历程是从雌蝇在水下慢慢排卵开始的。卵排到水藻席或靠近湖滨(海滨)的基底垫层上,呈长卵形,其长 0.6~1.0mm,宽 0.2mm。卵在适宜的盐度、温度下 1~3 天便可孵化出小的幼虫,幼虫从小到成熟需经历 3 个阶段。第一、二阶段需蜕皮,幼虫每蜕一次皮,体长和体重便有增大,这些蜕皮是成盐矿物的材料。第三阶段,幼虫的表皮是不蜕落的,而是形成保护蛹的盖体,即蛹壳(puparium)。在幼虫发育的 3 个阶段中,其体重(干重)和体长分别是:第一阶段重 0.02mg,长 1.0~3.5mm,为细长的幼虫;第二阶段重 0.2mg,长 3.5~5.5mm,为较粗的幼虫;第三阶段重 2.9mg,长 5.5~12.0mm,为粗大的幼虫(Herbst,1990b)。

这样大小不同、体重有别的幼虫化石在蒸发岩中经常见到。幼虫的发育时限从4周到5个月不等,幼虫发育的速度取决于盐度、温度和食物的质量和数量。实验室研究表明,幼虫一般为黄色,在20℃时第一阶段发育需4天,第二阶段需7天,第三阶段需14天。在巴里坤盐湖湖水表面,夏日明显出现红、褐、淡蓝色条带和白色卤虫蜕皮漂浮物,其中红色条带为卤虫发育区,褐色条带为卤蝇幼虫发育区,淡蓝色条带为卤蝇幼虫蜕皮漂浮物。

卤蝇幼体的显著特点是:头部变小且缩到胸部;腹足或存在或缺失,腹足存在者多达8对,强壮有力,尤其腹足的后部分,增大且具反抗钩;后腹部体节具"V"字形或"八"字形。呼吸管是鉴别卤蝇幼虫的主要标志之一。

卤蝇幼虫食细菌、藻类和卤虫以及盐粒、岩屑、卤虫卵等。当准备蛹化时,成熟的幼虫通过后部像夹子一样的、强壮的腹足抓住硬的物体以防被风浪卷走,起到保护自己的作用。包在蛹壳中的幼虫(蛹),不食不活动,当温度在20℃时,蛹化期是13天,蛹长8~10mm,平均干重1.95mg。蛹壳内除包裹蛹外,尚有空气,在蛹化期,若需要躲避则可漂浮起来。蛹一般呈棕黄色至暗棕色,其形态较幼虫长度略小,而宽度则增大。

卤蝇蛹蛹化成成虫的过程需浮出水面。当蛹浮出水面时,其头部中的额囊(ptilinum)充气成气球状,使蛹壳突然爆裂,于是成虫就出现了。额囊收缩(放气)和成虫染色便紧接着进行。成虫沿着湖滨寻找藻类、细菌和岩屑等食物。正常的成蝇生命是10~14天,而越冬的成蝇寿命可达数月之久。有旺盛生殖力的雌蝇,在2周多的时间内,平均每天排卵约10枚。

二、卤蝇生长的影响因素

卤蝇生命活动的各个阶段都受到各种因素的影响,这些因素概括起来有温度、盐度、碱度等。

1. 温度

温度是卤蝇生命循环过程中的主要影响因素,孵化、幼虫成长发育、蛹化、变态和卵的排放均受到温度的控制。温度低,延长新陈代谢的过程,增加发育的时间,加大死亡率。假如温度降低到零下,发育也就停止了。水温低于5℃,蛹不仅不发育,甚至可能大量死亡。春天水温升高,越冬的幼虫生长和发育加快。于是,蛹发育和幸存的速率增加。当水温从16℃增至25℃时,幼虫数量迅速增加。整个夏天,蛹化率都在增加。8—9月份,蛹成活率是最高的。10月之后,天气渐凉,成虫雌蝇停止排卵,死亡率增加,卤蝇数量、密度迅速降低。

卤蝇幼虫和成虫发育的个体大小随气温即季节而变化,成虫在早春个体最大,而在秋天最小。

2. 盐度及碱度

卤蝇是很适应于高盐度的生物,但早期幼虫对高盐度特别敏感,因为过高的盐度会损害卤蝇幼虫,而且盐度高会减少藻类的初级生产率,使食物量减少,幼虫生长发育受影响,并导致较小的幼虫和成虫死亡率增加。不过春夏季雨水多,盐湖湖水淡化利于幼虫发育生长,但随着幼虫的生长,其抗盐强度增加,耐盐能力提高从而能适应更高的盐度。

卤水中高碱度、高盐度的组合使许多生物的适应性遇到了更大的挑战。在中国内蒙古碱湖中生长有亿万计的卤虫和卤蝇。该类碱湖中 $HCO_3^- + CO_3^{2-}$ 含量为 $31\sim83g/L$（郑喜玉等，1992）。显微镜下研究表明，在碱湖表面卤水之下的含碱层中，盐碱矿物实质上由卤虫和卤蝇化石构成。

三、卤蝇的实用价值

卤蝇遍布盐湖周边、湖滩以及海湾，数量特别巨大。卤蝇及其蛹含有丰富的蛋白质、氨基酸。美国加利福尼亚州莫诺湖周围的印第安部落用采集来的卤蝇蛹作为食物和饲料。科学家正在研究用卤蝇蛆壳提取甲壳素和制备甲壳素的衍生物——壳聚糖（王稳航等，2003）。

应当指出，随着科学技术的不断发展，卤蝇的实用价值将越来越大。

卤蝇的主要食物是各种细菌、水底藻类（主要是硅藻、长纤维绿藻、蓝绿藻等）、原生动物、卤虫以及盐碱矿物碎屑、岩屑等。除卵和蛹生长期不需要食物外，幼虫和成虫对食物需求量是巨大的。

卤水中食物含量减少，食物营养价值降低均能使卤蝇生长减慢，发育时间延长，成熟个体变小，死亡率增高，生殖成功率降低。研究表明，硅藻、蓝绿藻生存的水越深，透光率越低，水藻数量就越少。因此，浅水对卤蝇的食物供应更好些；水中铵的浓度直接影响浮游生物的生长。在美国Mono湖，有些水生藻类是固氮的，因此，可贡献氨给水产生态区，有利于卤蝇和卤虫等生物的繁殖生长。

卤蝇和卤虫进食的过程同时也起到了清洁卤水水体的作用，使水体保持清新和活力。因此，生物-水盐体系才能够健康运行。

卤蝇因在水陆两地生活，幼虫和蛹易被强烈的波浪和底流带到岸上，很可能被掠杀或脱水而死，卤蝇成虫在湖岸边卤水坑渠中聚集觅食极易被附近的鸟所食。卤蝇的生存较卤虫有太多的惊险和不测。

第六节 鸟 类

盐湖周围可观察到的鸟类主要有鹬和火烈鸟。Williams(1996)鉴定出的典型盐水型火烈鸟的5个种分别是 *Phoenicopterus raber*，*P. chilensis*，*Phoeniconaias minor*，*Phoenicoparrus andinus* 和 *P. jamesi*。美国大盐湖观察到的鸟类有海鸥、白鹈鹕和鸭，它们或在水中嬉游，或在水中休息。新疆艾比湖水禽有黄鸭、赤麻鸭、斑头雁、白天鹅和棕头鸥等（郑喜玉等，1990；任慕莲等，1992）。青海茶卡盐湖发现水鸟有鸥科，分鸥和燕鸥两大类，均翅长，极善于飞行，飞行姿态优美，脚上有蹼，雌雄同色，以灰褐色为主，腹部多为白色。山西运城盐湖观察到一种名为反嘴鹬的鸟，长腿，长嘴弯曲，翅膀黑，肚皮白，其系鸟纲，鸻形目，反嘴鹬属。此外，有人还在运城盐湖拍摄到火烈鸟。近年来随着格尔木市生态环境建设及城市绿化度的不断加大，中国最大的盐湖察尔汗盐湖周边生态环境也有了很大改善，为鸟类提供了栖息和生存空间，目前栖息的珍稀鸟类有大天鹅、红嘴鸥、赤嘴潜鸭、丹顶鹤、黑颈鹤、白鹭、鸿雁、黄鸭、普通鸬鹚，还有动物琵嘴鸭、白骨顶、麻雁、青头雁、鱼鹰、渔鸥等。

第七节 盐湖区植被及有蹄动物

盐湖区植被一般稀疏,种类较少。但不同类型的盐湖,湖区植被也不同。内蒙古一些碱湖区的沼泽土中生长着油蒿、锦鸡儿、红柳、梭梭、白茨、碱蓬、盐瓜瓜、芨芨草等耐盐碱植被。盐生植被为湖水富集碱质作出了重要贡献,在青藏高原和新疆库木库勒等地区,盐湖区植被有禾本科、菊科、豆科、莎草科等植物。

在新疆昆仑山—阿尔泰山山间盆地盐湖区生活有蹄类动物,如藏野驴、野牛、藏羚羊等(郑喜玉等,2002)。

以上概略地记述了盐湖中的生物群落,可以看出,盐湖中的生物群落组成与淡水中的不同,并且这种差别随着盐度的增高变得更为明显。Hammer(1986)在谈到物种丰度与盐度关系时指出,微含盐水中生物的数量最大,而在低盐度水中,数量则显著减少。

需要指出的是,随着盐度的增加,虽然生物种数量在减少,但少数物种(如嗜盐碱细菌、卤水虾和卤水蝇幼虫)的生物量却在剧烈地增加,形成一种强大的生物营力,足以影响盐湖水盐体系,从而影响盐湖的成矿作用。此外,盐湖生活的抗盐碱生物具有稳定的嗜盐或嗜碱的特殊结构、特殊功能和特殊的遗传基因,这正是药用所需要的。因此,对盐湖的生物资源进行研究具有深远的实践意义和现实的经济价值。

第四章 硫酸钠矿床生物成因简述

硫酸钠矿床与其他盐类矿床一样,传统的成因观点是化学成因论。随着对盐湖生物的深入研究,以及新技术、新设备测试手段的应用,关于盐类矿床的成因理论也有了不同的论点。

第一节 现代盐湖生物食物链

现代盐湖生活着大量生物,这些生物是维系盐湖生命和盐类矿物形成的关键要素,也是盐湖除盐类矿产外的另一巨大资源。

地球上生物常形成一定的食物链,在盐湖小环境中,生物也是有食物链的。正因为有生物食物链,才能维系盐湖的生命。有了盐湖的演化发展,才能有盐类的沉积。因此,盐湖生物食物链的存在是盐类资源形成的基础。在盐湖生物-水盐体系中,生物群落按其性质和作用可分为生产者、消费者和分解者。藻类为生产者,卤水虾、卤水蝇(幼虫、蛹、成虫)、原生动物等为消费者,嗜盐细菌等为分解者。

一、生产者——藻类

含叶绿素的绿色藻类,能够利用太阳能进行光合作用,放出氧气,增强环境氧化性,同时,还能从水体中吸收某些矿物质,以营养其细胞,维持和繁衍其生命。藻类是消费者的主要食物对象。藻类对水环境的影响和在成盐过程中的作用可归纳为以下几点:

(1)藻体能吸收水体环境中的 K、Mg、Fe、P 等,使水环境中离子含量发生变化。

(2)藻类代谢改变微环境,使 pH 值上升,Eh 值下降,许多金属和非金属离子被氧化,形成盐类逐渐沉淀下来,于是,水体的离子浓度发生改变。

(3)藻类生长过程及藻体死亡后产生大量有机质,如有机酸、蛋白质、多糖等,这些物质极易与水体中金属离子形成盐类和络合物。

(4)藻类细胞表面的多种有机质能机械地捕捉矿物盐颗粒,产生吸附作用,促使阳离子＋阴离子──→盐的化学反应向右进行。这种作用的结果是改变溶液的离子平衡系统,使某些离子不断形成盐。

(5)藻体与矿物颗粒相结合形成一个致密层,具有防渗效果,利于盐的形成。由藻体组成的藻席富含多种活性基因,对金属离子具有很强的络合力。络合和防渗相结合起到富集成矿物质的作用。在芒硝矿层中见到类似叠层石状的构造。当然,这种毫米级的物质中除藻类外,还有卤水虾和卤水蝇幼虫等。

二、消费者——卤水虾、卤水蝇、原生动物等

作为消费者的卤水虾、卤水蝇等,以菌藻类作为主要食物。对盐湖的形成和盐类的沉积贡献巨大。首先,卤水虾和卤水蝇在盐湖中数量惊人。卤水虾是滤食生物,除食藻类和细菌外,还以生物屑和矿物碎屑为食,因此,起着净化卤水水体的作用,有利于沉积质高纯净的盐类,我们看到的芒硝矿层洁白纯净的晶质特征就缘于此。由于卤水虾的滤食特性,我们有机会观察到其粪粒中其他微小的盐类晶体存在。例如,在内蒙古达拉特旗芒硝矿床中,主要成分几乎都是芒硝。然而,只有在滤食生物卤水虾粪粒化石中我们才有发现无水芒硝、钙芒硝、石膏等微小矿物存在的机会。卤水虾的滤食特征,使卤水虾粪粒成分成为判别卤水虾生活的盐湖盐度和盐湖类型的一个典型标志。因此,对卤水虾粪粒化石的研究具有特别重要的意义。与卤水虾粪粒化石具有同等重要意义的是卤水蝇幼虫粪粒化石。卤水蝇幼虫常以卤水虾为食,故其粪粒中常含卤水虾卵粒化石、卤水虾无节幼体化石和卤水虾较完整化石。

卤水虾和卤水蝇生物营力作用是巨大的。任慕莲(1992)通过对艾比湖卤水中卤水虾的研究,认为卤水虾生存温度为 6~35℃,生存盐度为 45‰~340‰,雌性成虫卤水虾一生平均产卵 4~6 次,每次产卵 168 粒,生命周期为 70~85 天,一年有 4~5 个世代。美国大盐湖,雌性含卵时期有 2 个高潮(3 月初和 7 月)和 3 个小高潮(5 月末、6 月末和 8 月)(Doyle et al., 1999)。雌性带卵囊时期是 10—11 月。一年中春夏秋季卤水虾占了统治地位。

卤水蝇生活历程 2/3 时期是在水中,即产卵和幼虫以及蛹都生活于水中,只有成虫在水上或湖滨带活动。

卤水蝇成蝇生命是 10~14d,而越冬的成蝇寿命则可长达数月。20 世纪 80 年代,笔者曾于冬季-20℃在巴里坤盐湖考察时(冰下卤水温度为 5℃),于盐湖边见个体较小的卤水蝇成虫仍在活动,足见卤水蝇成虫的强大生命力。

三、分解者——细菌

盐湖水盐体系中的细菌有嗜盐菌、耐盐菌、嗜碱菌、耐碱菌等,是盐湖这个极端环境中的重要组成成分。盐湖中不论是生产者还是消费者,其尸体均被细菌分解成化学元素和简单的化合物。这些化学元素和简单化合物又成为浮游藻类的营养来源。细菌在分解其他物质时,消耗卤水中由藻类光合作用产生的氧气。于是,原生动物和卤水虾、卤水蝇等再食浮游藻类,又开始了新的循环,使整个盐湖生物-水盐体系维持着相对平衡状态。生物-水盐体系中生物的相互依从、和谐相处是维系生态平衡的重要支柱。

生物分子化石的测定研究表明,古代陆相和海相含盐水体中,同样存在着与现代盐湖所发现的生产者、消费者和分解者相似或相同的生物体系,这为生物成盐作用提供了物质条件。

第二节 硫酸钠矿层中生物化石的研究

研究蒸发岩矿床生物成矿的关键是在蒸发岩中找到足以证明参与生物成矿作用的可靠证据——生物化石。在此基础上,才能进一步研究生物成矿的机理。

20世纪60年代初,苏联学者在上卡姆二叠系钾石盐中发现了嗜盐菌藻。徐宝政和宣之强(1984)、蔡克勤等(1984)均报道了在大柴旦盐湖硼矿层中的羟钠镁矾晶体上有点节状菌类遗迹。刘群等(1987)在镇源钾石盐中发现类似菌类物质。郑绵平等(1989)提出"生物成硼作用",并初步探讨了可能的机理。魏东岩等(1990,1992,1994)对新疆盐湖石盐矿层、芒硝矿层中卤水虾粪粒化石和嗜盐菌藻类化石作了研究。魏东岩(2008)对蒸发岩中的卤水虾化石和卤水蝇化石(总称两虫化石),以及卤水虾粪粒化石和卤水蝇粪粒化石(总称两虫粪粒化石)作了研究,并对盐类矿物在扫描电镜下做了细菌藻建造的系统研究。

下面将重点阐述硫酸钠矿层中的化石。

一、两虫化石

在硫酸钠矿层中广泛地发现两虫化石,即卤水虾(卤虫)化石和卤水蝇(卤蝇)化石。卤虫化石含卤虫无节幼体化石、卤虫实体化石、卤虫蜕皮化石;卤蝇化石含卤蝇第一幼虫期化石及其蜕皮化石、卤蝇第二幼虫期化石及其蜕皮化石、卤蝇第三幼虫期化石、卤蝇蛹化石、卤蝇蛹壳化石(魏东岩,2008)。

在研究硫酸钠矿层中的两虫化石和两虫粪粒化石之前,我们先来了解现代盐湖的两虫及其粪粒。在新疆巴里坤盐湖卤水表面见有红色、褐色、白色3种条带,条带宽度为几十厘米,长度约为1m,红色条带为卤水虾及其卵粒分布带;褐色条带为卤蝇幼虫带;白色条带及其上的点状物为卤虫幼体的蜕皮物。在巴里坤盐湖卤水表面还可见呈平行排列的红色条带与白色(或带青的白色)条带呈斜交状,红色条带为红色卤虫(或幼虫,或次成虫,或成虫)组成,白色条带为不同长度的卤蝇幼虫蜕皮相连成,黑色或褐色的卤蝇幼虫可分散或成堆分布在表面卤水中。在巴里坤盐湖边部盐坪中,可见卤虫和卤蝇两虫蜕皮遗体以及红色卤虫卵粒堆积成条带状。在巴里坤盐湖表面卤水之下为厚层芒硝,在芒硝层上可见一小薄层的白色卤虫粪粒,这是我们最早研究芒硝矿层中卤虫粪粒化石的初衷和依据。

在芒硝矿层、无水芒硝矿层、白钠镁矾层以及钙芒硝矿层中普遍发现两虫化石及其粪粒化石。

在运城盐湖芒硝矿和内蒙古达拉特旗芒硝矿矿芯的水平层理条带状构造的洁白芒硝中,用肉眼或放大镜均可见存在丰富的生物化石,在白色条带中可见栩栩如生的不同大小个体的红色卤虫化石,在较暗的红色细条带中可见卤蝇幼虫化石及微小的卤虫卵粒体化石。用放大镜观察达拉特旗芒硝矿岩芯柱的白色细条带,可见白色卤虫幼虫蜕皮化石和卤蝇幼虫蜕皮化石呈斜向有序排列或散放的焰火状排列,这反映出芒硝沉积时卤水微小的水动力条件的变化。同样,在该岩芯柱上还可见由细小的卤虫幼虫蜕皮化石及菌藻类化石等形成类似叠层石的构造。

在罗布泊罗北凹地钙芒硝矿岩芯柱中,水平条带里肉眼或放大镜下均可见由白色卤虫幼体蜕皮化石立体排列的微层,同样在罗布泊钙芒硝矿岩芯柱中,还可见以白色卤蝇幼虫蜕皮化石为主,夹之少量卤虫幼虫化石和深色卤虫化石构成的斜向条带状构造。

在内蒙古盐湖含芒硝的碱矿岩芯劈开面上,可清楚地看到几种化石,其中棕红色—暗色细条状者为卤虫化石,白色较大的似蠕虫状者为卤蝇幼虫蜕皮化石,白色较小的点状者为卤虫幼虫蜕皮化石。

在西宁傅家寨野外露出地表的具有波痕的钙芒硝矿层层面上，用放大镜可清楚地看到密集的卤虫化石和卤蝇幼虫蜕皮化石的内模。

在彩色晶质芒硝矿、无水芒硝矿和钙芒硝矿石中均含有卤虫和卤蝇化石。

在显微镜下，对大量芒硝、无水芒硝、白钠镁矾和钙芒硝岩矿石薄片进行观察，结果表明，这些矿石中普遍存在卤虫和卤蝇不同生长阶段的化石。其中，大量存在的是蜕皮化石。卤虫的无节幼体化石，有的在芒硝中作为包裹体存在，有的则作为卤蝇幼虫粪粒化石包裹物而存在。卤虫的次成虫和成虫在盐类矿物中很难保存，然而，其在卤蝇幼虫粪粒化石中却易保存（参见后面的粪粒化石部分）。卤虫幼虫蜕皮化石和卤蝇幼虫蜕皮化石可共同作为晶质无水芒硝和晶质白钠镁矾的矿物聚集物。

在钙芒硝岩中，常见卤蝇幼虫化石、卤蝇蛹化石和卤蝇幼虫蜕皮化石，卤蝇蛹化石比卤蝇幼虫化石要粗胖些。有的钙芒硝矿物颗粒呈长条形，它本身就是单个卤蝇幼虫和卤蝇蛹化石，并由该化石组成柱状颗粒状半定向镶嵌结构。之所以认为钙芒硝晶体形态为卤蝇幼虫和卤蝇蛹化石，是因为其具有特征的腹足和尾部的呼吸管（呼吸管为一个）。大多数钙芒硝岩中的钙芒硝由卤虫幼虫（或卤蝇幼虫）蜕皮构成，而在长条形钙芒硝四周则由卤蝇幼虫蜕皮化石围合而成。在内蒙古达拉特旗芒硝矿含盐系揭示的钙质粉砂岩中，含有一植物根茎，根茎四周钙质粉砂岩中密集分布有卤虫化石、白色卤虫和卤蝇幼虫蜕皮化石，这表明含植物根茎的钙质粉砂岩所处位置很可能是古代盐湖的边缘相。

二、两虫粪粒化石

两虫粪粒化石是指卤虫粪粒化石和卤蝇幼虫粪粒化石。两虫粪粒化石与两虫化石关系密切，往往同时出现。不同时代、不同类型硫酸钠矿床的矿石中均发现了两虫粪粒化石。

1. 卤虫粪粒化石

卤虫粪粒化石单个形态为浑圆状（两端浑圆）、枣核状（两端尖细）。多个卤虫粪粒化石可由条带状者组成链条状，每一条带间为有机细丝相连，数个链条状可组成网状。

卤虫粪粒化石具粒状结构，这是由于卤虫为滤食生物，化石成分除有芒硝碎屑、石膏碎屑、无水芒硝碎屑、钙芒硝碎屑等外，还有碳酸盐、黏土矿物、石英、长石等。卤虫粪粒化石往往被误认为是砂砾状体。

卤虫粪粒化石常常呈现被芒硝和无水芒硝交代的特点。依交代程度不同，可分为完全被交代，呈交代假象结构，以及部分被交代，呈交代亮边结构或交代蚕蚀结构等。

2. 卤蝇粪粒化石

卤蝇粪粒化石以球状、耳环状、椭圆状、降落伞状、薯状、串珠状、球粒堆积状、哑铃状、菱形及铅锤状等为常见。粪粒大小差别也较显著。粪粒化石具粒状结构、碎屑有机质结构和碎屑泥质结构。粪粒中常含卤虫无节幼体化石和卤虫卵粒化石，也常含卤虫幼体化石、卤虫幼体蜕皮化石、卤虫卵化石等。卤虫次成虫和成虫化石往往可以在卤蝇粪粒化石中得以完整保存。

在芒硝岩中,卤蝇幼虫粪粒化石较大的呈不规则圆状,较小的为黑色,呈点状密集分布。大的粪粒具碎屑结构,白色碎屑为芒硝和无水芒硝,黑色基质者为泥质。在含硬石膏钙芒硝岩中,含数量较多的黑色卤蝇幼虫粪粒化石,并含少量细条状卤虫粪粒化石,前者为降落伞状或不规则状。在芒硝岩中,黑色多边形状卤蝇幼虫粪粒化石较大,也有呈菱形状者。卤虫粪粒化石分布于芒硝颗粒间,构成网状。

第三节 生物在硫酸钠(钙)形成中的作用

根据现代盐湖生物的研究资料,结合蒸发岩中生物化石和蒸发岩结构构造特征的综合研究成果,笔者初步总结出以下几种嗜盐生物在蒸发岩成矿中的作用。

一、在盐类矿物形成中生物作用所起的主导作用

1. 生物化学作用

硫酸盐型盐湖中的硫酸根是如何形成的?大多数学者认为它可能是早先沉积的硫酸盐地层风化产物。问题是,有的盐湖周边却不见有老的硫酸盐沉积。因此,硫酸根来源一直是个未解决的问题。众所周知,硫为生物生长所必需,有机硫存在于半胱氨酸 $HSCH_2 \cdot CH_2(NH_2) \cdot (OOH)$、胱氨酸 $CH_3SCH_2(NH_2) \cdot (OOH)$、蛋氨酸或其他硫氨基、氨基酸中。另有一小部分以硫脂类、有机硫酸盐、磺酸盐、含硫葡萄糖苷形式存在。细菌分解动植物残骸,几乎无例外的将硫以硫化氢的形式释放出来。硫细菌把硫化氢氧化成硫酸盐,其反应式为

$$CO_2 + H_2S + O_2 + H_2O \xrightarrow{\text{细菌}} CH_2O + SO_4^{2-} + 2H^+$$

硫的生物地球化学循环特征表明,盐湖中的还原硫(来自湖盆四周地层中非生物成因的硫化物、元素硫、有机硫)最终将被氧化为硫酸盐。很显然,微生物在此过程中起着重要作用。

2. 化学交代作用

显微镜和扫描电镜研究表明,菌(藻)类化石和卤虫化石、卤虫幼虫化石、卤虫幼虫蜕皮化石以及卤蝇幼虫化石、卤蝇蛹化石和卤蝇蜕皮化石等随所存在的蒸发岩环境不同(即不同的卤水类型),其成分也是不同的。例如,在氯化物型石盐矿石中,其化学成分是石盐;在硫酸盐型(如芒硝)矿石中,其化学成分为芒硝;在无水芒硝矿石中,其化学成分为无水芒硝;在钙芒硝矿石中,其化学成分为钙芒硝;在碳酸钠矿石中,其化学成分则为泡碱或天然碱等。因此,化石是以不同矿物成分的假象而存的。这表明,这类化石与卤水发生化学交代的过程可能是在沉积过程中进行的。

3. 生物改变沉积物类型

自然界中,盐湖有碳酸盐型、硫酸盐型、氯化物型、硝酸盐型等,其沉积物的改变与微生物,特别是细菌的参与有关。例如,在硫细菌参与下,硫酸盐向碳酸盐转化,其反应式为

$$CaSO_4 + CH_4 \xrightarrow{\text{硫细菌}} CaS + 2H_2O + CO_2$$

$$CaS + 2H_2O \xrightarrow{\text{硫细菌}} Ca(OH)_2 + H_2S$$

$$Ca(OH)_2 + CO_2 \xrightarrow{\text{硫细菌}} CaCO_3 + H_2O$$

4. 红黄色的盐水生物利于吸热提高水温

卤水中有数以万亿计的卤虫(通常显红色)、卤蝇幼虫(通常为棕黄色)和嗜盐菌藻类(红色)等,它们通过吸收太阳热能,提高卤水水温,增大蒸发量,从而利于盐类沉积。过去对高达50~80℃卤水中沉积的盐类矿物不好解释,现在则有了答案,这主要是嗜盐生物的贡献。

5. 生物维系盐湖的生命

盐湖中生物的食物链是盐湖得以生存的根本。卤虫和卤蝇幼虫通过食用藻类、细菌、原生动物等以及有机质和水中的无机碎屑,减少卤水腐败物,提高卤水纯洁度;细菌是分解者,通过分解卤水中的生物遗体,提高盐湖卤水纯洁度。在这种情况下,含叶绿素的绿色藻类,能够利用太阳能进行光合作用,放出氧气,增强环境氧化性,同时,还从水体中吸取某些矿物质,以营养其细胞,维持和繁衍其生命。因此,从根本上来说,盐湖中若没有生物,盐湖便成为一潭死水,盐湖生命将被终止。

然而,两虫粪粒化石却不同,绝大部分粪粒化石仍保持原始状态,只有一小部分被交代,或完全被交代,或部分被交代(呈亮边结构或呈蚕蚀结构)。这表明,化学交代可能发生于成岩过程中。正因为两虫粪粒化石大部分保持了原始状态未被交代,故对成矿研究极为有利。

二、生物—物理沉积作用

蒸发岩盐层中的卤虫粪粒化石和卤蝇粪粒化石构成盐矿石独特的含生物粪粒的粒状结构(魏东岩,1991)。这种结构有别于纯化学沉积矿石的各类结构,是生物—物理沉积作用的具体体现。首先,两虫粪粒是卤虫和卤蝇的生物新陈代谢作用的产物,属于生物作用;其次,粪粒在卤水中经重力下沉作用与两虫遗体及其蜕皮等一起沉积,因此,可用生物—物理沉积作用来解释。此外,卤虫粪粒和卤蝇幼虫粪粒具碎屑结构,这种碎屑结构是卤虫和卤蝇幼虫本身(滤食生物)所致,而非沉积作用形成。

三、生物化学交代作用

长时期以来地质学家认为,盐类矿物是纯化学沉积,其晶体生长完全按晶体结晶规律进行。笔者对盐类矿物中生物化石(两虫化石、嗜盐菌藻类化石)等的研究表明,生物化石起到了控制晶体生长的作用。

1. 生物遗体是造矿的主要材料

这里说的生物遗体是指嗜盐菌藻类和两虫(卤虫和卤蝇幼虫、蛹)以及两虫幼虫的蜕皮、两虫的卵粒,正是这些生物遗体造就了盐类矿物。从微观上看,盐类矿物(矿石)是细菌(藻)建造;从宏观上看,盐类矿石具两虫结构。

(1)微生物遗体造矿。盐类矿物扫描电镜研究表明,数量众多、形态各异的嗜盐(碱)菌藻类化石构成极为特征的生物超微结构(魏东岩,1998)。菌(藻)类化石含量为30%～95%,一般大于50%。实际上,盐类沉积从微观上看是细菌(藻)建造(魏东岩等,2000)。

(2)两虫遗体及其蜕皮是蒸发岩的主要造矿材料。前已叙及,两虫遗体及其蜕皮之多可以万亿计,是蒸发岩最主要的造矿材料。蒸发岩中两虫化石和蒸发岩的两虫结构就证明了这一点。蒸发岩中盐类矿物或是由单一的卤虫化石,或者是由单一的卤蝇幼虫化石,或者是由单一的卤蝇蛹化石构成,但大多数情况下,是由多个卤虫化石(含蜕皮化石)与卤蝇幼虫化石(含蜕皮化石)共同镶嵌构成的,其矿物边缘往往由卤蝇蜕皮化石和卤虫化石相围而成。

不论是嗜盐(碱)菌(藻)类,还是两虫,其遗体均遭盐类物质所交代,因此,嗜盐菌(藻)类和两虫的化石都具有原生物的形态。

2. 生物化石搭起矿物晶体的骨架

生物化石搭起矿物晶体的骨架在盐类矿物中非常普遍。例如,石盐结晶时,先由卤虫蜕皮化石形成结晶中心,然后以此为中心,由卤虫实体化石构成一个相互垂直的十字,在十字形成的4个区域中填满了卤蝇幼虫化石和卤虫化石,这种填充物呈大小搭配镶嵌状,最后立方体的四周由长条状卤虫实体化石或卤蝇幼虫化石围成。从这个实例可以看出,石盐是由两虫化石构筑成的,而不像是传统认为的化学沉积。

3. 生物化石构筑和影响矿物的生长带

盐类矿物,如石盐、无水芒硝等,经常在高倍显微镜下看到它们一层接着一层的带状生长结构。这些生长带过去都被认为是纯化学作用形成的,但仔细观察发现,每一层生长带都是由生物化石构成的。这些生物化石会使生长带发生宽窄薄厚变化,甚至发生突然中断错位。生长带的这种特征,说明了生物化石对矿物晶体生长带的控制作用。

4. 生物化石决定晶体形态和大小

在显微镜下可以看到钙芒硝晶体形态就是一个完整的卤蝇幼虫形态,或一个完整的卤蝇蛹形态。在扫描电镜下可以看到石盐微晶形状和大小完全受到生物化石——卤虫、卤蝇幼虫化石等的控制。

5. 嗜盐菌"编织"盐类矿物的微晶

扫描电镜对盐类矿物的研究表明,盐矿物微晶上布满了球状、双球状和链球状细菌化石,宛如颗颗"珍珠"编织的"地毯"。微晶边部镶有"绒毛"状饰边。细菌的展布形式与其生命活动和繁殖过程有关,这充分说明细菌的活动或与盐类结晶同步,或控制着盐类结晶。

四、盐类矿物的细菌(藻)建造

20世纪80年代以来,笔者通过扫描电镜对第四纪、中新生代和古生代具有代表性的包括硫酸钠类盐类矿物在内的盐类矿物进行精心观察和仔细研究,发现细菌(藻)化石是组成盐类矿物的基本单位,盐类矿物是由细菌(藻)建造的,且具有普遍性规律。

如果说两虫化石和两虫粪粒化石是作为生活于水盐体系中的消费者的生物遗体和遗迹在成盐作用中留下的印迹,那么,盐类矿物的细菌(藻)建造就是作为生活于水盐体系中的分解者(或生产者)留下的印迹。这都是水盐体系中的生物在盐类成矿中的巨大贡献。

盐类矿物中菌(藻)类化石的发现使我们对原始卤水水体环境下的嗜盐菌(藻)类生物状态有了一定的了解。这种认识可概括为以下几点:①不同时代和不同种类的盐类矿物均具有共同性,即由细菌(藻)化石所构成。细菌(藻)化石依其大小可分为明显的两大类。一类是大的,一般$1.0\mu m$左右,占5%~20%,大的细菌(藻)化石多为球状、椭球状、杆状,少数也有梨状、苹果状、桶状、蝌蚪状等;另一类是小的,一般$0.1\sim0.2\mu m$,或更小,占80%~95%,小的细菌(藻)化石形态变化不大,多为球状。例如,无水芒硝中菌(藻)体可见杆状及球状,定向排列。②嗜盐菌藻类的数目是惊人的。根据扫描电镜照片中盐类矿物的球菌个数,可以推算出不同盐类矿物沉积时每$1m^3$卤水中的嗜盐球菌个数不同。例如,石膏沉积时为7×10^{17}个,半水石膏沉积时为3×10^{18}个,无水芒硝沉积时为2×10^{18}个。该数量惊人的大,以至于在芒硝湖中嗜盐菌(藻)类作为一种成矿的自然营力,在芒硝矿床形成中起到了不可估量的巨大作用。③在嗜盐菌(藻)类化石研究中,还发现了噬菌体化石。在扫描电镜下,原球状和梨状的较大细菌化石被"交代"或被"吞噬";全部被"交代"时,隐约可见原形态,但边缘模糊不清;部分被"交代"时,一部分保留其原貌,另一部分则被纤维状物所代替;原细菌化石被蝌蚪状和微球状生物所占据。噬菌体化石的存在从另一方面也为嗜盐细菌化石的存在提供了证据。噬菌体侵染嗜盐细菌表明,噬菌体本身也是嗜盐,微生物在高盐环境中具有强大的生长力,说明嗜盐细菌的生存与反侵袭的斗争是残酷的。王大珍(1983)在现代中国碱湖中就发现了嗜碱芽孢杆菌的噬菌体。④在扫描电镜照片中可以看出,盐类矿物中嗜盐菌藻类化石排列似有一定方向性,这生动地表明,盐类沉积时,活跃于卤水中的嗜盐菌藻的活动状态具有方向性。该种活动状态受制于何种因素,尚待研究。⑤盐类矿物的扫描电镜观察表明,数以亿计的嗜盐菌藻遗体堆积而成的盐类矿物,构成极为特征的生物超微结构,这是化学沉积说难以解释的。因而,盐类矿物的生物超微结构是生物成因的重要标志。

第四节 硫酸钠的物理化学特征

盐类沉积研究表明,不同的卤水类型沉积不同的含硫酸钠盐类矿物(表4-1)。这里应当强调指出,含硫酸钠的不同的卤水类型均可视为不同的含嗜盐水生生物的水盐体系,这种水盐体系是在生物的生化作用基础上形成的。因此,硫酸钠的物理化学作用是伴随着生物作用而进行的。

表 4-1　不同卤水类型沉积不同含硫酸钠矿物

卤水类型	盐类矿物	卤水类型	盐类矿物
Na—SO$_4$	芒硝、无水芒硝	Na—Ca—SO$_4$	钙芒硝、硬石膏
Na—(Ca)—SO$_4$—Cl	石膏、钙芒硝、石盐、芒硝、无水芒硝	Mg—Na—(Ca)—SO$_4$—Cl	水氯镁石、白钠镁矾、泻利盐、钙芒硝、石膏、石盐、六水泻盐、水镁矾、芒硝、无水芒硝
Na—CO$_3$—SO$_4$—Cl	碳钠矾、石盐、芒硝、重碳钠盐、泡碱、无水芒硝、水碱	K—Na—(Ca)—Mg—Cl—SO$_4$	无水芒硝、钾芒硝、白钠镁矾、石盐、钙芒硝、硬石膏、钾石盐

下面仅用 Na$_2$SO$_4$—H$_2$O 二元体系及 Na$_2$SO$_4$—NaCl—H$_2$O 三元体系来讨论蒸发浓缩卤水的结晶和演化。

1. Na$_2$SO$_4$—H$_2$O 二元体系

从 Na$_2$SO$_4$—H$_2$O 体系图(图 4-1)中可以看出,水盐体系若没有 NaCl 存在,32.38℃是卤水结晶芒硝与无水芒硝的分界温度。当在 NaCl 饱和时,水盐体系 17℃即可形成无水芒硝。由此看来,NaCl 的存在既降低了 Na$_2$SO$_4$ 的溶解度,也降低了无水芒硝的形成温度。用该相图可以解释第四纪盐湖和砂下湖型芒硝矿床的形成。

2. Na$_2$SO$_4$—NaCl—H$_2$O 三元体系

温度对 Na$_2$SO$_4$—NaCl—H$_2$O 三元体系中析出盐类矿物影响极大。图 4-2 是 Na$_2$SO$_4$—NaCl—H$_2$O 三元体系 15℃时的溶解度图。B 点为芒硝溶解度点,$\overgroup{BC}$ 为芒硝溶解度曲线,A 点为石盐溶解度点,$\overgroup{AC}$ 为石盐溶解度曲线,C 点为共结点,K 点为芒硝固相结成点,S_1 点为石盐固相组成点,联结 S_1 和 K 点,构成 S_1K 线。这样相图中可分为 5 个相区,即未饱和区、NaCl 结晶区、芒硝结晶区、NaCl+芒硝结晶区、NaCl+芒硝+无水芒硝结晶区。相图中 D 点为未饱和成分点,当 15℃等温蒸发,首先进入芒硝结晶区,析出芒硝;总组成到达 NaCl+芒硝区,同时结晶出 NaCl+芒硝。当总组成蒸发过 E 点,芒硝逐渐脱水变为无水芒硝,至 F 点,该相区只结晶出 NaCl 和无水芒硝。

在温度为 0~17.5℃时,与温度为 15℃时相图相类似;在 17.9~33℃时,体系图中存在着 NaCl、芒硝和无水芒硝 3 个固相结晶区。在 25℃时(图 4-3),相图中多出一个 P 点,其是芒硝溶解度曲线 $\overgroup{BP}$ 与无水芒硝溶解度曲线 $\overgroup{CP}$ 的交接点,代表着芒硝和无水芒硝的转变点。当总组成为 D 的溶解等温蒸发,首先进入芒硝结晶区,析出芒硝,继续蒸发,跨越 PS_2 线进入

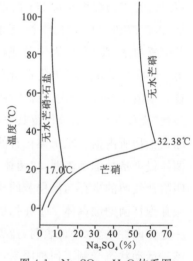

图 4-1　Na$_2$SO$_4$—H$_2$O 体系图

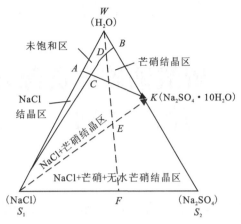

图 4-2　NaCl—Na_2SO_4—H_2O 三元体系 15℃相图

PCS_2 相区,已析出的芒硝脱水变为无水芒硝,到达 S_1CS_2 相区,同时结晶形成 NaCl 和无水芒硝两种矿物;在 35℃ 以上,该体系不存在含水盐,仅形成 NaCl 和无水芒硝。

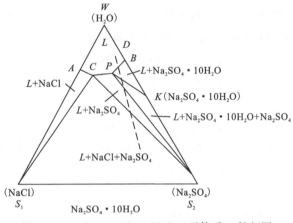

图 4-3　NaCl—Na_2SO_4—H_2O 三元体系 25℃相图

用以上所谈及的 Na_2SO_4—NaCl—H_2O 三元体系相图,可以解释第四纪石盐—芒硝矿床以及全新世中晚期我国硫酸钠亚型盐湖底部为芒硝层,向上为无水芒硝层,顶部为石盐层的沉积序列。

作为蒸发岩矿床之一的硫酸钠矿床,传统地质学认为是典型的化学沉积。随着现代盐湖生物学和生态学研究的深入以及第四纪芒硝矿层、钙芒硝矿层、中新生代石盐—钙芒硝矿层中嗜盐生物化石(嗜盐菌(藻)类化石、两虫化石、两虫粪粒化石等)的大量发现,魏东岩(2008)提出蒸发岩生物成因论。

蒸发岩化学成因论认为,卤水的物理化学作用(盐度、温度、CO_2 分压等)是蒸发岩形成的主导因素。应当指出,卤水的盐度、温度、CO_2 分压等受生物水盐体系中生物作用制约。在生物水盐体系中,唯有生物的活动,才能维系盐湖的生存。水盐体系中生物的活动,改变了水盐体系的环境、水介质条件,聚集了成矿元素,改变了沉积类型,生物遗体最终作为盐类矿物骨架和形成材料。因此,包括硫酸钠矿床在内的蒸发岩矿床当归于生物成因矿床。

第五章 硫酸钠矿产资源开发、保护与找矿方向

第一节 我国硫酸钠矿床的开发利用现状

我国硫酸钠矿产资源主要来自两类矿床：一类是第四纪芒硝矿床；另一类是中新生代钙芒硝矿床。

第四纪盐湖芒硝矿床可分为液相硫酸钠矿床、固体芒硝矿床和砂下湖型硫酸钠矿床。它们有时相伴出现，都位于现代盐湖分布区即北纬30°～49°之间，属于北半球盐湖带的一部分。

第四纪芒硝矿床是我国当前开采利用的主要对象之一。这是因为，这类矿床品位高，埋藏浅，易探易采且投资少，收效大，并常与其他矿产如石盐、硼矿、硝石矿、碱矿、钾盐矿等共同开采，故具有极大的经济意义。属于这类矿床的有山西运城盐湖芒硝矿床、新疆巴里坤盐湖芒硝矿床、新疆哈密七角井芒硝矿床、艾比湖芒硝矿床、艾丁湖芒硝矿床、达坂城芒硝矿床、内蒙古苏尼特右旗察干里门诺尔芒硝-天然碱-岩盐矿床等。

中新生代钙芒硝矿床在我国东部和西部都有广泛的分布。在东部成盐盆地主要产出岩盐-钙芒硝矿床，主要的成盐时期有5个，即早白垩世晚期、晚白垩世中期、古新世—早始新世、晚始新世和渐新世。根据构造和沉积特征可划分为华北—渤海湾、鲁西南、豫皖、中扬子、湘中、下扬子、赣江、珠江、闽浙等9个含盐带(区)。

在中国西部成盐盆地，除白垩纪—古近纪外，还有新近纪中新世成盐期、侏罗纪成盐期。其中，晚侏罗世钙芒硝储量十分惊人。

钙芒硝矿床在我国分布广泛，储量巨大，是不容忽视的具有极大的资源潜力的硫酸钠矿床。属于这类矿床的有云南安宁岩盐-钙芒硝矿床、四川新津钙芒硝矿床、湖南茶山坳岩盐-钙芒硝矿床等。

在我国青海、四川等省(自治区、直辖市)，当钙芒硝矿床裸露地表时，在适宜的条件下，钙芒硝可转变为次生芒硝和粉状石膏，并导致地表芒硝矿层中的硫酸钠富集，如青海西宁硝沟一带的次生芒硝和石膏矿床。

钙芒硝是复盐矿物，与芒硝、无水芒硝不同，水中只能溶解Na_2SO_4组分，之后，残留大量不溶石膏，形成细小晶体呈被膜状包裹在钙芒硝矿块上，阻碍着内部钙芒硝继续溶解，故不适宜水溶开采，只能硐采，采深受到限制，只适宜于300m以内。将采出的矿石在地表先粉碎后溶矿，再提取芒硝，如此制硝，不仅成本增高，而且石膏废渣太多，难以处理。芒硝、无水芒硝、白钠镁矾矿可水采和硐采，采深不受限制，成本低廉。

我国是最大的元明粉出口国,我国的元明粉在全球享有很高声誉。近年来,加拿大等元明粉出口国,由于环境等原因,关闭了部分生产企业,日本化学工业生产下滑,致使该国副产元明粉生产能力下降,又加之巴西、印尼、韩国、泰国以及非洲等国家经济的快速增长,导致元明粉的需求量快速增长。这些因素促使中国元明粉出口总量继续保持两位数的快速稳定增高。据统计,我国2022年元明粉出口总量为386.03万t。

第二节 硫酸钠矿床开发与保护

我国硫酸钠矿床资源总体来看是丰富的,但在开发过程中,存在以下问题尚待解决。

一、开采与保护的矛盾

矿产既然是不可再生的,那么,开采与保护两者关系应切实处理好。开采与保护的关系是相辅相成的。保护是为了开采,开采时更应保护。

在我国西北和其他一些矿区,由于缺乏长远规划、科学管理,出现了滥采乱挖,严重破坏和浪费资源现象。因此,必须加强矿山规划和生产管理工作,严格执行"矿产资源法",并改造落后的采矿加工技术。

在我国也有一个开采和保护做得好的典型,那就是山西运城盐湖。与西北地区其他盐湖相比它是一个面积不大的盐湖,从隋唐开始就在湖盆周边开渠筑坝疏水、蓄水防洪,兴修水利保护盐湖。涝时,把湖周边的洪水疏通出去,或在附近就地蓄于水池中;旱时,引蓄盐湖周边水池中的水到湖中,以调节湖水,保证盐湖盐、硝的正常生产。数千年来,该盐湖已积累了一套完整而宝贵的保护盐湖的史料。

二、加强矿产基地建设,建立统一的大市场

长期以来,我国化学矿山存在着小而分散的弊端,因此既不能规模化生产,也阻碍了新技术、新设备的应用。例如,芒硝生产矿山就存在着小而分散的现象,形成不了龙头企业。1990年在全国矿产资源论证会上,笔者就提出了全国应建立若干个矿产基地的建议。1998年3月12日《中国地质矿产报》刊登了南风集团统一芒硝市场的消息。山西南风集团将四川眉山和江苏淮阴联合起来建立统一的芒硝生产集团。我国硫酸钠年产总量$300×10^4$ t,国内需求仅$200×10^4$ t,明显供大于求。一些生产厂家竞相压价出口,使国家、企业都蒙受重大损失,仅出口一项,国家每年就要损失数百万元。

加强矿产基地建设,可以充分发挥市场机制作用。用市场来调节产销平衡,着重发展资本、劳动力、技术等生产要素市场,可以减少或避免过量开采和盲目开采,利于保护矿产资源。

三、硫酸钠矿产资源开发全过程,都要注意保护环境

从国家长远利益着想,与其他化工矿产一样,既不能盲目、过量开采硫酸钠矿产,也不能吃富弃贫、乱采滥挖,要有计划,根据需要,合理地、科学地进行开采。

在硫酸钠矿产资源开发利用的全过程中,一定要注意保护环境,保护水源。树立保护环

境就是保护人类自己的意识,不能走工业化国家走过的先污染、后治理的老路。

四、要重视副产硫酸钠的回收

日本并没有天然硫酸钠资源,然而,它却是硫酸钠的出口国,亚洲的许多国家都从日本买硫酸钠产品,究其原因是日本从化工产品中回收副产硫酸钠。

我国既是硫酸钠资源大国,也是副产硫酸钠的大国。因此,我们必须强调,在开发天然硫酸钠资源的同时,必须重视副产硫酸钠的回收。我国已开始重视此项工作,2020年化纤行业副产元明粉产量约占全国副产元明粉总产量一半。

在硫酸钠产品结构中,我国海盐副产硫酸钠仅占回收利用量的46%,而化工回收硫酸钠副产品更不足40%,每年有数十万吨硫酸钠未回收利用。而国外副产品硫酸钠已与天然资源产量相等甚至更多,化工回收副产硫酸钠不仅可以提高企业经济效益,而且也利于消除环境污染。

五、加强科学研究,开拓硫酸钠矿产开发利用的新领域

(1)要加强对钙芒硝矿床开采方法和盐岩-钙芒硝矿床、钙芒硝矿床提取硫酸钠组分的研究和试验。

(2)深入开展盐湖型芒硝矿床综合利用的研究,如在山西运城盐湖重视镁的提取,在西藏一些盐湖要作前瞻性锂、铷、铯等元素的提取研究等。

(3)重视市场开发,试验或引进硫酸钠的新产品和新用途,以开拓硫酸钠开发利用的新领域,如医药和动物饲料方面等的新用途。

第三节 我国硫酸钠矿床的找矿方向

根据我国硫酸钠矿床的具体特征,作者提出以下几点找矿意见:

(1)在现代盐湖型芒硝矿床的深部,结合断陷型盆地的研究,要注意寻找砂下湖型芒硝矿床。

(2)在中国东部白垩系和第三系(古近系+新近系)的红层盐盆中,应与石油普查勘探工作相结合,继续发现更多的与岩盐共生的钙芒硝矿床和无水芒硝矿床,与天然碱共生的钙芒硝矿床。

(3)在中国西南地区要注意在晚侏罗世和白垩纪地层中寻找大型和特大型岩盐—钙芒硝矿床。

(4)在中国东南地区、西南地区,特别是华南陆块江汉盆地西南地区的古钙芒硝矿床区要注意寻找浅层地下硝水矿床和深部的富钾、锂、铷、铯、溴、硼等元素卤水资源。

(5)在盐硝分布的大型盆地中和厚大的钙芒硝矿层中,要注意在凹陷最强烈的地区寻找硫酸盐型含钾卤水。

第六章 全球硫酸钠矿产资源概况

第一节 中国硫酸钠矿产资源概况

一、国内硫酸钠矿产资源概况及类型

中国硫酸钠资源极为丰富,是优势矿产之一。现已探明现代盐湖芒硝矿石产地60处,其A+B+C+D矿石储量为204.059 06亿t;中新生代钙芒硝(无水芒硝)矿石产地61处,其A+B+C+D矿石储量316.713 58亿t。折算成Na_2SO_4储量为213.55亿t(表6-1)。

中国硫酸钠矿床分布于全国19个省(自治区、直辖市)。而表6-1只列出14个主要的省

表6-1 我国主要省(自治区、直辖市)硫酸钠资源分布

省(区)	矿区数(个)	储量(Na_2SO_4)(万t)
青海	18	870 000
四川	41	600 000
内蒙古	47	270 000
云南	9	110 000
湖南	13	70 000
湖北	21	70 000
西藏	4	50 000
江苏	14	50 000
广西	1	13 000
山西	1	10 000
甘肃	15	6000
宁夏	5	4000
河南	2	4500
陕西	2	3000
其他	52	5000
合计	245	2 135 500

(自治区、直辖市),硫酸钠矿床类型主要有两类:一类是第四纪盐湖芒硝类;另一类是中新生代钙芒硝-无水芒硝类。前者分布于秦岭以北,大兴安岭—太行山一线以西,包括西藏、青海、新疆、内蒙古、甘肃、陕西、山西、宁夏、河北、黑龙江、吉林等地;后者分布于包括西南部和长江中下游地域。

我国是多盐湖的国家,据统计,截至2000年我国共有盐湖1500多个,面积大于$1km^2$的盐湖近800个,其中,60%的盐湖含有芒硝。该类盐湖一般固液并存,有用矿产芒硝与石盐、钾盐、硼、碱、硝石等共生。盐湖中还含有铷、铯、溴、碘、锂、锶、铀等工业、国防、航天等有用的元素。盐湖也是生物资源和中医矿物药资源的宝库。此外,盐湖还是旅游胜地和中小学生科普基地。

二、国内不同省(自治区、直辖市)硫酸钠资源的特色

从表6-1中可以看出青海省硫酸钠储量占全国总储量的41%,名列第一;四川省列为第二,占28%;内蒙古自治区列为第三,占13%;云南省列为第四,占5.2%;湖南省、湖北省并列第五,占3.3%。

1. 青海省硫酸钠资源

青海省既有第四纪盐湖型,也有中新生代钙芒硝型,且储量巨大,质量亦好。盐湖型分布于海西蒙古族藏族自治州,主要有位于茫崖大风山附近的察汗斯拉图钾盐-芒硝矿床、位于大柴旦镇附近的大小柴旦芒硝-硼矿床、位于冷湖镇附近的昆特依石盐-钾盐-芒硝矿床。上述矿床都是固液兼有特大型矿床。

中新生代钙芒硝矿床分布于东部西宁市东硝沟和互助县一带,通称为海东地区。钙芒硝矿石质量好,分布面积大,局部出露于地表。然而,由于青海省是现代盐湖型芒硝矿床的主要产地,故海东地区丰富的钙芒硝矿床尚未开发利用,就连石膏的开发利用,规模也是很小的。

2. 四川省硫酸钠资源

四川省硫酸钠资源丰富,除没有现代盐湖型外,尚有震旦纪石盐-钙芒硝矿、三叠纪石盐-钙芒硝矿、中新生代钙芒硝矿。

中新生代钙芒硝矿床分布于川西坳陷北东-南西向狭长盆地之中,地理上为一条带状狭长地带,包括成都西、新津、彭山、眉山、名山、洪雅以及丹棱、雅安、天全等地。矿带南北长170km,东西宽40~60km,面积$1000km^2$,是著名的钙芒硝产地。除固体钙芒硝矿外,尚有地下卤水矿。在邛崃山以东、龙泉山以西,都江堰—广汉以南,夹江—雅安以北,包括大邑安仁、都江堰盐井沟、新津金华矿区、天全老场、眉山大洪山等近$100 000km^2$范围内蕴藏地下卤水,矿化度100~240g/L,化学成分以NaCl为主,Na_2SO_4次之,还含Br、I等元素。在雅安、丹棱、眉山、新津等地发现地下硝水,矿化度100~200g/L,成分以Na_2SO_4为主,NaCl、$CaSO_4$次之。地下硝水矿埋深仅20~30m,卤水浓度高,易于开采利用。

3. 内蒙古自治区硫酸钠矿产资源

内蒙古盐湖众多,但一般盐湖个体面积较小,盐湖以产芒硝和芒硝与碱(天然碱、泡碱等)

为特色。现已开发利用21处。

内蒙古最大的达拉特旗砂下湖型纯芒硝矿床埋深于200m以下，面积450km²，矿石储量68.8亿t，是世界罕见的特大型优良芒硝矿床，目前尚未开发利用，应加强攻关研究，使其尽早成为我国主要的芒硝矿产的后备基地。

4. 云南省硫酸钠矿产资源

云南省硫酸钠矿产资源是单一的中新生代钙芒硝矿床类型和石盐-钙芒硝矿床类型，主要分布于中部和北部，如富民北、禄丰黑井、阿陋井、禄劝硝井、武定小井等地，保有钙芒硝矿石量30.6亿t(折合Na_2SO_4储量4亿t以上)。分布于云南昆明市西部安宁县境内的安宁石盐-钙芒硝矿床，其面积100km²，属超大型矿床，钙芒硝矿石储量1 381 786.20万t，石盐储量1 397 524.02万t，石膏储量281 524.23万t。该矿床已由地方进行小规模开发利用。

5. 湖北硫酸钠矿产资源

湖北硫酸钠矿产资源属于中新生代钙芒硝(无水芒硝)矿床类型，主要集中分布于鄂中地区，与盐共生钙芒硝产地19处，分布于枣阳、应城、云梦、汉川、天门等地，保有Na_2SO_4储量7.5亿t，代表性矿床有天门市小板、潜江市王场潜二段矿床等。此外，2013年在荆州市江陵县和公安县已探明无水芒硝矿，埋深700m，据推断资源较丰富。盐硝伴生可发展盐硝联产或硝盐联产。

6. 湖南硫酸钠矿产资源

湖南硫酸钠矿产资源亦属中新生代钙芒硝(无水芒硝)矿床类型。湖南已探明矿产地6处，衡阳澧县保有Na_2SO_4储量7.1亿t，约占全国总储量的3.5%。澧县矿区2处，澧县元明粉的生产能力为5万t/a；澧县曾家河无水芒硝矿层埋深500m，储量4亿t，该矿采用钻井水溶法开采。2002年新澧化工公司开始开发，至2005年已形成70余万t/a生产能力。衡阳4个矿区芒硝企业产能150万t，前景看好。

三、国内硫酸钠矿床

(一)第四纪盐湖型硫酸钠矿床

该类矿床包括第四纪芒硝矿床，石盐-芒硝矿床，含无水芒硝、白钠镁矾的芒硝矿床，钙芒硝矿床，含天然碱、泡碱的芒硝矿床，含钾盐的芒硝矿床，含硼芒硝矿床，含钾硝石、钠硝石的芒硝矿床等。

上述矿床的产地名目如下：①运城盐湖石盐-芒硝矿床；②新巴尔虎右旗白音陶力木芒硝矿床；③新巴尔虎左旗沙里博克芒硝矿；④新巴尔虎左旗巴杨查岗芒硝矿；⑤新巴尔虎左旗达布逊盐湖盐硝矿；⑥二连浩特达布斯恩诺尔芒硝矿；⑦苏尼特左旗上马塔拉芒硝矿；⑧苏尼特右旗察干里门诺尔芒硝-天然碱矿；⑨达拉特旗芒硝矿；⑩鄂托克旗达拉图鲁芒硝矿；⑪鄂托克旗塔希脑亥淖芒硝矿；⑫鄂托克旗白音淖芒硝-天然碱矿；⑬杭锦旗阿拉善庙芒硝矿；⑭杭

锦旗盐海子泡碱-芒硝矿;⑮阿拉善左旗和屯池(浩坦淖日)盐矿(共生矿);⑯阿拉善左旗查汗池(查干布拉格)盐矿(共生矿);⑰阿拉善左旗通湖芒硝矿;⑱阿拉善左旗巴音达来芒硝矿;⑲阿拉善左旗基龙通古芒硝矿;⑳阿拉善右旗雅布赖盐湖池盐矿(共生矿);㉑阿拉善右旗中泉子芒硝矿;㉒额济纳旗哈达贺休芒硝矿;㉓定边县盐矿(共生矿);㉔定边县苟池盐矿(共生矿);㉕金塔县沙枣园子芒硝矿;㉖高台县盐池芒硝矿;㉗民勤县西硝池芒硝矿;㉘民勤县苏武山芒硝矿;㉙柴达木大柴旦湖芒硝硼矿;㉚柴达木小柴旦芒硝硼矿;㉛茫崖镇察汗斯拉图芒硝矿;㉜茫崖镇大浪滩钾矿田梁中矿床(共生矿);㉝茫崖镇大浪滩钾矿田黄瓜梁矿床(共生矿)34 茫崖镇大浪滩钾矿田双泉矿床(共生矿);㉟茫崖镇大浪滩钾矿田黑北矿点(共生矿);㊱冷湖镇昆特依钾矿田大盐滩矿床(共生矿);㊲乌鲁木齐市达坂城东盐湖石盐-芒硝矿区;㊳吐鲁番市艾丁湖石盐-芒硝矿区;㊴吐鲁番市艾丁湖北岸矿(共生矿);㊵吐鲁番市乌勇布拉克东石盐-芒硝矿区;㊶托克逊乌尔喀什布拉克石盐-芒硝矿区;㊷托克逊乌尔喀什布拉克二矿区;㊸哈密市郊区芒硝矿区;㊹哈密市红旗村(老乌)芒硝矿区;㊺哈密市七角井东盐池石盐-芒硝矿区;㊻哈密市石英滩盐湖石盐-芒硝矿区;㊼阜康县白沙窝芒硝矿区;㊽精河县盐场芒硝矿区;㊾和布克赛尔玛纳斯湖西南石盐矿区(共生矿);㊿巴里坤盐湖芒硝矿床;㊶内蒙古吉兰泰芒硝-石盐矿床;㊷内蒙古中马塔拉湖芒硝矿床;㊸内蒙古下马塔拉湖芒硝矿床;㊹内蒙古哈登贺少湖含钾石膏芒硝-白钠镁矾矿床;㊺西藏扎仓茶卡菱镁矿-硼矿-芒硝矿床;㊻西藏班戈湖水菱镁矿-硼砂-芒硝矿床;㊼西藏郭加林湖水菱镁矿-硼-芒硝矿床;㊽新疆罗北凹地含钾卤水钙芒硝矿床;㊾新疆吐鲁番市乌勇布拉克石盐-芒硝-硝酸钾矿床;㊿新疆伊吾县托勒库勒湖芒硝矿床;㊶山西运城盐湖界村砂下湖型芒硝-白钠镁矾-钙芒硝矿床;㊷内蒙古阿拉善左旗腾格里芒硝矿床;㊸内蒙古新巴尔虎左旗苏敏诺尔芒硝矿床;㊹内蒙古乌海镇芒硝矿床;㊺内蒙古乌兰镇查布苏木芒硝矿床;㊻内蒙古新巴尔虎右旗西胡里吐芒硝矿床;㊼内蒙古土默特右旗双龙芒硝矿床。

(二)中新生代无水芒硝矿床

该类矿床产出于中新生代红层盆地中,常与石盐-钙芒硝矿床共生,是含盐系演化后期的产物。

上述矿床的产地如下:①湖北天门市小板无水芒硝矿床;②天门市小板永合—吴家台区段石盐-无水芒硝-钙芒硝矿床;③湖南澧县曾家河石盐-钙芒硝-无水芒硝矿床;④甘肃漳县石盐-无水芒硝矿床;⑤江苏省淮安市洪泽县顺河集石盐-钙芒硝-无水芒硝矿床;⑥江苏省淮安市赵集丁场石盐-无水芒硝矿床;⑦河南泌阳县无水芒硝矿床。

(三)中新生代钙芒硝(石盐-钙芒硝)矿床

该类矿床也产出于中新生代红层盆地之中,有两种类型:一种是单一钙芒硝矿床;另一种是石盐-钙芒硝矿床。

上述矿床的产地如下:①四川新津县金华勘探区钙芒硝矿;②新津县金华矿区普查区(兴隆寺区)钙芒硝矿;③新津县大山岭勘探区钙芒硝矿;④新津县大山岭普查区(天台寺区)钙芒硝矿;⑤新津县大山岭黄泥渡钙芒硝矿;⑥眉山县大洪山钙芒硝矿;⑦眉山县岳沟钙芒硝矿;

⑧眉山县盘鳌钙芒硝矿;⑨洪雅县白塔钙芒硝矿;⑩洪雅县马河钙芒硝矿;⑪洪雅县殷河钙芒硝矿;⑫彭山县公义钙芒硝矿;⑬彭山县邓庙钙芒硝矿;⑭丹棱县柏木桥钙芒硝矿;⑮丹棱县金藏钙芒硝矿;⑯雅安市草坝钙芒硝矿;⑰名山县赵家山钙芒硝矿;⑱成都市兴业钙芒硝矿;⑲眉山县广济钙芒硝矿;⑳眉山县正山口钙芒硝矿;㉑名山县南庙沟钙芒硝矿;㉒名山县小河子钙芒硝矿;㉓名山永兴钙芒硝矿;㉔彭山县观音钙芒硝矿;㉕彭山县江渎钙芒硝矿;㉖彭山县牧马钙芒硝矿;㉗彭山县农乐钙芒硝矿;㉘彭山县青龙钙芒硝矿;㉙彭山县天鹅钙芒硝矿;㉚彭山县同乐钙芒硝矿;㉛彭山县义和钙芒硝矿;㉜双流县华阳十八口钙芒硝矿;㉝天全县新业钙芒硝矿;㉞云南安宁石盐-钙芒硝矿床;㉟云南富民县者北乡钙芒硝矿床;㊱云南禄丰县黑井石盐-钙芒硝矿床;㊲云南禄劝撒营盘钙芒硝矿床;㊳云南禄劝县硝井钙芒硝矿床;㊴云南武定县小井钙芒硝矿床;㊵广东广州市龙归盐岩-钙芒硝矿床;㊶广西横县陶圩钙芒硝矿床;㊷湖北公安县南湖峪苏家垸钙芒硝矿床;㊸湖北应城市云应石盐-钙芒硝矿床;㊹湖北云梦县云梦石膏-钙芒硝矿床;㊺湖南常宁市上马塘东岩盐-钙芒硝矿床;㊻湖南衡南县咸塘钙芒硝矿床;㊼衡阳市茶山坳珠辉塔钙芒硝矿床;㊽衡阳市衡阳金堂河钙芒硝矿床;㊾衡阳市衡阳桐山-松木塘钙芒硝矿床;㊿衡阳市七里井钙芒硝矿床;㈤湖南澧县大堰垱钙芒硝矿床;㈥安徽定远县定远石盐-钙芒硝矿床;㈦安徽定远县东兴钙芒硝矿床;㈧江苏淮安市青浦卤水厂昂小钙芒硝矿床;㈨江苏省淮安市下关石盐-钙芒硝矿床;㈩淮安市朱桥石塘石盐-钙芒硝矿床;㈦淮安市张兴石盐-钙芒硝矿床;㈧淮阴市谢碾石盐-钙芒硝矿床;㈨淮阴市谢碾韩园石盐-钙芒硝矿床;⑥枣阳市兴隆吴家湾含硝盐矿区北部矿段;㈠应城市云应盐矿四里棚矿段应城盐矿二采(伴生矿产);㈡应城市云应盐矿四里棚矿段孝感地区盐厂(伴生矿产);㈢应城市云应盐矿四里棚矿段应城市制盐厂(伴生矿产);㈣应城市云应盐矿四里棚矿段远景区(伴生矿产);㈤应城市云应盐矿长江埠矿段9045厂;㈥汉川县云应盐矿区洪吉台采区;㈦云梦县云应盐矿隔蒲矿段9047厂(伴生矿产);㈧云梦县云应盐矿隔蒲井田云梦盐硝厂;㈨禄丰-平浪元永井(伴生矿);⑦禄丰阿陋井(伴生矿产);㈠西宁市北山寺-泮子山石膏-钙芒硝矿床;㈡平安县三十里铺钙芒硝矿床;㈢互助县硝沟钙芒硝矿区;㈣互助县硝沟钙芒硝矿区外围;㈤江苏省常州市金坛茅溪陈家庄石盐-钙芒硝矿床;㈥宁夏固原硝口-寺口子盐岩-钙芒硝矿床;㈦浙江宁波贵驷钙芒硝矿床。

综上所述,我国硫酸钠资源极其丰富,矿床类型齐全。

第二节 世界其他国家硫酸钠资源概况

一、国外主要产硫酸钠矿国家资源分布

1. 美国硫酸钠资源分布

西尔斯湖位于加利福尼亚州东南部,西经117°20′,北纬35°44′,处于西尔斯谷内,湖区海拔512m,属典型的沙漠和半沙漠型气候。该湖为第四纪干盐湖,面积约100km²,中部27.5~30km²为矿床的分布面积。固体盐矿总厚18~30.5m。晶间卤水是含有钠、钾和其他元素的

饱和卤水。盐类主要成分是氯化钠,其次是硫酸钠和碳酸钠。另外,尚有含水硼酸钠和氯化钾。

在西尔斯湖生产硫酸钠的有两个公司:一是凯尔—麦吉(Kerr—McGee)化学公司,另一个是斯坦弗化学公司。前者年产量为 25 万 t,后者年产量为 22.8 万 t。

大盐湖是北美最大的盐湖。盐湖长 120km,宽 51.5km,面积 6180km^2,天然卤水富含硫酸钠。盐湖底部发现了芒硝矿层。在冬季卤水致冷结晶出芒硝,这些结晶的芒硝不是沉入湖底就是被风与水带到湖滨,在有利条件下,可聚集成 0.3m 或更厚的芒硝层。

目前化工生产都集中在北半部,大盐湖矿物化学公司在这里拥有 40km 长的引水渠,81 座蒸发池,总蒸发面积 2 万英亩(1 英亩≈4 046.856m^2)。此外,还有 12 座泵站,160 多千米的液槽。通常一个生产周期(即卤水进池到出池)约两年时间。按蒸发沉积先后共计有 4 种产品,即氯化钠、硫酸钾、硫酸钠和氯化镁。其中,硫酸钠的生产受季节控制,只冬季才能生产。硫酸钠年产量实际为 4 万 t。

戴尔湖位于南部莫哈韦沙漠,估计硫酸钠储量 1100 万 t。

欧文斯湖,硫酸钠储量为 960 万 t。

罗得岛湿地,硫酸钠储量约 300 万 t。

米勒湖,面积 263km^2,估计硫酸钠储量约为 570 万 t。

格鲁纳湖,估计硫酸钠储量为 690 万 t。

俄勒冈州阿尔凯尔湖,面积 13~15km^2,系表面卤水很浅的盐沼,含组分 NaCl、Na_2SO_4(65g/L)、K_2SO_4。

索普湖,面积 3.5km^2,平均水深 7.5m。含有用组分 Na_2CO_3(21g/L),NaCl(8g/L),Na_2SO_4(10g/L)。

贝塔顿湖,位于怀俄明州,是一系列碱性湖,构成湖群,面积 216km^2,湖泊分布于第三纪(古近纪+新近纪)岩石区,卤水成分:Na_2CO_3 66%,Na_2SO_4 20%,NaCl 14%。结晶盐成分:Na_2CO_3 51%,NaCl 6%,$NaHCO_3$ 6%,Na_2SO_4 37%。

得克萨斯州西格雷夫斯(Seagraves)附近的塞达(Cedar)湖矿床,面积 20km^2。晶质矿体虽少,却发现了丰富的浅层卤水矿。卤水中含有多种元素,具有极高的价值。其中,含 Na_2SO_4 10.5%,NaCl 14%,镁 1%,钾 1%。可利用的无水芒硝估计可超过 200 万 t。

亚利桑那州雅瓦派县的坎普沃德矿床由无水硫酸钠和其他钠盐层组成,夹层是黏土,矿体总厚度至少在 45m。

大盐湖化学矿物公司在犹他州奥戈登附近的盐湖北边建有一个 14 000 英亩的蒸发盐池和一个综合工厂,生产硫酸钠、硫酸钾和氯化镁。

2. 加拿大硫酸钠矿床

萨斯喀彻温矿床于 1934 年勘探。硫酸钠含量很高,芒硝总储量为 2335 万 t。

英格布莱特湖中矿层面积达 680 英亩(1 英亩≈4 046.86m^2),平均厚度 6.6m,矿层局部厚度可达 42m。该湖是最大的商业硫酸钠矿床,硫酸钠储量可达 900 万 t。

加拿大新不伦瑞克东南部的韦尔登,有迄今为止最大的硫酸钠湖泊,面积 52 万 km^2。

卓别林湖,位于萨斯喀彻温省与阿尔伯特省,面积为 11 520 英亩,现正在开采,硫酸钠储量为 300 万 t。

Metiskow 湖,面积 165km^2,总硫酸钠储量 350 万 t。

Sybowts 湖,面积 255km^2,年产硫酸钠 85 万 t。

白岸湖是加拿大的第二大硫酸钠矿床,位于一狭窄的山谷,东西长 10km,宽 0.8km,面积 735km^2,硫酸钠储量 650 万 t。

据加拿大自然资源部估计,加拿大无水硫酸钠的储量为 1 亿 t。其中,一半左右可用现在的技术回收。萨斯喀彻温省的 8 个硫酸钠矿床,每个矿床都有 200～900 万 t 的储量;阿尔伯达矿床有 300 万 t 储量。

3. 墨西哥硫酸钠矿床

科阿韦拉硫酸钠矿床位于托雷翁北 160km 处,为干盐湖。矿层长 8km,宽 4km,厚 7.5～18m,平均 9.8m。矿层顶部为白钠镁矾,底部主要为芒硝,间夹石膏和黏土层。矿层的下伏地层为不透水的黏土和硅质层。固体矿化学分析表明,Na_2SO_4 35%～36%,$MgSO_4$ 4.7%～12.7%,NaCl 1.5%～1.8%。除固体矿外,在若干井深 18m 处还发现了卤水。其他化学成分分析平均值:Na_2SO_4 18.46%,$MgSO_4$ 5.28%,NaCl 5.91%。固体 Na_2SO_4 储量和卤水储量共计 350 万 t。

1969 年墨西哥硫酸钠产量为 68 757t,1972 年增至 127 890t。

4. 西班牙硫酸钠矿床

埃尔卡斯特利亚尔硫酸钠矿床位于托莱多省。矿床面积 75km^2,储量 2 亿 t。矿层厚 5～6m,主要由无水芒硝、少量钙芒硝和黏土所组成。化学分析表明,硫酸钠为 70%～75%,硫酸钙为 11%～17%,NaCl 为 0.4%～0.6%,黏土为 3%～9%,水为 1%～5%。

此外,在马德里、埃布罗和卡拉塔尤德盆地探查出硫酸钠储量总计 18 亿 t,其中,2.72 亿 t 可用于经济开发。

5. 俄罗斯硫酸钠矿床

俄罗斯硫酸钠矿床分布很广,从里海到与中国西部毗邻区,进而向北到西伯利亚中—西部和东部区。世界上最大的硫酸钠产地是里海东侧的卡腊博加兹海湾。1969 年海湾面积为 17 500km^2,水深 12m。由于蒸发作用加剧,海湾面积缩小为 10 000km^2,水深变浅为 3m,含盐度明显变高。在冬季,芒硝由海滨向海湾中心沉积。1960—1969 年估计含硫酸钠 2000 万 t。

另一个富含硫酸钠的是阿拉尔海。西西伯利亚和哈萨克斯坦湖虽有丰富的资源,然尚未大规模开采。

俄罗斯西伯利亚有一大的库楚克盐湖与美大盐湖和中国运城盐湖齐名,属于硫酸钠亚型盐湖,富含硫酸钠,然未见其被开发利用的报道。

6. 玻利维亚的硫酸钠矿床

科奇拉古纳湖位于玻利维亚西南部,利佩兹北部,奇瓜纳以南 50km,浅水湖,直径 1000m。淤泥中含卤水,尚有厚 6~10cm 的含天然碱和水碱的盐壳。盐壳化学成分为 Na_2CO_3 47.3%,$NaHCO_3$ 11.0%,$NaCl$ 7.1%,Na_2SO_4 11.0%,水不溶物 1.0%。

乌尤尼盐湖位于玻利维亚西部,东西长 250km,南北宽 100km,面积 10 582km²,为世界第一大盐湖,是著名的旅游胜地。它属于硫酸钠、镁型盐湖,产 $NaCl$、Na_2SO_4,富含 Li、K 资源。尚未见大规模开发利用硫酸钠资源的报道。

下篇

矿床实例

第一章 第四纪盐湖型芒硝矿床及石盐芒硝矿床

第一节 新疆巴里坤盐湖芒硝矿床

一、位置

巴里坤盐湖古称蒲类泽、蒲类海、婆悉海,它位于巴里坤县城西北18km处,面积112.15km²。盐湖分南北两部分,中间以土梁相隔。南边的称作南海子,北边的称为北海子。

巴里坤盐湖所处的巴里坤盆地是天山山脉中的一个典型山间断陷盆地,盆地四周为断裂所围限。盆地东西长150km,南北宽20~40km,面积3752km²。盆地四面环山,地形闭塞,相对高差1500~2000m。盆地内南部地形坡度大于北部。整个盆地可视为北高南低的箕状盆地。

二、区域地质

巴里坤盆地所处的大地构造位置为天山蒙古地槽褶皱系,天山地槽褶皱带,北天山地向斜褶皱带,哈尔里克复背斜,巴里坤山间坳陷。

本区由于经历了多次地质构造运动,地质构造复杂。在海西期,具典型的地槽特征,构造作用、岩浆喷发和侵入活动异常强烈,形成东西向构造形迹,奠定了大地构造的基本轮廓。燕山运动使在海西构造活动所形成的构造层基底发生较大幅度的隆起和坳陷,形成巴里坤盆地的雏形。喜马拉雅运动进一步加速了山体与平原的分异作用,山体不断抬升,盆地相对下降,与此同时,断裂构造相继复活,新构造运动亦很强烈,至此,盆地基本形成(图1-1)。该盆地呈近东西向封闭凹地,东西长达100km,南北宽约30km。

区域地层古生界出露有奥陶系、泥盆系、石炭系、二叠系;中生界只出露有侏罗系,缺失三叠系和白垩系;新生界缺失古近系和下更新统。

二叠系主要由海陆交互相的碎屑岩及中基性火山岩组成。新近系主要为一套橘红色、黄色、略带红色的内陆湖相的砾岩、细砂岩、泥岩。在泥岩中夹石膏层或含零星石膏晶体。

盆地内第四系极为发育,仅早更新世沉积缺失。岩性可分为三大类:其一为以砂砾、卵砾石为主的粗粒沉积;其二为以黏土、亚黏土、亚砂土、粉细砂为主的细粒沉积;其三为以芒硝、无水芒硝和石盐沉积为主的化学沉积。第一种粗粒屑沉积以洪积为主,冲积为次,而第二、第三细粒和化学沉积主要为湖相沉积。在个别地带亦有风积之堆积。

世界上较大的盐湖无一不具高山深盆地貌景观。巴里坤断陷盆地四周山势陡峻尖峭与

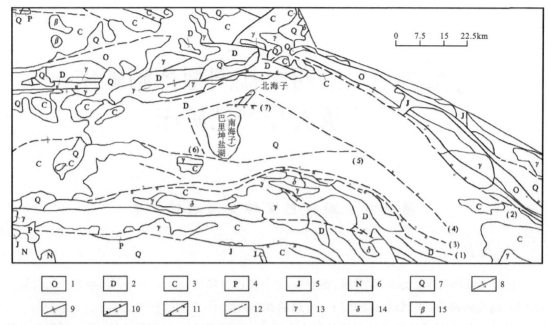

1-奥陶系;2-泥盆系;3-石炭系;4-二叠系;5-侏罗系;6-新近系;7-第四系;8-背斜;9-向斜;10-正断层;11-逆断层;12-推测与性质不明断层;13-酸性岩;14-中性岩;15-基性岩。

图 1-1 巴里坤地区地质构造略图

湖水面的比高在2000~2800m间,也具典型的高山深盆特征,地貌的特点决定了盐湖是盆地的最低处,即是最终的汇水盆地。这样以盐湖为中心,在盐湖四周便形成了一种有成因联系的,主要由湖的入流(水体,也包括风)的各种特征所造成的沉积亚环境组合。这里所说的亚环境,指的是具有特征的自然地理条件、特征的物理、化学和生物作用过程的、盆地表面的某一部分(魏东岩,1994)。

三、矿床地质

第四系含盐系剖面研究表明,该盐系可划分为2个成盐旋回(图1-2)。晚更新世末期形成的第Ⅰ旋回只出现于南海子南部即箕状盆地的最低处,由3个薄层芒硝矿透镜体所组成。全新世形成的第Ⅱ旋回所赋存的芒硝、无水芒硝矿体是主要的工业矿体。

含盐系剖面(由下向上)岩性如下。

第Ⅰ成盐旋回(晚更新世末期):

(1)深灰色—黄灰色粉砂质黏土和黏土质粉砂互层,含介形类化石。厚3.01m。

(2)灰色黏土与灰黄色黏土互层,含少量芒硝和石膏。厚1~3m。

(3)白至无色芒硝矿层。厚0.2~0.3m。

(4)灰色黏土与灰黄色黏土互层,含少量芒硝和石膏。常见黄白色文石纹层及团块。在该层上部可见草莓状黄铁矿。富含植物残屑和黑色植物种子以及孢粉化石。厚1~3m。

(5)白至无色芒硝矿层。含少量黏土。厚0.2~0.4m。

(6)灰色及深灰色黏土。含少量芒硝,含孢粉。厚2~3m。

(7)白至无色芒硝矿层。含少量黏土,含卤水虾粪粒化石。芒硝晶体呈他形粒状,大小数毫米。厚0.2~0.3m。

第Ⅱ成盐旋回(全新世):

(8)灰色—灰绿色黏土。上部含少量芒硝,下部含石膏。芒硝呈他形粒状,大小数毫米。石膏呈自形板柱状或他形粒状,大小数毫米至数厘米。含孢粉、卤水虾卵及粪粒化石。厚2~13m。

(9)黑色含芒硝淤泥。芒硝晶体呈不完整的骸晶状,多含泥质包裹体,晶体大小数毫米至十几毫米,含量约为10%,向下渐减。该层呈粥糊状,有臭味。厚0.56m。

(10)含淤泥芒硝矿层。芒硝晶体呈半自形—他形短柱状和粒状,大小数毫米。黑色淤泥含量5%~15%,向下渐增。矿石较为疏松。厚1.59m。

(11)含无水芒硝的芒硝矿层,俗称"马牙硝"。厚1.0m。

(12)灰白色无水芒硝矿层。含少量芒硝。质较致密坚硬。厚0.30m。

(13)白色、灰白色芒硝矿层。芒硝晶体呈半自形—他形短柱状、粒状。大小5~10mm。晶体长轴方向垂直层面生长。晶体中常含黑色淤泥包裹体。厚0.10m。

(14)含石盐芒硝层。石盐为自形—半自形粒状;芒硝为半自形短柱状、粒状。晶体大小0.2~2mm。向下石盐含量渐减。含少量黑色淤泥。厚0.10m。

(15)湖水。

前已叙及,第Ⅰ成盐旋回只限于盐湖南部,而第Ⅱ成盐旋回在全盐湖均发育,然厚度最大的仍在南部,这表明巴里坤盐湖的沉降、沉积和浓缩中心是重合的(图1-2,图1-3)。

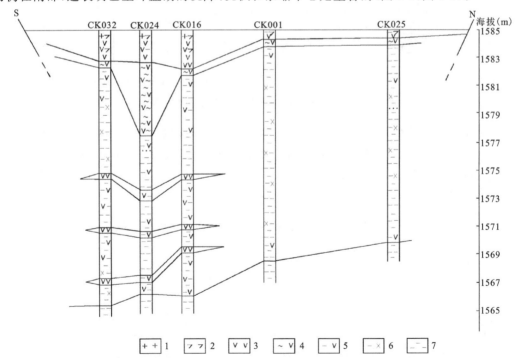

1-石盐;2-无水芒硝;3-芒硝;4-含芒硝淤泥;5-含芒硝黏土;6-含石膏黏土;7-黏土。

图1-2 巴里坤盐湖南海子含盐系剖面图(南北向)

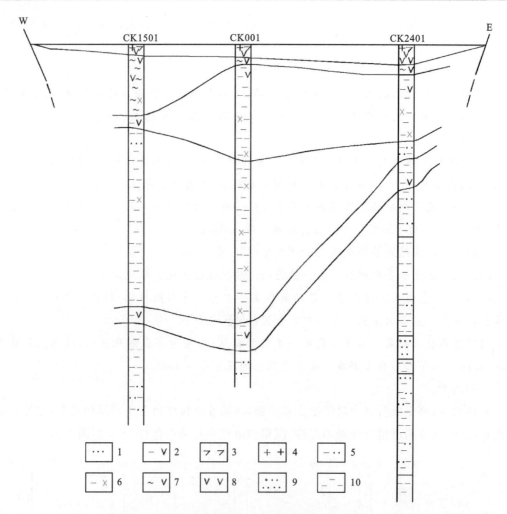

1-细砂;2-含芒硝黏土;3-无水芒硝;4-石盐;5-粉砂质黏土;6-含石膏黏土;7-含芒硝淤泥;8-芒硝;9-含砾细砂;10-黏土。

图 1-3 巴里坤盐湖南海子含盐系剖面图(东西向)

该芒硝矿床的矿石类型比较简单。根据矿物组合及其含量可划分为 5 种矿石类型,即晶质芒硝矿石、晶质无水芒硝矿石、含晶质无水芒硝的芒硝矿石、晶质含石盐的芒硝矿石、含石盐含淤泥的芒硝矿石。其中,以含晶质无水芒硝的芒硝矿石和晶质芒硝矿石最为重要,其主要化学成分见表 1-1。

表 1-1 巴里坤盐湖晶质芒硝矿石及晶质无水芒硝矿石化学成分

矿石	Ca^{2+}	Na^+	K^+	Mg^{2+}	SO_4^{2-}	Cl^-	B_2O_3	Br^-	I^-
晶质芒硝矿石	0.21	20.42	0.049	0.16	42.84	0.60	0.046	0.001 2	0.000 12
含晶质无水芒硝的芒硝矿石	0.39	29.22	0.024	0.14	65.84	0.32	0.069	0.001 2	0.000 12

巴里坤盐湖除固体芒硝矿外,还有液体矿、卤水虾和卤水蝇等生物资源。因此,巴里坤盐湖存在多种资源矿产。

巴里坤盐湖是矿化度较高且含有多种化学元素的内陆盐湖,由巴里坤盐湖(俗称南海子)和巴里坤盐田(俗称北海子)两个湖区组成。南海子呈椭圆状,为固、液相矿体并存,湖水面积和深度随季节的变化而变化。据新疆地矿局第一水文工程地质大队资料,该湖在丰水期,湖水面积为128km^2,水深1m左右,平均深度为0.5m;丰水季节可行舟。在枯水期间,湖水面积为70km^2,水深0.1~0.5m。北海子呈长方形,以含无水芒硝矿石为主,面积仅15km^2。湖卤水较少,几乎无补给水来源,主要靠降水补给。因此,卤水面积、深度较小,丰水时大约为4km^2。卤水深约0.1m,枯水时则趋于干涸。

化工部陕西地质勘探大队曾于1986—1988年在巴里坤盐湖进行勘探工作,1990年7月提交了《新疆巴里坤盐湖(南海子)芒硝矿区初步勘探地质报告》,查明芒硝矿石储量:C级3 793.39×10^{4}t,折合Na$_2$SO$_4$为2448×10^{4}t;D级1 296.88×10^{4}t;C级占C+D级储量的75%。对湖表卤水作综合评价,查明D级Na$_2$SO$_4$储量313.50×10^{4}t。

第二节 山西运城盐湖石盐芒硝矿床

一、位置

运城盐湖古称潞池、河东盐池、解池,是我国最早开发利用的盐湖,是人类珍贵的自然遗产。

运城盐湖位于山西南部运城市的东侧,是中国盐湖中唯一一个地处中原的盐湖,因此,它在中华文明的健康起步和源远流长中起到过且仍然发挥着重大作用。

二、区域地质

运城盐湖所处的运城断陷是喜马拉雅构造运动形成的大型S裂谷带的最南端。大型S裂谷带北起延怀断陷、桑干河断陷、滹沱河断陷,向南经晋中断陷、临汾(稷山)断陷,向西南达运城断陷,绵延1200km,从北向南逐级降落。

运城盐湖是在盆地内部断块自北向南阶梯性沉降背景下形成的(王强等,2000)。7.1~3.6Ma红土沉积期古湖泊范围较今为大,古季风已形成;3.6Ma因青藏高原降升的辐射效应,盆地北部基底突然抬升,湖泊向南退缩;2.6Ma构造变动,河流进入盆地北部;2.0~1.9Ma风成作用增强,黄土开始堆积。随着气候逐渐变得寒冷和干燥,大约在早更新世末、中更新世初(距今80万年左右),运城盐湖形成。

运城盆地新生界厚达5000余米,含盐盐系厚达300余米。在20世纪80年代,王强等于盐湖施钻的运26孔及运30孔中发现了有孔虫和广盐相介形虫化石,汪品先等(1982)将其归于上更新统。

三、矿床地质

运城盐湖位于汾渭裂谷系运城盆地的东南,呈北东-南西向带状延伸,长约23km,宽约4km,面积约90km^2。湖盆的东南侧紧邻中条山,为断层相接,地形高差可达900~1400m。

西北侧为孤山和稷王山,相对高差40～50m。湖盆北高南低,形成箕状盆地,沉降和沉积最深处在南部。由于新构造运动的影响,在中更新世于盐湖东南部界村一带沉积了白钠镁矾-钙芒硝-芒硝矿层,这就是我们所称的砂下湖型矿床,之后,湖盆沉积中心西移,于晚更新世—全新世沉积了多层石盐-芒硝矿层。这就是我们所称的东、西滩矿体。

1. 第四系含盐系地层简述

盆地中第四纪含盐系可划分为两个成盐旋回。由下向上岩性为:

中更新统(第一成盐旋回)

(1)湖相黏土—亚黏土—亚砂土沉积层。本层顶面埋深120～200m。未见底。

(2)含石膏黏土、亚黏土层,夹3～5层厚数厘米的泥灰岩。厚30～50m。

(3)泥质钙芒硝层。厚3～5m。

(4)晶质芒硝层,夹泥质钙芒硝和白钠镁矾薄层,有些地段顶部有薄层无水芒硝分布0.5～4m。

(5)含石膏亚黏土层,夹有薄层泥灰岩。厚20～40m。

(6)亚砂土、亚黏土、黏土交互成层,夹薄层粉细砂,厚10～30m。

上更新统—全新统(第二成盐旋回)厚0～50m。

(7)粉砂、亚砂土层,偶夹砂砾透镜体。厚2～15m。

(8)含晶质芒硝矿层的淤泥质亚黏土。底部为含芒硝淤泥质亚黏土,上部为晶质芒硝层,厚0～5m。

(9)顶部为0.3～0.5m灰黄色含盐淤泥。厚2～8m。

(10)灰黑色淤泥质钙芒硝层,其间夹多层石盐、石盐—芒硝—白钠镁矾、芒硝—白钠镁矾薄层。

(11)夹有一层或多层厚1.5～2.0m的晶质白钠镁矾或含白钠镁矾的晶质芒硝的淤泥层。在淤泥层中发现浅棕色粟状水钙芒硝集合体。

(12)湖表卤水。

2. 矿床地质特征

从图1-4可以看出,运城盐湖矿床实质上由两部分组成:一部分为东南部产于第一成盐旋回(成矿时代为中更新世)的界村砂下湖型硫酸钠矿床;另一部分为盐湖湖水下的产于第二成盐旋回(成矿时代为晚更新世—全新世)的东、西滩固体石盐-硫酸钠矿床和湖表卤水矿。

1)界村硫酸钠矿床

矿床呈似层状产出,近东西向长条形展布,顶板埋深60～88m,东西长4.1km,南北宽1.2km,面积近5km²,平均厚度4.58m。由于后期断层切割,矿床又可分为东、西两个小矿体。组成矿床的主要矿石类型有3种,即晶质芒硝矿石、白钠镁矾矿石和泥质钙芒硝矿石。在垂直剖面上,泥质钙芒硝矿层位于晶质芒硝矿层的顶底板,在泥质钙芒硝中发现了硼磷镁石矿物(魏东岩,1968),泥质钙芒硝局部夹于晶质芒硝矿层之中。白钠镁矾矿层仅夹于晶质芒硝矿层中,呈薄层或透镜状。晶质芒硝矿层厚2～2.59m,具微细层状及条带状构造,无色

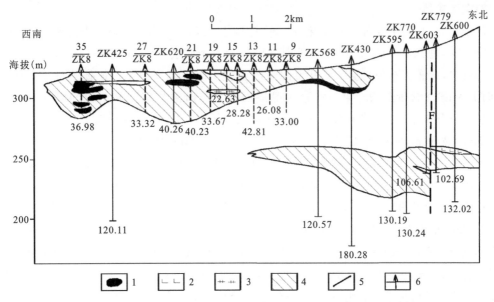

1-石盐；2-芒硝；3-白钠镁矾；4-含盐系；5-断裂；6-钻孔（上为勘探编号，下为钻孔编号）。

图 1-4　运城盐湖地质剖面图（据袁见齐等，1994）

透明，中—巨粒镶嵌结构，主要矿物成分为芒硝，次要矿物有石膏、钙芒硝、白钠镁矾；矿石的平均化学组成为 Na_2SO_4 41.50%，$MgSO_4$ 2.34%，$CaSO_4$ 3.50%，$NaCl$ 0.48%，H_2O 41.33%，水不溶物 10.85%。白钠镁矾矿石多为薄层状或透镜状夹于晶质芒硝矿层中，矿石无色或乳白色，巨粒状结构；矿石平均化学组成为 $MgSO_4$ 22.79%，Na_2SO_4 38.53%，$CaSO_4$ 4.96%，$NaCl$ 0.5%，H_2O 23.59%，水不溶物 11.04%，主要矿物为白钠镁矾，次为钙芒硝，含少量芒硝、石盐及黏土矿物。泥质钙芒硝矿石厚 1.28~2.33m，主要成分为黏土和钙芒硝，后者呈菱形板状或细粒状散布于亚黏土中；矿石平均化学成分为 Na_2SO_4 21.69%，$CaSO_4$ 7.14%，$MgSO_4$ 0.93%，$NaCl$ 2.75%。

界村砂下湖型芒硝矿层厚达数米，再将 ZK758 和 ZK754 两孔芒硝矿层及其夹层作一简述。ZK758 孔芒硝矿层岩芯长度为 1.18m，其顶底板均为深灰色钙芒硝亚黏土。芒硝矿层中夹有 15 层含钙芒硝亚黏土。最厚者为 11cm，一般数毫米至 1~2cm。最厚的夹层中，钙芒硝含量约 10%。钙芒硝单个自形晶少见，多为连晶和放射状集合体；薄的夹层中，钙芒硝多呈带状分布，与芒硝接触处为钙芒硝，而其间则为灰色亚黏土。

芒硝矿层自下而上的特点：下部为无色透明的芒硝矿，主要矿物为芒硝（90%），其次为无水芒硝（10%），无水芒硝为带灰色色调的无色，呈 0.1mm 大小的星散状分布；中部及上部具极发育的微细层理，微细层理以灰白色条带相间而显示，白色条带宽 0.5~1.5cm，灰色条带宽 0.1~0.5cm。这种微细条带可能由卤虫和卤蝇粪粒化石构成。在无色透明的芒硝矿层中常见红色细小的卤虫化石。

ZK754 孔芒硝矿层厚 2.54m，含泥质钙芒硝夹层 34 层，夹层厚从数毫米到 7~8cm 不等。ZK758 孔中芒硝矿层亦含有卤虫卤蝇粪粒化石以及其个体化石。

2) 东滩矿体

位于盐湖中部,主要分布在盐化五厂至大李村一线,东西长 7.5km,南北宽 1.2km,矿体平均厚 16m,埋深 0~39m。矿体自下向上可分为 6 个矿层:第一矿层以白钠镁矾为主,局部含芒硝较多,分布于东滩西部,底板为黄褐色亚黏土。矿体规模小。矿体下部 Na_2SO_4 含量高,向上 $MgSO_4$ 含量渐增。第二矿层为晶质石盐层。西部与第一矿层仅间隔 0.5~1.0m。第二矿层可分 8 个矿段,其中第一矿段面积最大,分布于 1~10 线间,有 23 个钻孔见矿。矿层长 2km,宽 1km,面积约 $1.6km^2$。矿层厚 0.61~4.85m,平均厚 2.28m。该层 NaCl 含量 37.9%~60.87%,平均为 48.84%。第三层矿为白钠镁矾矿和含白钠镁矾的芒硝矿,与第二层矿相隔 5~9m。矿层长 800m,宽 250m,面积近 $0.2km^2$,矿层平均厚度为 2.08m。矿石平均化学成分为 Na_2SO_4 38.43%,$MgSO_4$ 23.19%,NaCl 0.88%。第四矿层为晶质石盐层。矿层长 1.5km,宽 0.2~0.8km,分布面积约 $0.6km^2$,矿层厚 0.3~2.25m,平均厚 1.02m。矿石平均化学成分为 NaCl 40.25%,Na_2SO_4 11.56%,$MgSO_4$ 1.09%。第五层矿为白钠镁矾矿,与第四矿层间距 2~3m。矿层长 1.10km,宽 0.7km,面积约 $0.7km^2$,矿层厚 0.32~1.74m,平均厚 1.23m。矿石平均化学成分为 NaCl 0.86%,Na_2SO_4 38.67%,$MgSO_4$ 27.23%。第六矿层为晶质芒硝,埋深 0.2~3m。与第五矿层相隔 5~10m。矿层厚 0.51~10.93m,矿石 Na_2SO_4 平均成分为 39.97%。

本矿体中尚有泥质钙芒硝矿层,分布于 13~37 线间,面积 $5.7km^2$。矿石平均化学成分为 Na_2SO_4 15.64%,$MgSO_4$ 1.89%,NaCl 4.46%。

3) 西滩矿体

分布于张村—盐化工厂一带的西滩湖底淤泥层之下,呈西宽东窄状的东西向展布,长约 5km,宽 1.2km,面积 $6.0km^2$,矿体一般厚约 2m,埋深 0.3~0.5m。矿体底板为含石膏的黏土层。有 3 种矿石类型:①晶质芒硝矿石,具粗—巨晶镶嵌结构,平均化学组成为 Na_2SO_4 36.56%,$MgSO_4$ 0.56%,$CaSO_4$ 1.81%,H_2O 54.04%,水不溶物 7.03%;②晶质白钠镁矾矿石,中—粗巨晶镶嵌结构,块状、蜂窝状构造,平均化学组成为 $NaSO_4$ 37.72%,$MgSO_4$ 21.72%,$CaSO_4$ 2.56%,NaCl 0.62%,H_2O 31.53%,水不溶物 5.85%;③泥质钙芒硝矿石,平均化学成分为 Na_2SO_4 15.36%,$MgSO_4$ 5.21%,$CaSO_4$ 7.79%。

4) 硝板矿体

这里谈及的"硝板"为历代治畦晒盐所遗弃的芒硝、白钠镁矾组成的人工堆积体。由于治盐历史久远,故堆积的硝板亦成为后人利用的矿产资源。硝板集中分布于盐湖北岸、东岸及东南岸一带的现代盐田生产区和荒废的古盐田之下,呈狭长弧形。埋深 0~6m,现探明 17 个矿体,一般厚 1~3m,最厚者可达 5.76m,最薄者仅 0.3m。矿体下部以芒硝为主,含有白钠镁矾,上部则以白钠镁矾为主。硝板的矿物组成一般为白钠镁矾 62%,芒硝 23%,钙芒硝 3%,无水芒硝 2%,石盐 4%,黏土杂质 6.4%。硝板的化学成分为 Na_2SO_4 39.77%,$MgSO_4$ 22.25%,NaCl 3.95%,$CaSO_4$ 0.56%,H_2O 27.43%,水不溶物 6.8%。

硝板矿体是人工再生矿床的一个特例。

5) 液相矿体

按照卤水赋存状态,可分表面卤水(俗称滩水)和晶间卤水两种。滩水是数千年来一直开发利用的对象。晶间卤水仅在近百年来打井开采浅部石盐层时被利用。

据20世纪60年代调查,湖水面积常受气候因素影响,一般变化于28～34km²间。水体平均深度为0.5～0.55m,东滩较深(约1m),西滩较浅(约0.2～0.6m)。湖表卤水浓度为6.5°～7°Bé。卤水化学成分为 Na^+ 13.9g/L,K^+ 0.3g/L,Ca^{2+} 1.0g/L,Mg^{2+} 2.55g/L,Cl^- 9.75g/L,SO_4^{2-} 26.90g/L,CO_3^{2-} 0.1g/L,HCO_3^- 0.37g/L。此外,含 Br^- 30～60mg/L,含 I^- 0.1～1.0mg/L。

本矿床除有固体芒硝矿5 862.4万t、白钠镁矾矿965.4万t、石盐矿1 423.1万t、液体卤水矿98.9万t外,尚有中医矿物药资源(这里是古代中医矿物药芒硝、太阴玄精石、寒水石等的宝库)、盐湖生物资源(卤水虾著名产地)、盐湖旅游资源(中国的死海)等。

第三节 新疆达坂城东盐湖石盐芒硝矿床

一、位置

达坂城东盐湖(古称西域破城子盐池)位于乌鲁木齐市东南70km处,为乌鲁木齐市所辖,地理坐标为88°3′53″—88°12′15″E,43°21′—43°25′25″N,315国道哈密—乌鲁木齐段由湖北岸经过,兰新铁路盐湖火车站就在湖边4km处。

二、区域地质

从大地构造位置来看,达坂城东盐湖位于柴窝堡山间断陷盆地的东南部(图1-5)。该断陷盆地在准噶尔坳陷区内,为乌鲁木齐山前坳陷中一个近东西向的"盲肠状"分支,是发育在海西褶皱基底上的中—新生代断陷盆地。

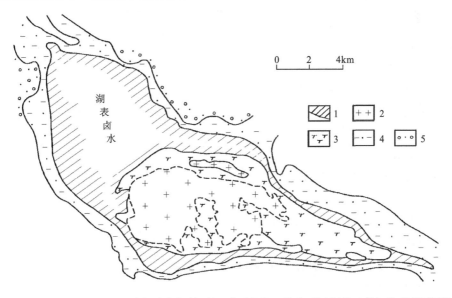

1-湖表卤水,水下石盐沉积;2-石盐、无水芒硝沉积;3-芒硝沉积;4-粉砂、黏土沉积;5-粉细砂、砂砾石沉积。

图1-5 达坂城东盐湖岩相分布图(据郑喜玉等,2002)

柴窝堡盆地受北部发育的杏子沟断层和南部发育的土格达坂山断层控制。盆地内部主要发育由第四系形成的东西向马蹄形向斜褶皱,轴部被第四系砂砾石覆盖,两翼由侏罗系、白垩系、第三系(古近系+新近系)及下中更新统组成。在盆地内中部偏南由两组北西-南东向断层构成一地堑或长条状断陷次盆地,特点是由东南向西北扩开,宽度由3km扩大为8km。由西北向东南依次分布有柴窝堡湖、西盐湖、东盐湖。

三、矿床地质

1. 湖相地层简述

盐湖中经钻探揭露,晚更新世及全新世的地层(由下向上)(图1-6)简述如下。

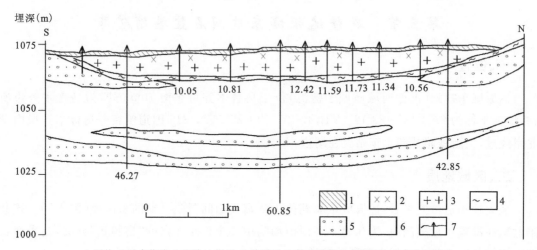

1-石盐;2-无水芒硝;3-芒硝;4-淤泥;5-砂砾石;6-粉砂质黏土或砂黏土;7-钻孔及深度。

图1-6 达坂城东盐湖0排勘探线地质剖面图

上更新统

(1)粉砂质黏土。厚7.5m。

(2)砂砾石层。厚3.5m。

(3)亚黏土及亚砂土。厚1.8m。

(4)粉砂质黏土。厚1.7m。

(5)砂砾石层。厚3.7m。

(6)粉砂质黏土。厚26.5m。

全新统

(7)含石膏、芒硝的淤泥。厚1.3m。

(8)晶质芒硝矿层。厚5.48m。

(9)晶质无水芒硝矿层。厚0.2～0.4m。

(10)石盐层。厚0.5～1.0m。

(11)盐壳。厚0.35m。

2. 矿床地质特征

东盐湖为一个固液相并存的现代盐湖矿床。固相矿自下向上为芒硝矿层、无水芒硝矿层、石盐矿层和盐壳层；液相矿含表面卤水和晶间卤水等。

1）固相矿

(1) 芒硝矿层，呈似层状，分布范围为 19.22km²。较现今盐滩范围大。矿层最大厚度 9.63m，最小 0.35m，平均 5.48m，埋深最大 6.5m。矿层厚度较稳定。由中部向边部渐变薄。矿层底板为含石膏芒硝的淤泥，顶板为无水芒硝矿层。组成芒硝矿层的是晶质芒硝矿石，芒硝颗粒 0.5~1.7cm，大者达 3cm。矿石化学组成（干基）为 Na_2SO_4 82.32%，NaCl 8.06%，$CaSO_4$ 2.37%，$MgSO_4$ 0.48%，水不溶物 6.48%。

(2) 无水芒硝矿层，呈似层状或透镜状或不规则状，分布面积 5.57km²，厚度 0.2~0.4m。主要分布于中、西部。在该矿层中除含大量无水芒硝外，尚含约 10% 的石盐。矿石的化学成分（干基）为 Na_2SO_4 80.85%，NaCl 14.15%，$CaSO_4$ 1.16%，$MgSO_4$ 0.34%，水不溶物 3.4%。

(3) 石盐矿层，为一似层状扁豆体。主要分布于盐滩范围的中西部，面积 13.60km²。厚度一般为 0.5~1.0m，最大 2.01m，最小 0.13m。一般南部厚度大于北部。其顶板为石盐壳或湖底最新沉积的淤泥。该矿层主要由质纯的石盐矿石所组成，次为含黏土的石盐矿石和含芒硝的石盐矿石。石盐矿石一般颜色为浅土黄色、褐黄色，中—粗粒结构，除石盐外，尚含黏土、芒硝、无水芒硝和白钠镁矾，局部含石膏和钙芒硝。矿石的化学成分为 Na_2SO_4 6.35%，NaCl 81.11%，$CaSO_4$ 2.07%，$MgSO_4$ 0.36%，水不溶物 8.35%。

(4) 盐壳层。矿层裸露地表，分布于矿区中、西部，分布面积 11.58km²。厚度稳定，一般 0.3~0.5m，最大 0.6m，平均 0.35m。盐壳主要由质纯的石盐矿组成，其次有含黏土的石盐岩和含无水芒硝的石盐岩。盐壳孔洞发育。主要组成矿物为石盐（颗粒大小 0.5~1.0mm，他形—半自形晶），含量为 80%~95%，其次有黏土矿物，含量 2%~10%，无水芒硝多为白色粉末状，局部呈半自形晶。石膏少量，局部尚见有白钠镁矾、柱硼镁石等。盐壳层化学成分平均含量为 Na_2SO_4 3.64%，NaCl 88.16%，$CaSO_4$ 1.74%，$MgSO_4$ 0.43%，水不溶物 4.82%。

2）液相矿

(1) 表面卤水。围绕固体矿呈环状，随季节水深度面积都在变化，最大面积 17.7km²，最大水深 1.67m，平均水深 0.46m。卤水属硫酸钠亚型水，卤水浓度最高达 31%。

(2) 晶间卤水。赋存于两个层位：其一为上层卤水，它充满于盐壳下的石盐—无水芒硝层的孔隙中；其二为下层卤水，或赋存于芒硝矿层或含黏土和淤泥层中。这两层卤水之间无稳定的隔水层，含水性虽有差异，但二者有水力联系，具有同一自由水面，上下卤水层的化学组成无大的区别。

表 1-2 列出达坂城东盐湖表面卤水和晶间卤水的化学组成。

表1-2 达坂城东盐湖卤水化学成分(mg/L)

类别	Na^+	K^+	Ca^{2+}	Mg^{2+}	Cl^-	SO_4^{2-}	HCO_3^-	CO_3^{2-}
湖表表面卤水	24 102.0	206.74	195.39	636.78	28 936.74	13 994.40	398.72	45.60
晶间卤水	118 258.71	112.82	289.18	331.17	188 904.90	9 960.72	556.63	0
类别	B_2O_3	Li	Fe	Co	Cd	Mn	Si	P
湖表表面卤水	80.50	0.40	1.50	0.70	0.13	0.01	5.50	—
晶间卤水	193.17	0.80	6.00	2.40	0.31	0.04	1.84	0.029
类别	Zn	Ba	Be	Yb	Gd	Y	La	Eu
湖表表面卤水	0.016	0.125	0.001	0.001	0.025	0.003	0.034	0
晶间卤水	0.599	0.232	0.019	0.006	0.119	0.014	0.115	0.025
类别	Ce	Sm	Ni	Cr	U	Ti	Sr	Cu
湖表表面卤水	0.01	0.07	0.871	0.705	0.687	0.479	1.404	0.511
晶间卤水	0.459	0.231	1.17	1.262	1.037	0.74	3.665	0.847
类别	Rb	Cs	Br	I	Al			
湖表表面卤水	0.2	0.8	6.20	0.78	—			
晶间卤水	0.2	0.8	6.20	0.78	—			

注:数据来源于中国科学院盐湖研究所,1986年10月。

第四节 内蒙古吉兰泰盐湖芒硝石盐矿床

一、位置

吉兰泰盐湖(古称唐温池)地理坐标为$105°42'E,39°45'N$,为内蒙古自治区阿拉善盟阿拉善左旗吉兰泰镇所辖。矿区交通便利,有铁路专线抵包兰线乌达车站,且有公路东达乌海市,南经巴颜浩特直通银川市。

二、区域地质

盐湖所在的盆地为中新生代阿拉善隆起吉兰泰断陷盆地,基底为早古生代片麻岩、片岩和混合岩等变质岩系;湖盆东部贺兰山附近,有侏罗纪—白垩纪杂色砂砾岩、砂泥岩和第三纪(古近纪+新近纪)紫红色砂砾岩、砂岩、砂泥岩等出露;湖盆西北部有第三纪(古近纪+新近纪)砂砾岩、砂泥岩和泥岩分布;湖滨地带为第四纪沉积。

古湖盆长200km,宽30~40km。四周被乌兰布和沙漠和腾格里沙漠环绕。

三、矿床地质

盐湖位于西北巴音乌拉山和东南贺兰山之间。平面上呈椭圆形,长轴近南北向,盐湖面积120km²。目前已演化到干盐湖发展阶段。20世纪50年代末至60年代初,湖表卤水深0.1~0.2m,1983年5—6月,实测晶间卤水水位已低于湖面0.1~0.3m,湖盆边缘卤水水位下降尤甚(郑喜玉等,1992)。

吉兰泰盐湖盐类沉积,以石盐为主,芒硝次之。据中国盐业总公司勘探队1981年资料,石盐储量9700万t,芒硝储量900万t,为内蒙古西部最大的盐湖矿床(郑喜玉等,2002)。

盐湖内均为第四纪湖相沉积,其岩性自老而新(袁见齐等,1994)简述如下。

中—上更新统

(1)Qp_{2+3}^{al+pl} 褐紫色冲积、洪积砂砾层,夹亚沙土、亚黏土和中细砂层,主要分布于巴音乌拉山与贺兰山的山前倾斜平原区。

(2)Qp_{2+3}^{al+l} 冲积、湖积亚砂土、细砂与棕红色黏土互层。砂层含承压水。该承压水层与石盐矿层之间为一厚度大于29m的稳定的黏土隔水层,其分布于矿区四周。

更新统—全新统

(3)Qp_3+Qh^{al+pl} 褐紫色、黄灰色冲积、洪积的中粗砂与砂砾层。

全新统

(4)Qh^l 湖积层。自下而上岩性依次为蓝灰色亚黏土、亚砂土、灰黑色淤泥。

(5)Qh^{ch} 盐湖盐类沉积层。以石盐层为主,底部为芒硝层。石盐层中常含泥砂和石膏。

(6)Qh^{eol} 褐黄色中细砂,组成固定、半固定和流动沙丘,广泛分布于湖区北部及东部。

盐类沉积以石盐为主,芒硝和石膏次之。石盐矿、芒硝矿呈层状产出(图1-7),其上部为盐壳(俗称自盖)。石盐层在盐湖中部较厚,往四周厚度渐减,直至尖灭。石盐层厚度3~4m,最大厚度达5.9m,成盐面积达60余平方千米。芒硝矿层呈透镜状产于石盐矿层之下,分布于盐湖中部,在盐湖东部和北部也有小的芒硝透镜体产出。芒硝矿层最大厚度3.18m,最小厚度0.22m,平均1.35m,分布面积约12km²。在芒硝矿层中,越临近石盐矿层,无水芒硝和白钠镁矾含量亦渐增。矿石中Na_2SO_4含量为32.27%~88.04%,平均品位为57.16%。

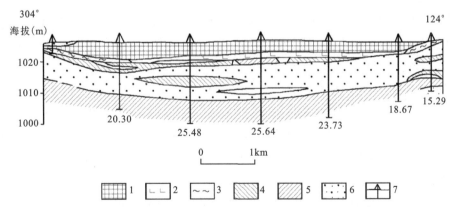

1-石盐;2-芒硝;3-淤泥;4-黏土;5-亚黏土;6-中细砂;7-钻孔及编号。

图1-7 吉兰泰盐湖Ⅱ-Ⅱ′地质剖面图(据袁见齐等,1994)

在石盐矿层中,按照盐层产出状态和盐类矿物含量,可分为4种矿石类型,即盐盖、石盐矿石、含石膏和石盐矿石、石膏质石盐矿石。矿石中主要组成矿物为石盐,少数石膏和砂泥成分。矿石的化学组成主要为 NaCl、$CaSO_4$ 和水不溶物。NaCl 含量为 38.20%～94.32%，平均为 74.03%。富矿主要产于盐湖中部、北部和东部。$CaSO_4$ 的含量在石盐层中自上向下渐增。上部和顶部 $CaSO_4$ 含量小于 5%，往下增高至 10%～15%。个别层段达 56.04%。

石盐矿石具自形—半自形或他形等粒或不等粒结构、嵌晶结构，蜂窝状、带状、块状构造等。矿石结构松散，平均孔隙度为 31.3%。

盐湖卤水有晶间卤水和承压的底部卤水两种，卤水的有关指数见表 1-3。

表 1-3　晶间卤水和承压的底部卤水的有关指数

指数	晶间卤水	承压的底部卤水
水位	地表以下 0.01～0.12m	地表以下 0.10～0.15m
矿化度（g/L）	310～330	270～290
密度（g/cm³）	1.22	1.20
浓度（°Bé）	24～26	23～24
NaCl（g/L）	270～290	180～200
$MgSO_4$（g/L）	5～35	50～60
$MgCl_2$（g/L）	26～30	12～40
Na_2SO_4（g/L）	—	0.35～5
$CaSO_4$（g/L）	1～3	

第五节　新疆哈密七角井石盐芒硝矿床

一、位置

盐湖又名哈密盐池。地理坐标 91°26′43″—91°38′45″E，43°26′15″—43°28′45″N，为哈密七角井镇所辖，位于七角井镇西南约 12km 处。矿区交通方便，北有公路贯通，南距十三间房火车站 39km，有公路与矿区相连。

二、区域地质

盐湖所在的七角井盆地在大地构造上属于北天山地向斜褶皱带的博格多复背斜的东端，东邻哈尔雷克多背斜，南与吐鲁番—哈密山间坳陷相连。盆地受断裂构造控制，是一个典型的山间盆地。

区内出露地层有晚古生代的泥盆纪、石炭纪、二叠纪以及新生代的第三纪（古近纪＋新近纪）和第四纪地层。尤以第四系分布最广，是七角井盆地的主要沉积物。

晚古生代地层主要分布于盆地四周，组成环绕盆地的群山以及盆地的基底，其岩性为一套火山碎屑岩、中基性海底火山喷发岩及部分正常沉积岩。该套地层富含碱金属、碱土金属元素，是盐湖内盐类物质的补给来源之一。

第三纪(古近纪+新近纪)地层主要分布于盆地外围的东南部及东北部,属于萨里特组和托卡普组,为粉砂岩、砂砾岩、泥岩,其内含较多的次生石膏、石盐等盐类矿物,是盐湖盐类物质的主要补给来源。

三、矿床地质

七角井盆地是一封闭的洼地,湖盆位于盆地的西南部,呈东西向延伸,长约20km,宽约6km,面积约120km²。矿区位于湖盆的西南部,面积为40km²,是一基本结束盐湖发展过程的干盐湖矿床。

含矿层属第四系全新统湖相沉积物,覆盖于上更新统湖积—冲洪积物之上。全新统湖相沉积物有两个岩性段(成盐韵律):下部岩段(下成盐韵律)由砂质黏土、黏土至盐湖化学沉积层(深部芒硝矿层),总厚度为7.41～86.39m;上部岩段(上成盐韵律)由黏土、含芒硝黏土或砂质黏土至地表芒硝、石盐层(浅部芒硝、石盐矿层),总厚度1.50～35.22m。

七角井盐湖是一个以石盐、芒硝、无水芒硝沉积为主,并在盐层中含有大量硫酸钠亚型晶间卤水的复合型盐类矿床(图1-8)。

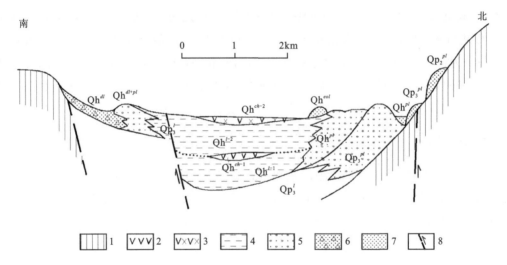

Qp_2^{pl}-中更新统冲洪积物;Qp_3^{pl}-上更新统冲洪积物;Qp_3^{l}-上更新统湖积物;Qh^{pl}-全新统冲洪积物;Qh^{eol}-全新统风积物;Qh^{dl}-全新统坡积物;Qh^{dl+pl}-全新统坡积物和冲洪积物;Qh^{l-1}-全新统下段湖积物;Qh^{ch-1}-全新统下段芒硝层;Qh^{l-2}-全新统上段湖积物;Qh^{ch-2}-全新统上段石盐-芒硝层。

1-基岩;2-芒硝层;3-石盐-芒硝层;4-黏土、砂质黏土;5-砾石、砂;6-碎石、砂;7-砂;8-断层。

图1-8 七角井盐湖地质剖面略图

1. 浅部矿体

位于全新统上段地层顶部,并出露地表,按矿物成分自上而下可分为3层。

(1)上石盐层,位于湖盆低洼中心,直接出露地表,厚度由湖中心向边缘变薄。本层根据石盐矿石的结构、构造和物质成分又可细分为3个小层:①蜂窝状石盐壳,分布面积23.4km²,平均厚度0.31m,矿石主要组分的平均含量为NaCl 76.93%,Na₂SO₄ 6.98%,CaSO₄ 2.31%,

水不溶物 10.35%。主要矿物为石盐,少量无水芒硝、黏土、砂等。②细—粗粒石盐层,分布面积 13.84km², 平均厚度 0.87m。主要组分的平均含量为 NaCl 80.77%, Na_2SO_4 3.89%, $CaSO_4$ 2.09%, 水不溶物 12.45%。矿物组成同石盐壳层。③巨粒石盐层,分布面积 2.69km², 平均厚度 0.72m, 主要组分的平均含量为 NaCl 69.23%, Na_2SO_4 6.57%, $CaSO_4$ 3.92%, 水不溶物 18.39%。

总的说来石盐层向上面积增大,石盐晶粒由下向上变细,矿石中泥砂含量向上跳跃式减少。无水芒硝分布于石盐晶间,总体上分布较均匀,但底部无水芒硝急剧增多,过渡为下部的无水芒硝矿层。石盐矿层内盐喀斯特现象发育,密布泥柱、泥垄。

(2)无水芒硝矿层,位于石盐层之下,呈似层状、小透镜体状,矿物成分以无水芒硝为主,含少量石盐、芒硝。本矿层分布面积 3.66km², 厚度大部分小于 1m, 平均厚度 0.25m。无水芒硝呈自形、半自形的斜方双锥晶体,石盐和芒硝则多嵌于无水芒硝晶间。全矿层主要组分的平均含量为 NaCl 11.04%, Na_2SO_4 82.60%, $CaSO_4$ 1.02%, $MgSO_4$ 0.32%, 水不溶物 4.36%。矿层顶板埋深 1~2.5m。

(3)芒硝矿层,似层状、透镜体状,位于上部盐层的底部,上与无水芒硝矿层或石盐矿层直接接触,底板为黏土层。矿层顶板埋深一般在 0.3~3m 之间。矿层与下伏深部的芒硝矿层垂直距离约 14m。本层芒硝分布面积 12.10km², 厚度 1~3m, 最厚 4.27m, 平均 1.60m。主要矿物成分为芒硝,其次为无水芒硝和石盐,少量石膏和钙芒硝。矿石具自形、半自形巨晶粒状结构,块状构造,常见溶蚀孔洞。矿石化学成分(平均值)为 Na_2SO_4 81.65%, NaCl 7.94%, $CaSO_4$ 2.92%, $MgSO_4$ 0.52%, 水不溶物 7.47%。

2. 深部矿体

深部矿体是位于全新统下段地层顶部的芒硝矿层,矿层顶板埋深 18.5m, 矿层分布面积 11.70km², 最大厚度 5.21m, 平均厚度 1.55m。矿石具巨粒结构,块状构造。主要矿物成分为芒硝、石膏,未发现无水芒硝,且石盐含量亦少。矿石平均化学成分为 Na_2SO_4 78.59%, NaCl 2.50%, $CaSO_4$ 4.52%, $MgSO_4$ 0.22%, 水不溶物 13.9%。

3. 晶间卤水

晶间卤水是矿区主要矿产之一,有上、下两层。

(1)表层晶间卤水,赋存于表层矿的石盐与芒硝(无水芒硝)矿层的孔隙中,分布范围同固体矿。含水层厚度一般为 1~4m, 最大达 5.49m, 平均厚度 3.11m。卤水平均化学成分为 NaCl 25.04g/L, Na_2SO_4 99.50g/L。在矿区中部、西部及东部 NaCl 含量为 102.99~274.44g/L, Na_2SO_4 64.27~130.5g/L, 而西部及北部边缘仅有 Na_2SO_4 达工业品位,含量为 157.51~186.94g/L, 在南中部及东中部仅有 NaCl 达工业品位。石盐和芒硝矿层的平均孔隙度分别为 39.08% 和 23.67%。

(2)下部晶间卤水赋存于深部芒硝矿层的孔隙及裂缝中,含水层厚度为 0.87~1.65m, 孔隙度为 23.11%, 比表层晶间卤水含水层小。卤水中 NaCl 含量 55.88~239.11g/L, 平均值为

146.30g/L。Na$_2$SO$_4$ 46.38~68.47g/L,平均值为60.19g/L。

上层卤水据中国盐业总公司勘探队估算折合NaCl储量217万t,Na$_2$SO$_4$储量551.2万t;下层晶间卤水据新疆维吾尔自治区地质局估算,折合NaCl储量283.8万t,Na$_2$SO$_4$储量82.62万t(郑喜玉等,2002)。

第六节 新疆艾丁湖芒硝石盐矿床

一、位置

艾丁湖位于吐鲁番盆地的东南部,最低洼处高程为-155m,是我国最低的内陆盆地。属吐鲁番地区鄯善、吐鲁番两县管辖,地处沙漠,交通还算便捷,国道312(哈密—乌鲁木齐)从盆地北侧经过,湖区公路向北54km抵达七泉湖火车站。

二、区域地质

吐鲁番盆地为东部天山较大的山间盆地,盆地由西向东呈喇叭形扩展。在地势上自北向南,自西向东逐渐倾降。盆地北依博格达山,南靠觉罗塔格山,西临喀拉乌成山,东连库姆塔格沙山。北部和西部较高,平均高程3800~4000m,最高的博格达峰达6500m,东南山系较低,高度约2000m,形成了典型的高山深盆地貌景观。盆地中部盐山和火焰山横贯东西,将盆地分为南北两部分。艾丁湖位于南部中段偏南,为整个盆地的最低洼处,其高程仅次于死海。

吐鲁番盆地居内陆腹地,四面为高山所阻,谷地中大部分低于海平面。这种高山深盆形成典型的干旱荒漠气候,有"火洲"之称。每年6—8月,平均气温33.8℃,气温极值48.3℃,地面温度最高74.9℃,炎热日长达120天。冬季平均气温-8.7℃,极值-26.9℃。年降水量10.9mm,蒸发强度4 985.00mm。春秋风大,多为西北风,平均风速21m/s。上述气候因素给艾丁湖盐类的沉淀提供了有利条件。

三、矿床地质

艾丁湖处于吐鲁番断陷盆地中部南侧,它受控于火焰山南缘断裂和觉罗塔格北缘断裂。湖区内,于苏木克萨衣一带有两条近似平行的北西-南东向、倾向北东的平堆逆断层,斜跨艾丁湖全区(图1-9)。该断裂北东盘南移,南西盘北错,致使艾丁湖中部宽,东西部窄,湖水集中于北西偏南部位。沿湖周边断裂亦发育,出现排列有序的形似"城墙"的突起高地,高地长500m,宽数十米,高3~5m,其形成可能与新构造运动有关。

艾丁湖区长60km,宽8km,面积约为500km^2。

艾丁湖盆周边出露的地层如下。

石炭系底格尔组(Cd_2):下部为不稳定底砾岩,沿走向相变为砂岩、生物灰岩。上部为一套灰绿色中—粗粒长石砂岩、砂砾岩类薄层砂岩、灰岩透镜体。

侏罗系三工河组(J$_{1-2}$s):砂岩、砂砾岩夹煤层,与石炭系为不整合接触。

古近系鄯善群(Esn):砖红色砾岩、砂岩,内夹薄层黏土和石膏。厚120~170m。

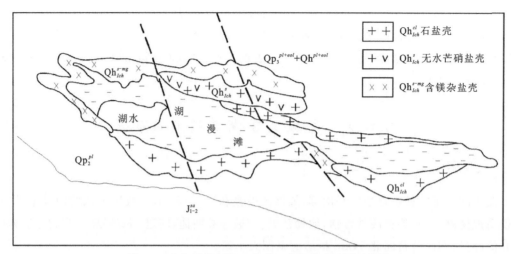

图 1-9 吐鲁番艾丁湖区芒硝—岩盐矿床地质示意图

第四系：分布于湖北岸，为洪积粉细砂、砂砾石和黏土以及风成砂丘。湖边表层为盐渍土，砂砾石层，是湖、洪积混合的产物。厚 250m。

中更新统（Qp_2^{pl}）：洪积砂、砂砾石，次生盐碱质充填胶结于其中。厚 5～8m。

上更新统—全新统（Qp_3—Qh）：洪积裙，由砂砾石组成，充填物为石盐和泥砂。厚 0.8～1.5m。

盐湖中全新统化学沉积自上而下可分为 3 层：

(1) 盐壳及石盐层。盐壳厚仅 10～20cm，其下为石盐层，石盐层厚 1～1.2m。在盐湖中自南而北可分为石盐壳、过渡壳、无水芒硝石盐壳及含镁杂盐壳。不同盐壳的矿物组成亦有差别。无水芒硝石盐壳和石盐壳中常含钙芒硝和白钠镁矾（3%～5%），微量矿物六水泻盐和泻利盐等。含镁杂盐壳中除石盐外，主要有白钠镁矾，次为钠镁矾、钾盐镁矾、水氯镁石等。

所谓盐壳只是其表 10～20cm，其下为石盐层。石盐的矿体，呈层状。质量较纯。初勘石盐面积（艾丁湖北岸中段）35.32km²。

(2) 无水芒硝矿层。位于石盐层之下，无水芒硝呈浅黄褐色，自形—半自形，晶粒大小数毫米至数厘米，质纯，组成粒状集合体。平均厚 0.51m。矿石化学成分平均值为 Na_2SO_4 85%～95%，$Ca^{2+}+Mg^{2+}$ 0.71%，NaCl 4%～10%，水不溶物 15% 以下。

(3) 芒硝矿层。位于无水芒硝矿层之下。呈白色透明晶质块体，含少量泥砂。厚度 0.3～5m。矿石化学成分（干基）平均值为 Na_2SO_4 85%～95%，Ca^{2+} 0.5%，Mg^{2+} 0.6%，NaCl 4.5%，水不溶物 10% 以下。

艾丁湖是固液并存的盐湖，但表面卤水面积在逐渐缩小。在石盐沉积中产出有氯化钠型晶间卤水。根据《吐鲁番艾丁湖盐矿普查报告》（新疆盐湖考察队，1960），艾丁湖晶间卤水和湖表卤水的化学成分见表 1-4。整个湖区没有做过正式的地质工作，仅新疆维吾尔自治区地质矿产勘查开发局第一地质大队于 20 世纪 70 年代末在湖区北岸中段，对面积 35.32km² 的地区做过石盐、芒硝矿的初步勘探地质工作，提交石盐壳矿石 C+D 级储量 3 105.27 万 t，无水芒硝和芒硝矿石 B+C+D 级储量 2 537.78 万 t，外围远景储量石盐矿石 2 822.33 万 t，芒

表 1-4　艾丁湖晶间卤水及湖表卤水化学分析数值

取样号	1	2	3	4	5
矿化度(g/L)	323～354	204.378	333.46	44.26	42.00
水化学类型	氯化钠	氯化-硫酸钠	氯化钠	氯化钠	氯化钠
$Na^+ + K^+$ (g/L)	—	79.32	90.718	12.883	14.283
Ca^{2+} (g/L)	—	0.818	0.712	0.373	0.363
Mg^{2+} (g/L)	—	0.413	0.406	0.148	0.207
HCO_3^- (g/L)	—	0.058	0.062	0.395	0.475
CO_3^{2-} (g/L)	0	0.034	0.034	0.031	—
SO_4^{2-} (g/L)	—	18.014	17.727	18.844	4.473
Cl^- (g/L)	—	111.569	129.134	7.033	19.98
相对密度	1.224	—	—	—	—
B_2O_3 (mg/L)	50～150	—	—	—	—

注：1-晶间卤水；2-湖南面的表面卤水，1958年6月22日取样；3-近湖中心表面卤水，取样日期同2；4-距北岸3.6km处表面卤水，取样日期1959年12月3日；5-湖西北角表面卤水，取样日期同4。

硝矿石 625.16 万 t，湖面年再生石盐 574.36 万 t。

20世纪90年代，盐湖中石盐生产很简单，出露于湖表的石盐壳，略经卤水浸润，捞取石盐晶粒，聚集成堆，即成工业石盐原料。湖中采集的芒硝和无水芒硝运往艾丁湖北 90km 处的七泉湖化工厂加工生产元明粉和硫化碱。该区交通方便，煤炭和地下水资源充足，对盐化工生产提供了有利条件。

第七节　新疆艾比湖石盐芒硝矿床

一、位置

艾比湖又称库尔湖，属博尔塔拉蒙古自治州精河县管辖，交通较方便，乌鲁木齐—伊宁312国道和北疆铁路乌鲁木齐—阿拉山口段均从湖边南岸经过。

二、区域地质

艾比湖位于准噶尔盆地，艾比湖区是准噶尔盆地陷落最深的部位，其最高的湖成阶地在南部黑山头附近，已高出湖面85m，表明当时湖面十分宽阔，也表明构造活动的强烈。

湖盆为中—新生代构造断陷盆地，受天山北麓和费尔干断裂控制而强烈下降，成为准噶尔古陆块西南缘最低洼的沉降坳陷。基地为古生代变质岩系，边缘零星出露第三系（古近系+新近系）砂泥岩和含膏岩系，盆内为冲积、风积和湖积砂砾岩、粉砂黏土和盐类化学沉积覆盖。

三、湖区地质

湖盆北、西、南三面环山,东面为奎屯河下降冲积平原,为地表水和地下水汇集中心。

汇水面积约 $2.98\times10^4 km^2$,有河流23条,其中,精河、博尔塔拉河直接流入湖内,其余河流以潜流方式流入湖盆(图1-10)。

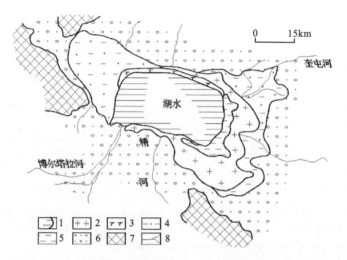

1-湖表卤水;2-粒状石盐沉积;3-粒状芒硝沉积;4-粉砂黏土沉积;5-黏土淤泥沉积;
6-砾石细砂沉积;7-前新生代基岩;8-河流。

图1-10 艾比湖岩相沉积平面图(据郑喜玉等,1996)

艾比湖盆地长85km,宽45km,总面积1 443.75km²,其中,湖水面积562.50km²(1987年10月测定数据)。艾比湖深处准噶尔盆地之中,属于典型的大陆性干旱气候区,常年大风盛行,少雨。据中国科学院盐湖研究所89-X-CK4孔剖面(郑喜玉等,1996),湖区地层自下而上为:

(1)粉细砂层,浅灰色,层状。局部含砂砾石,为承压水层。层厚3m(未见底)。
(2)粉砂黏土层,灰色,薄层状。深浅颜色相间,层理清楚。层厚5.7m。
(3)细砂层,浅灰色,层状。下部为粗砂,上部颗粒变细。层厚14.52m。
(4)砂砾石层,灰色或杂色,层状。以细砂为主,上下均夹有小砾石薄层。层厚15.9m。
(5)含盐粉砂黏土层,土黄色,薄层状。表层有次生石盐和芒硝,层厚0.09~0.3m。

四、盐湖资源及开发

该湖资源含三大类即固体盐类资源、卤水资源和生物资源。

1. 固体盐类资源

固体盐类资源有石盐和芒硝。石盐分布于盐湖边缘,主要在沙泉子和老盐滩,为残余卤水和浅层潜水蒸发而形成。石盐分布于沙泉子,面积10~15km²,盐层厚0.35m,NaCl含量95%~98%,估算储量1000万t。芒硝矿分布于湖区北岸,顺湖呈带状,矿体长10km,宽2m,

厚0.05~0.1m,为湖水蒸发析出的球粒状原硝。湖区南岸小湖盆地或洼地亦有次生芒硝沉积。

2. 卤水资源

卤水资源含湖表卤水和晶间卤水两部分。湖表卤水相对密度1.079,pH值8.09,矿化度112.4g/L,盐湖水化学类型为硫酸盐型硫酸钠亚型,化学成分见表1-5。晶间卤水,赋存于石盐和芒硝层中,相对密度1.237,pH值6.91,矿化度377.74g/L,水化学成分见表1-6。

表1-5 艾比湖湖表卤水化学成分(mg/L)

Na^+	K^+	Ca^{2+}	Mg^{2+}	Cl^-	SO_4^{2-}	HCO_3^-	CO_3^{2-}	Br	I
35 000	480.04	382.24	4 736.41	38 014.84	40 335.80	319.10	10.27	13.40	0.16
U	Th	B_2O_3	Li	Mo	Al	Fe	Pb	Sn	Cr
0.06	—	93.35	0.45	0.55	0.07	3.50	0.01	0.014	0.08
Si	Co	Mn	Ni	V	Ti	Cu	Ag	Zn	Rb
1.80	1.60	0.7	0.001	0.001	0.012	0.04	0.004	0.163	0.2
Cs	Cd	PO_4	Yb	Ga	Y	La	Ce	Sm	
0.8	0.2	0.3	0.01	0.04	0.003	0.03	0.001	0.07	

注:中国科学院盐湖研究所,1987年10月。

表1-6 艾比湖晶间卤水化学成分(mg/L)

Na^+	K^+	Ca^{2+}	Mg^{2+}	Cl^-	SO_4^{2-}	HCO_3^-	CO_3^{2-}	Li	B_2O_3
77 717.25	5 400.45	0	37 306.64	168 408.70	87 259.20	1 312.05	0	0.65	64.40
Fe	Co	Cd	Mn	Si	PO_4	Zn	Gd	Cr	U
4.30	0.70	0.15	1.38	0.85	1.08	2.48	0.034	3.414	0.765
Ti	Sr	Cu	Ba	Rb	Cs	Ni	Yb	Gd	Y
0.201	7.007	0.343	0.004	0.12	0.8	1.751	0.004	0.09	0.018
La	Eu	Ce	Sm	Br	I	Th			
0.107	0.013	0.254	0.087	5.7	0.57	—			

3. 生物资源

生物资源可分为植物资源和动物资源。植物资源有红柳、芦苇、蒲草等,多生长于湖区南部。动物资源有水禽和湖水中的卤水虾和卤水蝇等,其发育于湖区中、东部水深2~2.9m水域,呈东西带状展布。

除以上资源外,该湖有广阔的水域,美丽的风光,也是旅游的好地方。

4. 资源的开发和利用

盐湖资源开发始于 20 世纪 50 年代初,建有沙泉子、精河老盐场,生产原盐和再生盐。除在以上地区产盐外,20 世纪 90 年代,成立有艾比湖盐化总厂,还在湖南岸滩晒石盐并制取芒硝及水氯镁石,产品有原盐、粉精盐、加碘盐、风化硝、水氯镁石等矿物原料。生物资源开发主要是采捞卤虫卵,然后加工外销。

第二章 第四纪盐湖型含芒硝的复合矿床

第一节 青海大柴旦芒硝-硼矿床

一、位置

大柴旦湖,又名依克柴达木湖、大柴达木湖,位于海西蒙古族藏族自治州大柴旦镇境内。湖区东距大柴旦镇4km,交通较为方便。

二、区域地质

大小柴旦湖同处于柴达木盆地北缘的一个山间盆地中,两湖之间为一湖相—洪积缓丘所隔,湖面海拔分别为3110m和3118m,属于高原温带极度干旱气候区(图2-1)。

盆地周围山系及基底岩系均由前震旦变质岩系及较新的中酸性侵入岩体构成。古生代及中生代地层仅零星见于盆地边缘。盆地中有巨厚的新生代沉积。盆地北缘南祁连山断裂带迄今仍有活动,构成温泉—泥火山活动带,至少从第四纪更新世晚期以来即有含硼热水自深部涌出,并通过塔塔棱河、温泉河等形式汇入大小柴旦湖。

第四纪早更新世末期,受新构造运动影响,达肯大坂山山麓形成了自北而南延伸的巨大冲积扇。

三、矿床地质

湖区面积为2130km²,系第四纪盐湖沉积盆地。

据青海地质局钻井资料(1989),钻井揭露深度为108.08m,上部30m为湖相含盐岩系,下部为湖相碎屑沉积。沉积剖面自下而上依次如下。

上更新统(Qp_3)

(1)砂砾—黏土层。灰绿色、土黄色,层状。顶部为黑色淤泥含少量钠硼解石。下部为石膏沉积。厚72~80m。

(2)盐类沉积,层状,灰白色。石盐为主,间或含淤泥、芒硝、石膏、白钠镁矾,并含砂质黏土和分散状、团块状钠硼解石(B_1)。厚3~8m。

(3)含石膏砂质黏土沉积,黄褐色,层状,局部含硼酸盐矿物(B_2)。厚5~6m。

上更新统—全新统(Qp_3—Qh)

(1)灰色层状淤泥石膏沉积,含较多的分散状钠硼解石和柱硼镁石矿物(B_3)。厚5~6m。

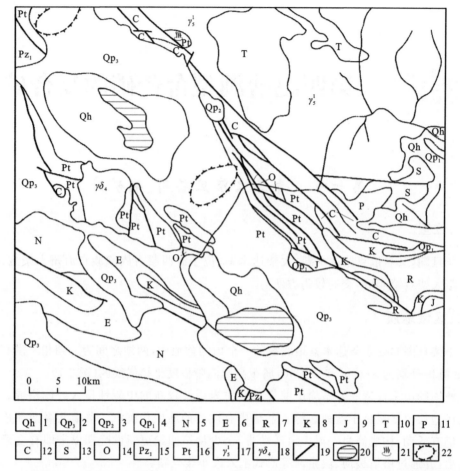

1-全新统；2-上更新统；3-中更新统；4-下更新统；5-新近系；6-古近系；7-第三系（古近系＋新近系）；8-白垩系；9-侏罗系；10-三叠系；11-二叠系；12-石炭系；13-志留系；14-奥陶系；15-下古生界；16-元古宇；17-中生代含电气石花岗岩；18-晚古生代花岗闪长岩；19-断层；20-近期隆起；21-现代湖泊；22-温泉。

图 2-1 大小柴旦湖区示意图（据郑绵平等，1989）

（2）土黄色层状含硼芒硝沉积。以芒硝为主，含少量石盐、石膏、白钠镁矾和钙芒硝，为主要硼矿层（B_4）。硼矿物以柱硼镁石为主，含少量钠硼解石。主要矿体呈稳定水平层状，长约 8.5km，宽约 3.5km。厚 3～4m。

（3）白色灰白色层状石盐沉积。上部石盐层出露地表，中下部间夹芒硝、石膏和淤泥，下部含硼酸盐矿物（B_5）。厚 6～8m。

图 2-2 为大柴旦沉积矿物生成顺序及沉积物分布规律图，从图中可以看出，芒硝与硼矿物都沉积于第一成盐期（晚更新世）和第二成盐期（全新世中晚期）硫酸盐阶段。这是它们共生的基本条件。

中科院盐湖研究所对该矿区盐类矿物作了仔细研究，共确定了盐类矿物的组成，即文石、方解石、白云石、菱镁矿 4 种碳酸盐矿物；石膏、芒硝、无水芒硝、钙芒硝、水钙芒硝、羟钠镁矾、白钠镁矾、软钾镁矾、泻利盐、六水泻盐 10 种硫酸盐矿物；石盐、水石盐、光卤石 3 种氯化物矿

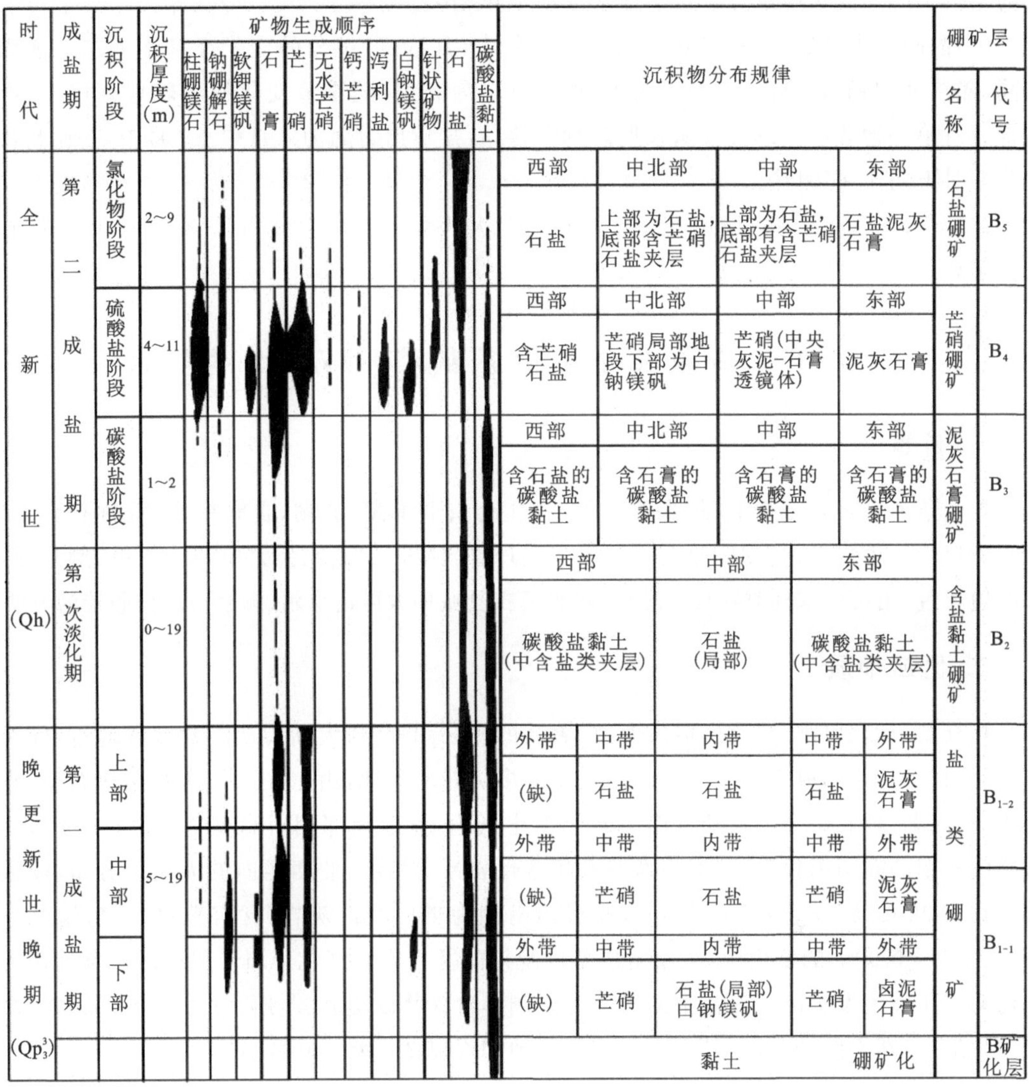

时代	成盐期	沉积阶段	沉积厚度(m)	矿物生成顺序											沉积物分布规律				硼矿层	
				柱硼镁石	钠硼解石	软钾镁矾	石膏	芒硝	无水芒硝	钙芒硝	泻利盐	白钠镁矾	针状矿物	石盐	碳酸盐黏土				名称	代号
全新世 (Qh)	第二成盐期	氯化物阶段	2~9													西部	中北部	中部	东部	石盐硼矿	B₅
																石盐	上部为石盐,底部含芒硝石盐夹层	上部为石盐,底部有含芒硝石盐夹层	石盐泥灰石膏		
		硫酸盐阶段	4~11													西部	中北部	中部	东部	芒硝硼矿	B₄
																含芒硝石盐	芒硝局部地段下部为白钠镁矾	芒硝(中央灰泥-石膏透镜体)	泥灰石膏		
		碳酸盐阶段	1~2													西部	中北部	中部	东部	泥灰石膏硼矿	B₃
																含石盐的碳酸盐黏土	含石膏的碳酸盐黏土	含石膏的碳酸盐黏土	含石膏的碳酸盐黏土		
	第一次淡化期		0~19													西部	中部 ||东部	含盐黏土硼矿	B₂
																碳酸盐黏土(中含盐类夹层)	石盐(局部) || 碳酸盐黏土(中含盐类夹层)		
晚更新世晚期 (Qp₃³)	第一成盐期	上部	5~19													外带	中带	内带	中带	外带	盐类硼矿	B₁₋₂
																(缺)	石盐	石盐	石盐	泥灰石膏		
		中部														外带	中带	内带	中带	外带		B₁₋₁
																(缺)	芒硝	芒硝	芒硝	泥灰石膏		
		下部														外带	中带	内带	中带	外带		
																(缺)	芒硝	石盐(局部)白钠镁矾	芒硝	卤泥石膏		
																黏土		硼矿化			B矿化层

图 2-2 大柴旦沉积矿物生成顺序及沉积物分布规律图(据杨谦,1980 有改动)

物;柱硼镁石、钠硼解石、水方硼石、硼砂、库水硼镁石、多水硼镁石、章氏硼镁石、三方硼镁石、水碳硼石、板硼石、硬硼钙石 11 种硼酸盐矿物。其中,章氏硼镁石是由我国矿物学家曲懿华等(1957)发现的新矿物。

该盐湖硼酸盐矿物产出较多,是我国著名的硼酸盐盐湖,也是硼与芒硝共生的典型矿床之一。

大柴旦矿床除固体矿外,尚有液体矿。液体矿又分地表卤水矿和晶间卤水矿。

(1)地表卤水矿:地表卤水区呈"镰刀形",分布于矿区的北部和东部,其面积和水深受气候和周边水的控制,季节性变化明显,面积约 44km², 水深 0.2~0.7m(1985 年夏测定)。地表卤水属于硫酸镁亚型,矿化度 330~350g/L,B_2O_3 一般为 1200~1800mg/L,K^+ 一般为 770~4400mg/L,Mg^{2+} 一般为 13 000~26 000mg/L,Na^+ 一般为 87 700~87 800mg/L 等,还含较

高的 Li^+、Cl^- 等。这些组分含量与卤水浓度呈正相关。

(2)晶间卤水:赋存于盐层和黑色含盐泥灰中,其浓度、组分的变化亦基本上与地表卤水相同,然浓度和硼、锂、钾等组分含量较地表卤水为高,且随季节变化幅度较地表卤水为小。据青海省第一地质矿产勘查大队长期观测资料,石盐析出时间为3月中—9月中,芒硝析出时间为9月下旬至12月中。

2003—2005年青海省柴达木综合地质勘查大队对矿石化学沉积区 69.85km^2 开展补充勘探工作。

第二节 西藏扎仓茶卡菱镁矿-硼矿-芒硝矿床

一、位置

扎仓茶卡又名张藏茶卡、张张茶卡等,由扎仓茶卡Ⅰ湖、Ⅱ湖、Ⅲ湖构成,统称扎仓茶卡,位于阿里地区革吉县,盐湖区政府所在地为元丹鲁玛附近。藏北公路黑河—阿里(狮泉河)段从湖边经过,由湖区东到改则县城隆仁,西经革吉县城那坡可达噶尔(狮泉河),交通较为方便。

二、区域地质

扎仓茶卡湖盆位于藏北构造区西部,著名的班公湖-怒江大断裂从湖盆宽谷通过,间有北东和北西向断裂,构成本区北西西向的狭长的多级断陷盆地,由东往西依次有达热布错、别若则错、都曲湖、扎仓茶卡。在湖盆南北两侧为中低山,盆地南部相对高度为500~600m,主要为燕山晚期的花岗闪长岩,其次为侏罗系超基性岩系,大致沿北西西向的大断裂分布,断续延伸长达180km以上,宽达10~20km,此岩体南侧为早白垩世灰岩(含有孔虫)。盆地北部为海拔4500~4600m的低山区,主要由白垩世晚期的基性岩和红色碎屑岩层组成。盆地南北两侧均为多年冻土发育区。湖盆中部及南北两侧为阶梯状砂堤和侵蚀阶地分布区,最高一级为侵蚀阶地,离湖面约200m。其下多级堆积阶地和堤以及退水线环湖分布。

三、矿床地质

盐湖周围第四系分布很广,已知的成因类型有河湖相、湖相、湖相化学沉积、泉华沉积、洪积、冲积、坡积和残积等,尤以前两种类型分布最广。

盐湖由3个湖组成,自东而西分别为Ⅰ湖、Ⅱ湖和Ⅲ湖(图2-3)。Ⅰ湖面积24.5km^2,Ⅱ湖面积57.5km^2,Ⅲ湖面积32km^2。

湖盆内为新生代第四纪冲积、风积和湖积砂砾石、粉砂、黏土和盐类化学沉积覆盖。湖盆为封闭内流盆地,但无常年性河流,附近冲沟发育,依靠大气降水和地下水补给。此地泉水发育,往往以形成的小溪补给湖盆。湖盆南岸泉华呈带状分布数公里。流入扎仓茶卡湖盆的季节河—信箓藏布河水矿化度0.57g/L,pH值8.7。

自20世纪60年代到80年代,在扎仓茶卡共施钻23口,Ⅱ湖湖底沉积和阶地沉积剖面见图2-4。

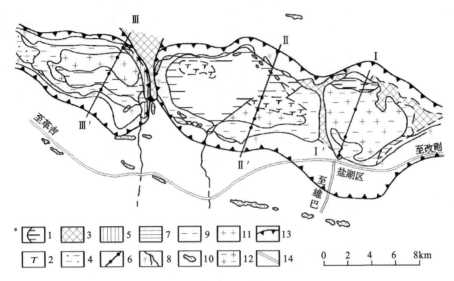

1-湖水；2-芒硝沉积；3-库水硼镁石-柱硼镁石沉积；4-含砂黏土沉积；5-柱硼镁石沉积；6-钻孔剖面；7-柱硼镁石-黏土沉积；8-河流泉；9-淤泥沉积；10-碳酸盐泉华；11-石盐沉积；12-盐泥沉积；13-湖盆阶地；14-公路。

图 2-3　扎仓茶卡（Ⅰ、Ⅱ、Ⅲ）盐湖岩相图（据郑喜玉等，1989）

湖底硼矿和芒硝矿以及菱镁矿和水菱镁矿自下而上为：

(1) 土黄色含碳酸盐黏土层，属淡—半咸水湖相沉积，构成湖底化学沉积底板。厚度大于 0.5m。沉积时代为晚更新世晚期。

(2) 黑色含盐泥灰("淤泥")，具 H_2S 臭味，常见纹层以碳酸盐和黏土为主，含少量腐殖质，细砂和分散状石膏，上部含芒硝、石盐，偶见钾石膏。含分散针柱状柱硼镁石，硼多不具有工业品位。厚 1～2m。

(3) 灰白色—灰黑色芒硝—泥灰芒硝，本层由数层至十几层中厚层状芒硝和泥灰芒硝或灰黑色芒硝泥灰构成。单层厚度 10cm～1.0m。下部含黑色泥灰较多。有的地段相变为灰黑色碳酸盐。本层一般含分散的针柱状柱硼镁石，构成规模较大的硼矿层。在本层中上部芒硝含量增加，并见团粒状钾石膏，纤状水钙芒硝沉积，顶部还可见有少量板状原生无水芒硝。总厚 1～3.7m。

(4) 石盐—不纯石盐：本层分布于常年卤水区外围，沉积较厚。在常年卤水覆盖区内，尤其在"深卤水区"，本层常缺失而直接出露芒硝层。本层含碳酸盐及黑色泥灰和芒硝等。有的地段具明显的韵律层，由 1～2cm 石盐与 0.1～0.2cm 碳酸盐层构成，共有 30 个韵律。在湖滨地带还常见钠硼解石窝状聚集体，其聚集体厚数厘米至十余厘米，长 10cm～1.0m 不等。赋存于石盐层或黑色石盐泥灰("淤泥")中。此类矿石质纯，品位较高，然分布范围局限且数量也较少。

在Ⅱ湖底层沉积中，碳酸盐中，主要由菱镁矿、水菱镁矿和文石等组成。

阶地硼矿是硼矿的重要类型。阶地硼矿，其层序由下而上为：

(1) 香灰色含碳酸盐黏土，为晚更新世晚期的产物。

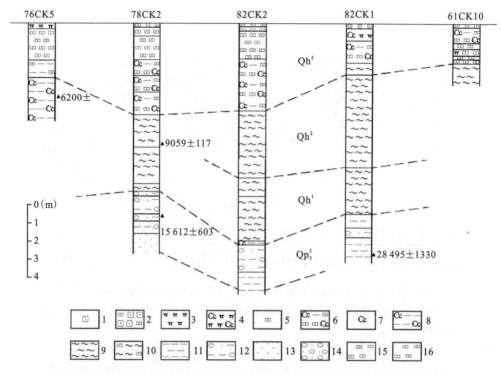

1-石盐;2-含芒硝石盐;3-柱硼镁石;4-含柱硼镁石碳酸盐黏土;5-芒硝;6-含碳酸盐黏土芒硝;7-碳酸盐;8-碳酸盐黏土;9-灰泥;10-黑色含芒硝灰泥;11-黏土;12-含砂砾黏土;13-细砂;14-砂质砾石;15-含柱硼镁石芒硝;16-含库水硼镁石芒硝。

图2-4　扎仓茶卡Ⅱ湖钻孔柱钻孔柱状对比图(据郑绵平等,1980)

(2)灰色含石膏碳酸盐黏土或黏土碳酸盐,为全新世早期的产物,主要由显微隐晶质水云母、钙镁蒙脱石、绿泥石及显微隐晶质文石、水菱镁矿等组成。

(3)库水硼镁石层,为主硼矿层底部至下部的原生硼矿物,呈砂糖状、块状集合体,常与镁碳酸盐形成极细的交替薄层。

(4)多水硼镁石透镜体。

(5)柱硼镁-库水硼镁石矿层。

(6)碳酸盐化含钠硼解石、柱硼镁石硬壳,其表面胶结大量风砂、黏土。

阶地硼矿在Ⅰ湖和Ⅱ湖主要有5个矿区,尤以Ⅰ—Ⅱ湖湖间横堤矿区规模最大,品位较高,主要矿石以库水硼镁石和柱硼镁石-库水硼镁石为主,在表层有时含钠硼解石、柱硼镁石。该类型硼矿直接出露地表,矿区地形平坦,又无含水层,便于开采,具有较大工业价值。

扎仓茶卡盐湖卤水有3种类型,即湖表卤水、晶间卤水和淤泥(碎屑)卤水。其中,以湖表卤水和晶间卤水为主。卤水矿化度210~340g/L,pH值7.5~8.0。盐湖水化学成分为硫酸盐型硫酸镁亚型。卤水化学成分见表2-1。

从表2-1中可见Ⅰ、Ⅱ、Ⅲ湖湖表卤水或晶间卤水中含有液态硫酸钠、液态氯化钠、液态硫酸钾、液态硫酸镁等矿产。从表2-2中,还可见Ⅰ、Ⅱ、Ⅲ湖湖表卤水或晶间卤水中,尤其Ⅱ湖地湖表卤水和晶间卤水中含有浓度较高的硼和锂、钾等有用组分的重要液体矿产。

表 2-1　扎仓茶卡卤水化学成分(mg/L)

盐湖		Na$^+$	K$^+$	Ca^{2+}	Mg^{2+}	Cl$^-$
Ⅰ湖	湖表	106 028.6	10 892.6	280.0	8 367.5	178 075.8
	晶间	41 677.8	9 950.2	189.9	8 524.1	85 664.0
Ⅱ湖	湖表	61 422.0	10 004.5	287.8	9 193.3	111 289.7
	晶间	17 336.5	17 539.5	116.0	12 802.8	168 985.7
Ⅲ湖	湖表	94 025.4	10 237.9	269.9	8 427.5	168 985.7
	晶间	88 023.8	15 658.0	—	13 953.0	172 271.9

盐湖		SO$_4^{2-}$	HCO$_3^-$	CO$_3^{2-}$	矿化度	pH 值
Ⅰ湖	湖表	34 797.9	230.0	—	340 980.0	7.9
	晶间	18 222.7	459.3	—	220 450.0	
Ⅱ湖	湖表	18 757.0	37.8	200.7	290 200.0	7.9
	晶间	15 466.6	359.9	—	268 230.0	
Ⅲ湖	湖表	23 744.6	250.1	—	307 900.0	7.5
	晶间	29 156.2	293.4	—	322 800.0	

注：据中国科学院盐湖研究所,1976 年 9 月。

表 2-2　扎仓茶卡卤水微量元素含量(mg/L)

盐湖		B$_2$O$_3$	Li	Br	I	Rb	Cs	U	Th
Ⅰ湖	湖表	1 369.4	504.9	105.1	0.132	9.0	1.9	—	<0.004
	晶间	1 985.0	552.9	82.3	0.021	8.44	1.83	459.3	—
Ⅱ湖	湖表	1 462.3	435.9	103.5	0.114	16.0	3.8	0.068	<0.004
	晶间	1 684.0	779.8	153.4	0.13	17.7	4.3	0.14	—
Ⅲ湖	湖表	1 209.3	799.9	93.98	0.09	16.90	4.4	0.004	<0.004
	晶间	1 684.0	1 206.8	259.4	0.27	16.97	6.83	0.016	—

盐湖		F	P	Si	As	Al	Pb	Fe	Sn
Ⅰ湖	湖表	55.88	0.87	3.90	3.15	0.11	0.22	0.85	0.01
	晶间	—	—	1.50	—	—	—	—	—
Ⅱ湖	湖表	61.79	1.13	6.15	2.6	0.009	0.001	0.48	0.011
	晶间	—	—	—	—	—	—	—	—
Ⅲ湖	湖表	18.45	0.87	2.2	1.7	0.11	0.018	0.46	0.016
	晶间	—	—	—	—	—	—	—	—

续表 2-2

盐湖		Cr	Mn	Ni	Mo	V	Ti	Cu	As
Ⅰ湖	湖表	0.021	0.027	0.019	0.052	0.007	0.008	0.067	0.000 8
	晶间	—	—	—	—	—	—	—	—
Ⅱ湖	湖表	<0.004	0.01	<0.003	0.008	0.018	0.007	0.03	0.002 8
	晶间	—	—	—	—	—	—	—	—
Ⅲ湖	湖表	0.006	0.027	<0.003	0.008	0.003	0.007	0.065	0.000 8
	晶间	—	—	—	—	—	—	—	—

盐湖		Zn	Hg	Sr	NO_3	NO_2	Be	Ga	La
Ⅰ湖	湖表	0.342	0.40	2.2	1.0				
	晶间	—	—	—	—				
Ⅱ湖	湖表	0.12	—	<2.0	—	0.025	0.002 5	0.12	0.05
	晶间	—	—	—	—				
Ⅲ湖	湖表								
	晶间	—	—	—	—				

盐湖		Nd	Gd	Y	Sc	Nb	W	Zr	Ba
Ⅰ湖	湖表	0.17	0.01	0.045	—	—			
	晶间								
Ⅱ湖	湖表	0.108	0.115	0.047	0.07	3.055	0.21	0.000 4	0.02
	晶间	0.013	0.22	0.05					
Ⅲ湖	湖表	—	—						
	晶间	—	—						

盐湖		Ce	Dy	Bi	Ta	Sb			
Ⅰ湖	湖表	0.086	—						
	晶间	—	—						
Ⅱ湖	湖表	0.21	0.01	<0.003	0.01	<0.002			
	晶间	0.41	—						
Ⅲ湖	湖表								
	晶间	—	—						

注：据中国科学院盐湖研究所，1976年9月。

四、盐湖资源及其开发利用

扎仓茶卡东西延伸长达40km，南北宽10～15km，总面积128.25km²，湖面海拔4400m。该湖资源分固液两种。液体矿前以述及，主要是湖表卤水，分布于3个湖中。其中，Ⅰ湖湖水面积6.25km²，水深0.05～0.15m；Ⅱ湖湖水面积36.25km²，最大水深1.2m；Ⅲ湖湖水面积

9km², 水深0.05~0.15m。湖水除普通盐类资源外，尚含丰富的Li、B、K、Bb、Cs等稀散元素，尤其Li的含量高达2120mg/L，是极有前景的盐湖卤水矿床。

固体盐类沉积资源有硼酸盐、石盐、芒硝和菱镁矿等，其中硼酸盐、石盐、芒硝、菱镁矿是该湖主要盐类资源。如前所述，硼矿分阶地硼矿、湖滨硼矿和湖底硼矿。其中，阶地硼矿形成于全新世，分布于湖区边缘和湖间阶地，是该湖的主要硼矿资源，以库水硼镁石和富水硼镁石为主，柱硼镁石和钠硼解石次之。

石盐沉积主要分布于Ⅱ湖和Ⅲ湖，Ⅱ湖分布面积7.23km²，层厚0.04m，Ⅲ湖分布面积10km²，层厚0.2m，分布于湖相沉积层顶部，均为新盐沉积。

芒硝沉积以Ⅱ湖为主，分布面积17.25km²，平均厚度4m，最大厚度6m，一般在石盐层之下，便于开发利用。

该盐湖在2001年查明Na_2SO_4资源储量121.33×10^4t，在2010年查明硼矿石资源量87.5×10^4t（B_2O_3平均品位29.24%），硼（B_2O_3）资源量26.18×10^4t。

第三节 西藏班戈湖水菱镁矿-硼砂-芒硝矿床

一、位置

西藏班戈湖由班戈Ⅰ湖、班戈Ⅱ湖和班戈Ⅲ湖组成，又名班戈错、硼砂湖，位于那曲地区班戈县多巴区境内。湖区距县城保荣镇62km，黑（河）阿（里）公路和安多—申扎公路均从湖边经过，交通比较方便。

二、区域地质

班戈湖位于藏北高原东部，海拔分别为4520m和4527m，气候带属高原亚寒带半湿润气候区。在地质构造上，它位于班公湖-怒江断裂体系之中，沿此构造带，新生代以来构造活动较为强烈。白垩纪末—第三纪（古近纪＋新近纪）初有中酸性火山岩流喷发，并有大量含硼物质析出，火山岩流构成班戈湖北部伦坡拉含硼英安岩。^{14}C测定表明，自第四纪更新世晚期（19 432±178a）至今，仍有三期温泉活动（郑绵平等，1983），前两期规模较大。在现代温泉沉积中，见有硼砂、天然碱盐华析出。研究表明，喜马拉雅山运动导致新生代火山及地热活动，为本区盐湖硼矿等矿产提供了主要物质来源。

班戈湖原为奇林湖的组成部分，于第四纪晚期由于高原湖泊发生大规模收缩、分离、解体而成。自全新世以来，西藏气候日趋干寒，而在湖中形成周期性硼酸盐和芒硝等的沉积。

三、矿床地质

班戈湖盆位于中—新生代古伦坡垃-色林错构造断陷盆地中的次一级拗陷盆地中，湖盆外围为侏罗纪、白垩纪的灰岩和泥灰岩以及第三纪（古近纪＋新近纪）砂砾岩出露。新构造运动，导致形成多级湖岸阶地，并由碳酸盐泉华沉积构成湖堤，将大的班戈湖分割成北东-南西向的3个盐湖，即班戈Ⅰ湖、班戈Ⅱ湖、班戈Ⅲ湖（图2-5）。

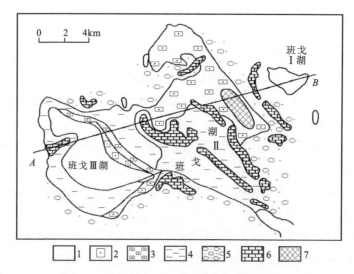

1-湖表卤水;2-石盐沉积;3-芒硝沉积;4-黏土沉积;5-砂砾石沉积;6-碳酸盐泉华沉积;7-硼砂沉积;A—B-剖面线。

图 2-5　班戈错(湖)岩相分布图(引自郑喜玉等,2002)

班戈湖总面积约为 140km², 其中, 班戈 I 湖为卤水湖, 水深 0.3~1.0m, 面积 13.6km², 海拔 4525m; 班戈 II 湖为砂下湖, 局部有芒硝和硼酸盐出露, 面积 70.13km², 海拔 4522m; 班戈 III 湖东部为湖水, 西部为芒硝沉积, 面积 56.27km², 海拔 4520m。

以班戈 II 湖为例, 湖相沉积自下而上为(郑喜玉等, 2002):

(1) 粉砂黏土沉积, 土黄色, 层状。未发现盐类矿物, 层厚 0.5m(未见底)。

(2) 碳酸盐质黏土沉积, 呈黄褐色, 层状。岩性基本与下伏岩层相似, 内含少量硼砂晶粒, 层厚 0.1~0.2m。

(3) 粉砂质黏土沉积, 土黄色, 细层状。颗粒细, 具黏结性, 层厚 0.2m。

(4) 硼砂碳酸盐黏土沉积, 浅黄色, 层状。硼砂层局部混杂芒硝层, 是该湖主要硼砂层之一, 称为第一硼砂层。厚 0.5~3.35m。

(5) 芒硝沉积, 无色或白色, 厚层状。上部质纯致密坚硬, 下部混有泥砂, 成层稳定。厚 4~6m。

(6) 硼砂黏土沉积, 浅褐色, 层状。硼砂多呈厚板状或粉砂状, 一般同粉砂黏土共生, 硼砂晶体粗大, 最大直径 3cm, 为该湖第二硼矿层。厚 0.2~0.3m。

(7) 粉砂质黏土沉积, 黄褐色, 层状。上部含有石盐、芒硝沉积。本层属于河流冲蚀和风积作用形成的现代湖相沉积物。厚 0.2~0.3m。

班戈湖底沉积由老至新为(《中国矿床》编委会, 1994; 图 2-6):

(1) 土黄色—土红色砂质黏土、黏土或砂层, 向湖滨常相变为泥砾。已揭露厚度大于 30m。本层近上部 1~3m 为暗灰黄色或暗红色, 并夹薄层芒硝。

本层构成主要化学沉积层底板, B_2O_3 含量多低于 0.2%。

(2) 黑色含芒硝泥灰层, 以黑色泥灰为主, 夹 2~3 个芒硝或无水芒硝透镜体。

①第一小层—黑色含芒硝泥灰层。此类黑色泥灰含有机质并不多, 主要由黏土和碳酸盐

下篇 矿床实例

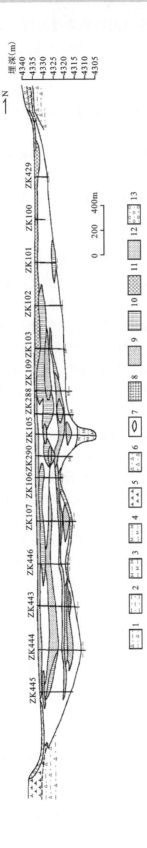

图2-6 班戈湖Ⅱ湖硼矿床剖面图

1-土红色含砂砾黏土;2-土黄色砂质黏土;3-含芒硝砂质黏土;4-芒硝细粉砂;5-水菱镁矿砂泥;6-土黄色砂砾;7-含盐复淤泥或含砂淤泥;8-无水芒硝;9-含淤泥或淤泥芒硝;10-芒硝淤泥;11-砂土一复盐或复盐晶富砂土(含硼晶富硼);12-砂土一复盐或复盐晶富砂土(无硼晶富硼);13-灰黄色细砂砾。

组成。黏土矿物以水云母为主,其次为绿泥石和蒙脱石等。碳酸盐为隐晶质方解石和菱镁矿。颗粒大小为 0.001~0.01mm。本层所含盐类矿物除大量芒硝外,还有无水芒硝、重碳钠石、水碱、硼砂以及少量的杂芒硝和原生三方硼砂等。

②第二小层—黑色泥灰-芒硝层。本层以芒硝为主,含淤泥。在上部含硼量增加,有薄层状和窝状硼砂或三方硼砂产出。泥灰成分大致与第一小层相同,除上述盐类矿物外,可见含锂菱镁矿。

(3)灰黄色—灰白色含砂土-杂盐层(碳酸盐黏土),为泥灰和"杂盐"的综合体,且越靠上部,越接近湖边,含砂量越多。主要组分为黏土、钙镁碳酸盐和"杂盐"。黏土占 15%~45%,矿物成分以水云母为主,含少量绿泥石和蒙脱石。钙镁碳酸盐主要为方解石和含锂菱镁矿。所谓"杂盐"系以芒硝,氯碳酸钠镁石为主,次为重碳酸钠石,水碱,硼砂等组成的盐类组合。厚度变化较大,自 0.5m 至 5.3m 左右,一般 2m 左右。

班戈湖硼矿包括固、液相两种硼矿。液体硼矿为含硼地表卤水和晶间卤水(包括淤泥卤水)。在"Ⅱ湖"主要为晶间卤水,Ⅰ、Ⅱ湖还有长年性地表卤水。此类硼矿还富含锂、钾等盐类。由于其含量较固体矿稳定,便于综合利用而成为重要硼矿层。

固体硼矿,总的来讲属于大型贫硼矿。大多数属于含 B_2O_3 0.25%~1.5% 的表外硼矿,仅局部夹有硼砂聚集体(俗称"硼晶"),为富矿体,但较分散,仅适于手工开采。

(1)板状硼砂。为班戈湖最早人工开采的硼砂。该硼砂晶型完整,颗粒粗大,一般长达 2~6cm,含硼量较高。一般硼矿石含 B_2O_3 33%~35%,硼晶中仅含少量泥灰或芒硝等。此类硼砂分布于Ⅱ湖的东北部。矿带长约 6km,宽 300~800m,与泥灰-杂盐层较薄地段吻合。尤以靠近湖岸一侧百余米处更加富集,从而构成一个狭长形硼矿带,称为第一硼矿带。

(2)粉状或细粉块体硼砂。此类硼矿呈灰白色不透明的块体,具半自形—自形不等粒结构,主要由 0.01~0.5mm 细板粒硼砂组成。其中分散有自形程度更好的八面体氯碳酸钠镁石,大小 0.005~0.01mm,占 5%~20% 不等。其 B_2O_3 含量较板状硼砂稍低,一般 B_2O_3 为 20%~30%。硼矿石块体大,含硼量高,开采容易,数量亦较多。它主要赋存于芒硝层或芒硝泥灰层的下部,黑色芒硝淤泥的上部。其产出深度变化亦较大,从地表数十厘米至深 5m 左右。构成"第二硼矿带"。经研究表明,此类硼矿石是在卤水骤然达到硼砂饱和浓度的盐坑中迅速晶出的。它位于湖滨浅水-极浅水带内侧的局部盐坑带中。

(3)砂糖状硼矿。此类硼矿石亦赋存于含芒硝淤泥顶部或泥灰-杂盐中,本层可能为上述两种矿石类型的附属部分,亦常呈数毫米至数厘米单独的薄层出现。品位较高,B_2O_3 含量多在 33% 左右。矿石呈灰白色—白色,半透明—透明,一般大小 0.1~1mm,颇似砂糖状,含少量分散泥灰和重碳酸钠石、天然碱等。分布于第一、二矿带中,系在浅卤水中蒸发析出的,结晶速度较粉状硼砂慢。

(4)透明块状硼砂。矿石一般赋存于埋深 2m 以下,厚达数十厘米至 1.6m。所见矿石较少,但品位最高,其 B_2O_3 含量接近于硼砂理论含量(36.51%)。矿石产于第二硼矿带中。

(5)结核状硼砂。赋存于芒硝淤泥层顶部,泥灰-杂盐层下部第一硼矿带中。矿石呈灰黄—灰白色结核,大小 10~30cm,状如瓷质。此矿分布较为零星,品位较低,B_2O_3 含量为 20%~25%。

液体硼矿:硼赋存于卤水中。卤水分为地表卤水(即湖水)和晶间卤水(可再分为狭义的晶间卤水和淤泥卤水)。班戈湖地表卤水主要分布于"Ⅲ湖",Ⅱ湖仅有季节性地表卤水,工业意义不大。

四、盐湖资源及其开发利用

该湖盐类沉积资源,达到工业开采要求的矿种有芒硝、硼酸盐(硼砂)和水菱镁矿。

芒硝矿以芒硝为主,伴生无水芒硝。表层硝分布于班戈Ⅲ湖西部,为新沉积芒硝;底层硝埋藏于班戈Ⅱ湖底部,呈薄层状或细脉状,围岩为粉砂黏土沉积,沉积厚度超过30m。

硼酸盐矿主要为硼砂,伴生有三方硼砂,分表层硼砂和底层硼砂两种类型。多呈分散状,局部富集,B_2O_3含量0.25%~1.5%,属于大型硼酸盐矿床,分布于班戈Ⅱ湖。

水菱镁矿包括菱镁矿和锂菱镁矿,分布于湖与湖中间或环湖形成湖堤(阶地)。根据郑绵平等(1989)的研究,水菱镁矿有3种沉积形式:其一,由水菱镁矿构成湖滩堆积体,产于Ⅰ级湖滩"次阶地"环湖分布,或呈次级湖盆的湖间堤坝上部或中上部的沉积物。这种沉积物在纵向上呈厚层状,其中上部多由不规则板状角砾—砾石状水菱镁矿组成。在部分地段下部呈微粒状,层纹状薄层产出,延伸不稳定,中间夹有1~2层灰色含粉末状水菱镁矿的碳酸盐黏土层,总厚度为1~7m,最厚可达15m。在底部过渡为纹层状水菱镁矿和呈灰色含水菱镁矿的碳酸盐黏土,长数十米至数千米,宽度数十米、数百米,总面积为5km²。

其二,水菱镁矿构成湖滨Ⅰ、Ⅱ、Ⅲ级沙砾堤,水菱镁矿呈磨圆度较差的砂砾和成分以灰岩为主的扁圆砾石。

其三,直接出露于现代色林错滨水下和湖底。在湖滨构成就近堆积的水菱矿砂砾堤。主要沉积物为不纯的水菱镁矿和钙质砂岩、泥灰岩等角砾。

该盐湖除固体盐类资源外,尚有液体卤水资源。液体卤水资源可分为湖表卤水(班戈Ⅰ湖和班戈Ⅲ湖)和晶间卤水(班戈Ⅱ湖和班戈Ⅲ湖),以湖表卤水为主。盐湖卤水化学类型为碳酸盐型,B、Li、Br、I、Rb、Cs等含量较高(表2-3)。

表2-3 班戈湖卤水化学成分(mg/L)

类别	矿化度	pH值	Na^+	K^+	Mg^{2+}	Ca^{2+}	Cl^-	SO_4^{2-}	HCO_3^-	CO_3^{2-}
Ⅰ湖湖表卤水	68 500	8.7	26 007.0	4 265.0	66.2	0	23 976.3	8 827.2	1 619.6	2 307.0
Ⅱ湖上晶间卤水	119 200	8.6	35 940.3	3 905.3	37.3	2.0	19 984.0	47 719.7	4 263.9	3 734.7
Ⅱ湖下晶间卤水	173 500	—	54 014.6	12 634.8	9.4	1.6	742 279.1	42 501.0	4 464.6	14 154.0
Ⅲ湖湖表卤水	221 900	8.7	62 016.7	7 842.3	55.0	0	39 711.4	905.8	12 292.1	6 649.2
Ⅲ湖晶间卤水	237 500	—	71 019.2	14 424.4	96.8	1.8	71 510.5	50 666.4	5 638.8	9 260.9

类别	B_2O_3	Li	Br	I	Rb	Cs	U	Sr	Si
Ⅰ湖湖表卤水	1 332.1	104.0	1.50	0.162	2.00	—	0.56	<1.0	0.60
Ⅱ湖上晶间卤水	1 576.8	—						8.00	
Ⅱ湖下晶间卤水	3 580.6	245.0	61.50	0.21	7.45	<0.05	2.29	<2.0	—
Ⅲ湖湖表卤水	2 737.4	127.0	43.98	0.17	4.72		1.50	<1.0	
Ⅲ湖晶间卤水	4 851.1	68.8	—						

注:据中国科学院盐湖研究所,1976年6月。

第四节 西藏郭加林湖水菱镁矿-硼-芒硝矿床

一、位置

郭加林湖,又称杜佳里湖、国加轮湖。地理坐标:88°42′10″E,32°05′20″N,地属那曲地区尼玛县。那曲—噶尔公路由湖区经过,交通比较方便。

湖区属藏北高原寒冷大陆性气候区,冬长无夏,年均气温-1℃。年降水量达200mm,年蒸发量达2400mm,光照充足,西风强劲,利于盐类的沉积。

二、区域地质

湖盆位于藏北构造区中带的班公湖-怒江构造带控制的中—新生代古伦坡拉-色林错构造断陷盆地中的次一级拗陷盆地,即郭加林错洼地。这与班戈湖的构造背景相似。郭加林错洼地边缘出露的地层有侏罗纪、白垩纪泥灰岩和第三纪(古近纪+新近纪)砂砾岩、泥岩,其构成湖堤或阶地。

三、湖区地质

郭加林湖湖盆呈东西向分布,面积80km²。湖表卤水分布面积较小,水深0.2m,湖水矿化度114.17g/L,湖水化学成分除Na^+、K^+、Ca^{2+}、Mg^{2+}、Cl^-、SO_4^{2-}、CO_3^{2-}和HCO_3^-外,尚含Li、B、Br、Rb等元素;晶间卤水为主要卤水类型,其矿化度为125.91g/L,pH值为8.8。Li、B、Br、Rb等含量均高于湖表卤水。

郭加林湖岩相沉积见图2-7。

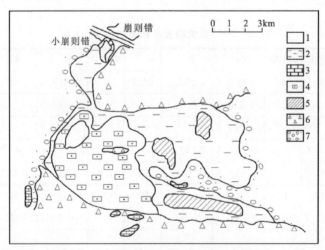

1-湖水;2-黏土沉积;3-碳酸盐泉华沉积;4-芒硝;5-前第四纪沉积岩层;6-角砾岩沉积;7-砂砾石沉积。

图2-7 郭加林湖岩相沉积图(据郑喜玉等,2002)

据中国科学院盐湖研究所1976年6月钻孔资料,郭加林湖湖相沉积自下而上简述如下:

(1)棕红色黏土沉积,呈层状,含砂粒。厚2~3m。

(2) 灰色含芒硝、硼砂黏土，呈层状。芒硝呈粒状不成层。硼砂，细粒状，成层。厚1~2m。

(3) 灰色芒硝—硼砂沉积，成层状。硼砂呈细粒状、糖粒状，芒硝含量高，可见数个沉积韵律，为该湖第二硼矿层。厚1~2m。

(4) 黑灰色层状粉砂质黏土。含细粒芒硝晶体。黏土中含碳酸质碎屑。厚2m。

(5) 灰白色黏土质芒硝、硼砂层。芒硝成层稳定，厚度大，局部出露地表。硼砂呈糖粒状、粉砂状，分布于湖区中部。厚3~5m。

该湖矿产资源与班戈湖相同，固体矿产资源有水菱镁矿、硼酸盐矿和芒硝矿。其中，水菱镁矿分布于湖区边缘，构成湖成阶地，高出湖面2~5m；泉华呈带状、锥状产出；硼酸盐矿主要组成矿物是硼砂，三方硼砂次之。从剖面可以看出，有3个含矿层位，与芒硝形成关系密切，形成于全新世；芒硝矿是该湖沉积最厚、分布最广泛的盐类矿产，层厚3~6m，一般分上部和下部两层矿，局部地段，芒硝层高出湖面1~2m，形成湖成阶地，主要组成矿物为芒硝和无水芒硝。

前已叙及，湖盆中卤水资源，包括湖表卤水和晶间卤水，属于高矿化度卤水，富含多种有用元素，如 Li、B、Br、Rb 等稀散元素，具有重要的综合利用价值。

四、盐湖资源开发利用

据郑喜玉等(2002)提供的资料，该盐湖矿物组成丰富，计有碳酸盐矿物10种——方解石、白云石、文石、水菱镁矿、菱镁矿、锂菱镁矿、氯碳钠镁石、重碳钠石、水碱、泡碱；硫酸盐矿物3种——芒硝、无水芒硝、钾芒硝；硼酸盐矿物2种——硼砂、三方硼砂；氯化物矿物——石盐。

该盐湖同西藏大部分盐湖一样，由于地处边远，交通不便，仅有少量硼砂在开采。

第五节 青海昆特依石盐-芒硝-钾盐矿床

一、位置

昆特依干盐湖位于海西蒙古族藏族自治州冷湖镇附近，地理坐标：92°45′—93°25′E，38°24′—39°20′N。湖区地处冷湖镇西侧，冷湖—茫崖公路从湖区经过，交通比较方便。

二、区域地质

柴达木盆地依据次一级构造单元，可划分为3大盐湖区，即祁连山前断块带盐湖区、盆地中部强烈坳陷带盐湖区、茫崖断陷盐湖区。昆特依盐湖就位于茫崖断陷盐湖区的北部，具体地理位置是阿尔金山与小赛什腾山交会处的西南端。

昆特依盐湖是20世纪80年代查明的大型富钾卤水盆地。现今的盐盆内分为大盐滩、大熊滩、俄博滩和钾湖4个沉积段，简称三滩一湖(图2-8)，总面积2670km²。区内含盐系地层为更新统至全新统，可划分为V-I盐层(图2-9)，其中，埋藏着丰富的同生沉积富钾卤水。而北缘带则发育次生富钾卤水(罗梅和贾疏源，1996)。

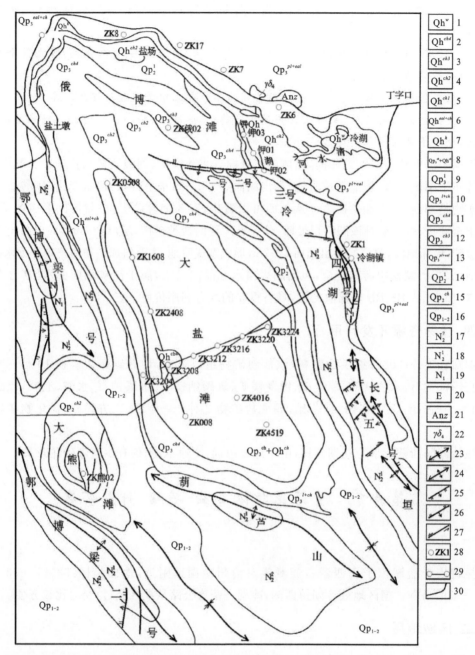

1-现代湖水；2-含光卤石粉砂黏土的石盐；3-含光卤石粉砂黏土；4-含粉砂黏土石盐；5-含芒硝黏土的石盐；6-含盐的粉砂黏土；7-粉砂细砂及淤泥；8-石盐、含黏土的石盐；9-含石膏的粉砂黏土；10-含砂土石盐及含膏砂土互层；11-含石膏粉砂黏土石盐；12-含芒硝的石盐；13-冲洪积及风积砂砾石；14-含石膏粉砂黏土；15-石盐、含粉砂黏土的石盐；16-含膏或无膏粉砂黏土及冰水沉积砂砾石；17-砂质泥岩夹砂砾岩、盐岩及石膏薄层；18-砂质泥岩及砂砾岩；19-钙质砂质泥岩与砂岩；20-砾岩、砂岩夹泥岩；21-前震旦系；22-海西期闪长花岗岩；23-向斜轴；24-背斜轴；25-正断层；26-逆断层；27-平移断层；28-钻孔及编号；29-勘探线；30-公路。

图 2-8 青海柴达木盆地昆特依盐类沉积区地质图（据胡文瑄，1984）

下 篇 矿床实例

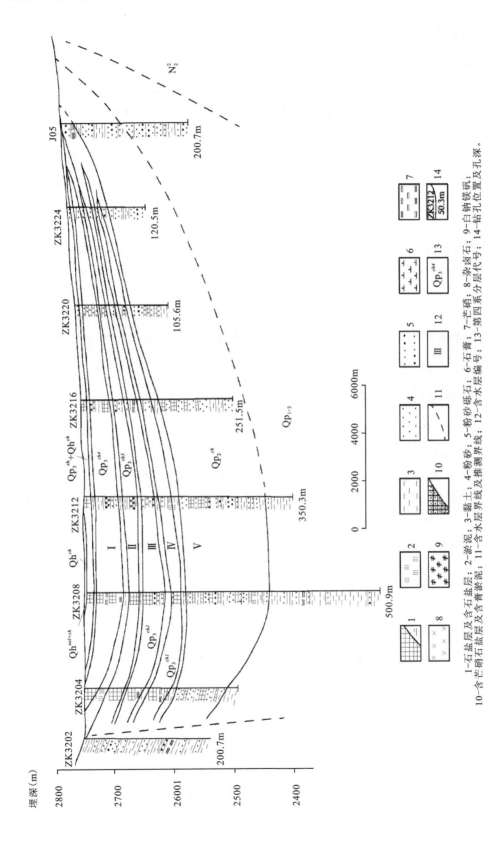

图2-9 大盐滩钾矿床32线水文地质剖面图

1-石盐层及含石盐层；2-淤泥；3-黏土；4-粉砂；5-粉砂砾石；6-石膏；7-芒硝；8-杂卤石；9-白钠镁矾；10-含芒硝石盐层及含膏淤泥；11-含水层界线及推测界线；12-含水层编号；13-第四系分层代号；14-钻孔位置及孔深。

· 101 ·

三、矿床地质

盆地内中新生代沉积在大盐滩沉积中心达 11 300m,主要由第三纪(古近纪+新近纪)陆相碎屑岩地层组成。中上新统(N_2^2)夹有少量石膏及零星石盐薄层。

第四系含盐沉积最厚达 1000 余米,但盐类沉积主要赋存于地表以下 200~300m 范围内。盐类沉积横向和纵向分带明显。横向上,自外向内可以依次分为石膏相、石膏+石盐相、芒硝+石盐相,以及石盐+光卤石相;纵向上,自下而上也可划分出石膏+石盐带、芒硝+石盐带、石盐+钾镁盐带。盐类矿物有石盐(40%)、芒硝(13%)、石膏(7%),其他矿物有光卤石、杂卤石、半水石膏、水氯镁石,零星分布的盐类矿物还有白钠镁矾、四水与六水泻盐、钙芒硝等。其中,芒硝类矿物分布于Ⅰ、Ⅱ、Ⅲ层,即晚更新世中晚期。

在盐类沉积方面"三滩"与钾湖地区有所不同。"三滩"地区自下而上盐类沉积都是由少到多,由低级向高级发展演化。而在钾湖,卤水类型则主要是氯化物型。湖底下全新统是由含有较多光卤石的氯化物类盐层构成的。

由于盐类成岩作用微弱,故富含孔隙或晶间卤水,卤水成分也具有向上和向沉积中心浓集的趋势。在地表以下 150m 是一个界限,向上卤水含 K^+,一般为 1% 左右或更高,向下一般低于 0.5%。

四、盐湖资源及其开发利用

昆特依干盐湖是具有综合性资源的盐湖。目前研究资料表明,共发现的盐类矿物有 17 种之多,其中,硫酸盐矿物有石膏、半水石膏、芒硝、无水芒硝、钙芒硝、白钠镁矾、钠镁矾、泻利盐、六水泻盐、四水泻盐、杂卤石等 11 种;氯化物矿物有石盐、钾石盐、光卤石、水氯镁石、氯氧镁铝石、南极石等 6 种。南极石是盐湖研究所李秉孝等于 1986 年发现的,这反映了该湖区具有富钙的高矿化卤水和低温的干旱气候条件。

矿产资源分固、液两种。固体盐类资源主要是石盐和芒硝,在盐滩北部以芒硝矿为主,在盐滩南部则以石盐矿为主。石盐呈层状、似层状,含量为 80%~85%,最高达 95%~99%,储量 190 亿 t,属于特大型石盐矿床。

液体矿为晶间卤水,按成因及产出环境可分为同生沉积卤水、次生(压实与溶滤)沉积卤水、油田卤水和深部来源卤水 4 种基本类型(罗梅和贾疏源,1996)。

在昆特依干盐湖东北角的干盐滩由于地下水溶蚀作用形成一个面积达 1.5km² 的新湖,水深 0.05~0.10m,水化学成分和水化学类型同昆特依干盐湖。固体盐类沉积以石盐为主,以芒硝和无水芒硝为次(郑喜玉等,2002)。

位于昆特依干盐湖东侧的冷湖镇建有盐化总厂,其以该湖产出的石盐、芒硝和晶间卤水为原料,生产盐化工系列产品,主要化工产品有石盐、精制盐、加碘盐、芒硝、元明粉、洗衣粉等。此外,利用晶间卤水滩晒光卤石,生产氯化钾等,初步估算原盐年产 2 万 t,氯化钾近万吨。20 世纪 70 年代开始生产氯化钾。2008 年,青海冷湖滨地钾盐公司已建成硫酸钾 30×10⁴t/a 的生产能力,目前已扩大为 78×10⁴t/a。

第六节 内蒙古盐海子泡碱-芒硝矿床

一、位置

盐海子地处库布齐沙漠南缘的草原—沙漠区，行政区划属内蒙古自治区伊克昭盟杭锦旗。地理坐标为：108°27′E，40°06′N。

该盐湖基本上无湖表卤水，实为干盐湖。依照 M·Γ.瓦良什科(1962)分类方法分类，其属于碳酸盐型盐湖。盐湖面积18km²，呈北东-南西向展布(图2-10)。

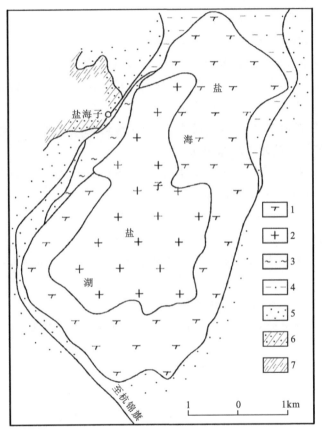

1-芒硝沉积；2-石盐沉积；3-粉砂质淤泥沉积；4-粉砂质黏土沉积；5-粉细砂沉积；6-白垩系砂泥岩；7-白垩系泥岩。

图2-10 盐海子盐湖地质略图(据郑喜玉等，1992)

二、地质概况

盐海子盐湖位于杭锦洼地北部古陶赖沟河谷低地里(郑喜玉等，1992)，湖盆呈北东-南西向展布。湖盆边缘出露灰绿色下白垩统砂岩，它也是构成湖盆基底和湖成阶地的地层，局部赋存第三系(古近系＋新近系)紫红色、土黄色砂岩和泥岩，含石膏晶体。对湖盆内地层，化学矿产地质研究院于1992年5月施工两个钻孔进行了揭露。一个孔(Ya02)布置于湖中部，另一个孔(Ya01)布置于湖东北部。Ya02孔,孔深25.80m,其中第四系厚24.50m,下白垩统砂岩仅钻进1.30m。钻孔剖面表明,该湖为一套连续沉积的碎屑岩、黏土岩、碳酸盐岩和硫酸盐的湖相沉积物,其中,含碱芒硝层约占51%。该孔是伊盟碱湖区所获岩芯最长的一个钻孔。^{14}C测年数据表明,岩芯最老年龄为23ka,这是研究盐湖成碱作用和研究晚第四纪以来古气候变化特征极为有益的资料。

现简述钻孔揭露的地层剖面(自下而上)如下:

(1)灰绿色中砂岩。含绿色泥砾(大小为2~3cm)。夹灰绿色砂泥岩薄层。该层为下白垩统,与上覆第四系为角度不整合接触。未见底,仅钻进1.30m。

(2)灰绿色含砾粗砂。厚1.12m。

(3)灰色粗砂,具斜层理。厚0.25m。

(4)绿黄色中粗砂,具水平层理。厚0.88m。

(5)灰绿色含砾石碎块之中粗砂,砾石大小2~3cm。厚0.63m。

(6)绿黑色中砂,中上部含介形类化石 *Limnocythere dubiosa* Dadey,*Candona*(?) sp. 和螺化石碎片以及植物化石碎片。厚0.25m。

(7)带绿灰色色调的黑色粉砂。间夹0.5cm厚的泥质薄层。中部含介形类化石 *L. dubiosa* Dadey 及螺化石碎片。厚2.86m。

(8)黑色泥质粉砂。中上部含介形类化石 *L. Sancti-Patricii* Brady et Robertson,*L. dubiosa* Dadey,*Candona*(?)sp. 和植物种子化石以及螺化石碎片。厚0.71m。

(9)黑色黏土。厚2.30m。^{14}C测年数据为14 571±344a。

(10)黑色含泥粉砂。底部含螺化石碎片。厚1.26m。

(11)黑色黏土。中部含螺化石碎片。顶部含虫管化石。顶部黏土矿物以伊利石为主。厚1.24m。

(12)黑色泥质粉砂夹厚5cm的褐黄色粉砂薄层。厚0.44m。

(13)黑色含芒硝含砂的黏土。在中下部为含单斜钠钙石的黏土。厚0.86m。^{14}C测年数据为8189±200a。

(14)含泥芒硝层且含晶间卤水。厚0.30m。

(15)含石盐、芒硝、泡碱的黏土。含少量天然碱。厚0.40m。

(16)含泡碱含泥芒硝层。底部为20cm厚晶质芒硝,其上为黑、白色薄层(泡碱、天然碱)芒硝互层。厚1.0m。

(17)灰白色含泡碱含无水芒硝层。无水芒硝晶体中常包裹氯碳钠镁石晶体。厚0.77m。

(18)黑色含泥芒硝层,底部含晶间卤水。厚0.80m。在距地表7.85m处,^{14}C测年数据为7929±490a。

(19)白色晶质芒硝矿层。厚0.13m。

(20)黑色含泥芒硝层。泥质含量20%~30%。厚0.45m。

(21)含泡碱含无水芒硝的芒硝矿层。碱矿物含量向顶部渐增。无水芒硝含量为15%~20%。该层矿石镜下可见含大量卤水虾粪粒化石。厚2.42m。在距地表4.75m处,^{14}C测年数据为3658±123a。

(22) 黑色含砂泥含泡碱的芒硝矿层,底部夹含芒硝的泥质薄层,中部碱矿物和石盐含量增多。在中部含泥薄层中可见单斜钠钙石产出。厚2.45m。在距地表3.06m含芒硝的黏土,^{14}C测年数据为1973±264a。

(23) 黑色含砂泥含泡碱的芒硝矿层,由底部向上碱矿物含量渐减至痕量。厚1.38m。

(24) 黄白色含砂的芒硝矿层,芒硝呈砂粒状,含量约60%。层厚0.90m。

(25) 盐壳。由芒硝和石盐组成。裸露于干盐湖湖表的是厚5~10cm的无水芒硝板状层。该盐壳厚0.7m。

三、矿床地质

盐海子盐湖是个干盐湖,基本无湖表卤水。根据 M. Г. 瓦里亚什科(1962)分类方法,将该湖划分为碳酸盐型盐湖。盐湖沉积面积18km^2,晶间卤水丰富。

盐类沉积形成于中上全新统。盐类沉积以芒硝为主,其次是泡碱沉积,含有少量天然碱,而石盐则为伴生资源。此外,尚有硼钾等伴生组分,具有综合利用价值。

盐类沉积的主要矿石类型有晶质芒硝矿石(含一定量无水芒硝)、晶质泡碱矿石(含一定量天然碱)、石盐和芒硝。盐海子主要固体矿石化学成分见表2-4。

表 2-4 盐海子盐湖固体矿石化学成分(%)

矿石类型	样品号	K$^+$	Na$^+$	Ca^{2+}	Mg^{2+}	Fe^{3+}	Fe^{2+}	SiO$_2$	Mn
晶质芒硝矿石	A001	0.009 1	13.02	0.015	0.065	0	0	0.006	0.000 7
	B002	0.041	19.36	0.092	0.010	0	0	0	0
	B010	0.012	15.28	0.019	0.089	0	0	0	0
	B011	0.011	14.17	0.014	0.028	0	0	0	0
	A004	0.014	13.64	0.020	0.054	0	0	0.013	0.000 2
晶质泡碱芒硝矿石	B016	0.085	27.94	0.16	0.46	0	0	0	0
	B015	0.058	27.52	0.08	0.60	0	0	0	0
	B009	0.054	30.15	0.38	0.38	0	0	0	0
	B008	0.042	32.83	0.12	0.26	0	0	0	0
含石盐泡碱矿石	B006	0.17	24.40	0.16	0.58	0	0	0	0
含芒硝泡碱矿石	B007	0.15	29.14	0.13	0.28	0	0	0	0
含石盐、芒硝泡碱矿石	B017	0.28	14.18	0.12	0.82	0	0	0	0

矿石类型	样品号	CO$_3^{2-}$	HCO$_3^-$	SO$_4^{2-}$	Cl$^-$	B$_2$O$_3$	Br$^-$	水不溶物
晶质芒硝矿石	A001	0.26	0.23	27.89	0.078	0	0.001 5	—
	B002	1.95	0.50	35.54	0.35	0	0	—
	B010	1.46	0.77	29.23	0.47	0	0	—
	B011	0.40	0.29	29.88	0.35	0	0	—
	A004	0.64	0.23	28.48	0.38	0.071	0	—

续表 2-4

矿石类型	样品号	CO_3^{2-}	HCO_3^-	SO_4^{2-}	Cl^-	B_2O_3	Br^-	水不溶物
晶质泡碱芒硝矿石	B016	5.78	0	46.81	2.62	0	0	15.97
	B015	6.52	0.36	47.77	1.81	0	0	15.76
	B009	9.83	0	46.18	1.78	0	0	11.34
	B008	14.01	0	45.40	1.61	0	0	6.62
含石盐泡碱矿石	B006	19.34	0.66	3.50	11.76	0	0	37.62
含芒硝泡碱矿石	B007	19.94	0.73	19.84	5.52	0	0	23.48
含石盐、芒硝泡碱矿石	B017	11.86	1.77	6.20	5.96	0	0	56.81

测试单位：化工部化学矿产地质研究院测试中心。

盐海子盐湖晶间卤水成分见表 2-5。

表 2-5 盐海子盐湖晶间卤水成分(mg/L)

Na^+	K^+	Mg^{2+}	Ca^{2+}	Cl^-	SO_4^{2-}	HCO_3^-	CO_3^{2-}	B_2O_3	Li
127 200	2487	6.2	—	131 100	43 300	1390	26 340	1191	—
Br	I	U	Th	F	As	Hg	Sr	Si	PO_4
244.6	4.38	0.5	0.04	50.44	2.20	<0.25	—	64.6	646
Se	Mn	Al	Fe	Pb	Sn	Cr	Ni	Mo	V
40.0	0.148	0.448	0.44	0.054	0.014	—	0.018	0.174	0.036
Ti	Cu	Ag	Zn	Ga	Rb	Cs	相对密度	pH	矿化度
0.209	0.080	0.080	0.330	—	0.1	0.2	1.230 0	9.5	331 824

分析单位：中国科学院青海盐湖研究所。取样日期：1983 年 7 月。

据伊克昭盟地质队资料，该湖芒硝储量 $5.062×10^7$ t，芒硝中含碱量为 35.33%～18.18%，按 $B+C_1+C_2$ 级储量计算，天然碱(泡碱)储量 $2.402\,8×10^6$ t；湖泥中含 KCl 品位 2.5%～5.19%，计算 C_2 级 KCl 储量 $2.49×10^6$ t；晶间卤水含 B_2O_3 为 1191mg/L(郑喜玉等，1992)。

第七节 新疆乌宗布拉克芒硝-硝酸钾矿床

一、位置

乌宗布拉克湖位于吐鲁番市和托克逊县境内，距库米什镇 90km。由湖区北行 120km 便道，经艾丁湖乡直达吐鲁番市区；从湖区东部的吐鲁番盐化厂，向东北沿简易公路行 150km，直达鄯善县；由托克逊盐场西行 100km，沿简易公路可抵达 314 国道，北至乌鲁木齐，南达库尔勒。车在沙漠中行进，交通不便。

二、区域地质

乌宗布拉克盐湖位于新疆哈密地区库米什山间盆地中,呈南东东向展布,北邻乔尔塔格山,南靠克孜勒塔格山,为封闭内流盆地,内流面积 1000km²,无常年性地表河流,然季节性冲沟发育,个别地段有泉水或潜水溢出。湖区气候干旱,夏日最高气温 47℃,冬天最低气温 −21℃,年均气温 5℃。年降水量 33.72mm,年蒸发量为 3330mm,为降水量的 100 倍。常刮西北风或北风,风力 3～4 级,光照充足,年日照时数为 3200～3300h,是典型的大陆性干旱气候特点。

湖盆周围地区出露的地层有志留系、泥盆系、石炭系、侏罗系以及新生界。

三、矿床地质

湖盆为中新生代山间构造断陷盆地,是在库米什山间拗陷基础上演化而来的次一级湖盆。盆内第四纪现代冲积、风积和湖积砂砾石、粉砂、黏土和盐类化学沉积覆盖(图 2-11)。盐湖面积 276km²,湖面海拔 750m,据中科院盐湖研究所钻井资料(1996 年 6 月),地层剖面,自下而上,顺序为:

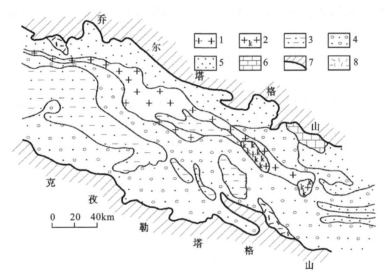

1-含砂石盐沉积;2-石盐硝酸钾盐沉积;3-粉砂黏土沉积;4-粉细砂、砂砾石沉积;5-洪积层粉细砂沉积;6-石炭纪灰岩和片岩;7-结晶灰岩、片岩、石英砂岩、石英片岩等基岩;8-黑云母钾质花岗岩、石英斑岩等。

图 2-11 乌尊布拉克湖岩相分布图(据郑喜玉等,2002)

(1)含膏粉砂黏土层,黄色,层状。上下部为砂粒且变细,中部石膏团块夹有芒硝、白钠镁矾晶粒。厚 12.20m(未见底)。

(2)粉砂石膏层,浅灰色层状。石膏晶片组成集合体,坚硬。厚 0.53m。

(3)含膏黏土层,黄褐色,层状。上部含芒硝颗粒,中部夹 0.3m 石膏薄层,无芒硝颗粒,局部石膏呈块状。厚 3.38m。

(4)芒硝层,无色,浅灰色层状。上部芒硝纯洁细粒,下部变粗,局部含砂粒,含卤水。厚4.28m。

(5)含砂石盐薄层,灰色,薄层状。石盐中普遍含粉砂。厚0.3m。

(6)石盐层,浅灰色,层状。上部为细粒石盐,中下部石盐颗粒变粗,有的形成晶形完好的巨晶,局部含粉砂。厚9.45m。

(7)盐壳或硝酸钾盐层,土褐色,似层状,上部为松散状硝酸钾盐,同石盐共生,下部是坚硬的石盐壳,含有泥砂;硝酸盐厚0.24~0.6m。

李博昀等(1994)对乌宗布拉克盐湖硝酸钾矿床作过研究,经浅坑探测,沉积剖面,自上而下为:

(1)盐壳。盐壳颜色越深含硝酸钾越高,此可作为找矿标志,盐壳微隆起,主要由石盐、钾硝石、芒硝等组成。除盐类矿物外,有相当量粉砂和黏土,可能为风携带而来。厚0.04~0.20m。

(2)含粉砂石盐层。该层也含钾硝石和少量芒硝。厚0.5~0.72m。

(3)"粉条"状石盐层。以垂直层面分布的"粉条"状石盐为特征。这表明,该层沉积后长时间裸露,经过地表水垂直淋滤。厚0.2~0.3m。

(4)石盐层。该层较稳定。石盐颗粒上细下粗,含量70%~80%,含粉砂和芒硝。厚0.6~0.7m。

(5)含石盐和石膏的淤泥层。未见底。

上述含盐剖面研究表明,含盐系是全新世中晚期的产物,而硝酸盐是全新世晚期至现代的产物。乌宗布拉克盐湖钾硝石集中分布于两个区段,其一为盐湖中段即托克逊盐场东约3km的低洼处,面积约5km²;其二为盐湖东部南缘,面积约2km²。

含钾硝石矿石类型主要有两种:一种是盐壳型钾硝石矿石,它是主要的矿石类型。这种类型又可根据其胶结的程度分为坚硬的和松散的两个亚种。另一种是盐壳之下石盐质钾硝石矿石,含一定量的粉砂。

钾硝石矿石中含3种类型的盐类矿物,即氯化物、硫酸盐和硝酸盐。氯化物中有石盐和少量钾盐;硫酸盐中有芒硝、无水芒硝、石膏,少量钙芒硝、钾石膏、钾明矾等;硝酸盐有钾硝石、钠硝石、钠硝矾、水硝碱镁矾(Humberstonite)。除盐类矿物外,尚含碎屑矿物石英、玉髓、水云母、绿泥石、伊利石、高岭石等。

钾硝石矿石化学成分含量见表2-6。

表2-6 乌宗布拉克硝酸钾矿床矿石化学成分(%)

矿石类型		Ca^{2+}	Mg^{2+}	K^+	Na^+	SO_4^{2-}	Cl^-	NO_3^-	I^-
盐壳型钾硝石矿石	最小值	1.13	0.03	0.47	4.27	2.60	10.78	0.09	0
	最大值	3.57	2.13	6.39	23.56	15.89	40.21	12.94	0
	平均值(53件)	2.08	0.86	2.82	13.47	8.02	20.82	3.10	0

续表 2-6

矿石类型		Ca^{2+}	Mg^{2+}	K^+	Na^+	SO_4^{2-}	Cl^-	NO_3^-	I^-
石盐质钾硝石矿石	最小值	0.54	0.06	0.08	6.30	2.65	13.64	0.00	0
	最大值	2.47	2.21	6.18	34.13	19.06	49.50	6.98	0
	平均值（53件）	1.70	0.65	1.69	25	7.95	37.57	0.86	0

注：据李博昀等，1994，略有改动。

从表 2-6 中可以看出，盐壳中 K^+ 和 NO_3^- 含量均较盐壳之下的石盐质钾硝石矿石高，Na^+ 和 Cl^- 含量正好相反，SO_4^{2-} 含量变化不大，Ca^{2+}、Mg^{2+} 含量由上向下略有降低。

该湖卤水为晶间卤水，其卤水成分见表 2-7。

表 2-7　乌尊布拉克湖晶间卤水成分（mg/L）

类别	Na^+	K^+	Ca^{2+}	Mg^{2+}	Cl^-	SO_4^{2-}	HCO_3^-	CO_3^-
西部	17 292.32	13 856	2853	74 276	238 790	1358	348.6	—
东部	13 688.51	21 143	1082	69 802	247 930	4034	846.7	
类别	B	Li	Br	I	P	NO_2^-	NO_3^-	As
西部	6.131 2	8.749 1	2533	80.4	5.469 4	200	1633	0.05
东部	10.481 7	5.530 8	930	307.5	6.438 3	440	3400	0.04
类别	Zn	Al	Ni	Ti	Fe	Mn	Si	Cr
西部	0.054 4	1.492 1	0.309 3	0.044 1	0.407 8	0.121 7	4.659 4	1.036 8
东部	0.056 9	6.644	0.242 1	—	0.399 3	0.121 9	3.776 8	1.032 8
类别	Hg	V	Sr	U	Th			
西部	—	0.306 7	10.166 8	—	—			
东部	0.37	0.719 1	8.571 7	—	—			

注：中国科学院盐湖研究所，1989 年 11 月。

晶间卤水赋存于石盐和芒硝层中。石盐层晶间卤水分布面积约 $200km^2$。本层卤水中 K^+ 和 NO_3^-、NO_2^- 含量较高，均达到工业开发要求，是滩晒硝酸钾的主要卤水资源。

四、盐湖资源开发利用

该盐湖具有固、液两种矿产资源，其中，固体矿产中的硝酸钾具有重要开发远景，一是提取钾，作为农用钾肥原料，一是供医药用硝酸钾。

据新疆地质矿产局资料，该湖石盐储量为 7.99 亿 t、芒硝 3800 万 t、硝酸钾盐 4.99 万 t。

盐湖建有 3 个盐场，分别是西部托克逊盐场、中部鄯善盐场、东部吐鲁番盐化厂，主要开采表层石盐，在表层利用机械挖泡渠，生产再生盐和洗涤盐，其中托克逊盐场修筑盐田，利用晶间卤水滩晒盐，年产规模十余万吨，产品有原盐、再生盐、洗涤盐、精制盐和加碘盐等系列产品，鄯善化工厂已开始用该湖硝酸钾原矿加工生产硝酸钾及其他化工产品。

第八节　内蒙古哈登贺少湖含钾石膏芒硝-白钠镁矾矿床

一、位置

哈登贺少湖，又名哈达贺休湖，位于阿拉善盟额济纳旗达来呼布镇东南部。坐汽车从达来呼布镇沿边境公路东行80km向南拐即达湖区。

二、区域地质

盐湖分布于巴丹吉林沙漠之中，湖盆为中新生代构造断陷盆地。由于新构造运动影响，湖盆产生不均匀抬升或隆起，形成不同规模的丘间台地或盐丘，边缘为第四纪浅灰色、灰绿色风积粉细砂、粉砂黏土和石盐、芒硝等盐类沉积覆盖（郑喜玉等，2002）。

三、盐湖地质

盐湖面积80km^2，湖面海拔1000m。盐湖无湖水为干盐湖，局部为粉细砂沉积掩盖的砂下湖，局部含砂石盐、芒硝岩层露出地表。

湖区气候干燥，年平均气温3～5℃；年降水量不足30mm，年蒸发量3000～3500mm；年日照时数达3500h；全年有一半时间刮西北风，尤其秋冬季，风速4.4m/s，最大风速34m/s，几乎天天刮风，为干旱气候区。

已揭示的盐湖湖相沉积剖面（郑喜玉等，2002），自下而上分别为：

(1)含芒硝的白钠镁矾沉积，浅黄色，薄层状或似层状。以白钠镁矾为主，芒硝次之，含粉砂。厚0.4m。

(2)芒硝沉积，灰白色，层状，内含白钠镁矾。厚0.6m。

(3)白钠镁矾沉积，浅灰色，层状，内含芒硝晶体。厚1.5m。

(4)含芒硝的白钠镁矾沉积，浅黄色，似层状。厚0.4m。

(5)粉细砂沉积，土黄色，土丘状，为沙漠沉积，局部含盐粒，覆盖在石盐、芒硝层中。

该湖盐类沉积有芒硝、白钠镁矾、钾石膏和石盐等。盐类矿石（含芒硝、白钠镁矾、钾石膏等）化学成分见表2-8。

表2-8　哈登贺少湖芒硝矿石化学成分（%）

样号	Na$^+$	K$^+$	Mg^{2+}	Ca^{2+}	Cl$^-$	SO$_4^{2-}$	H$_2$O	Li	水不溶物	总盐量
A1	29.94	0.033	0.70	0.02	0.11	64.35	10.01	0.03	0.32	98.90
A2	16.61	0.067	6.50	0.75	0.07	60.43	16.22	0.03	0.27	100.95
A3	16.63	0.068	6.63	0.06	0.07	61.35	14.02	0.03	0.24	99.10

注：中国科学院盐湖研究所，1985年9月。

1987年内蒙古自治区地质局一〇八地质队对该区进行了详细地质普查，并于同年12月提交了普查地质报告，求得芒硝矿石储量C+D级914.81×10^{4}t，合算Na$_2$SO$_4$储量435.92×10^{4}t。

第三章 内蒙古达拉特旗第四纪砂下湖型芒硝矿床

第一节 地理及大地构造位置

该矿床是内蒙古 104 水文地质队于 1979 年发现的,并 1986 年普查,1990 年详查。矿床位于包头市东河区和伊盟达旗大树湾乡等地一带,跨越黄河两岸(图 3-1),面积约 450km²。矿区范围地势平坦,交通方便,京包和包神两条铁路均从此地通过。

矿床所处大地构造位置是华北地台内蒙地轴南缘,矿区处于黄河断陷盆地之中。黄河断陷盆地之北为大青山台拗,南部为伊盟隆起。

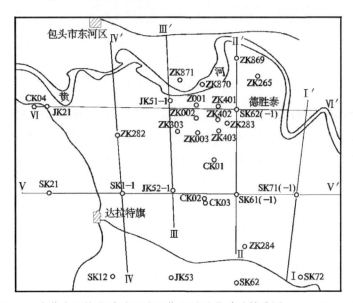

图 3-1 内蒙古达旗芒硝矿区地理位置及见芒硝矿钻孔图(据田孝先,1993)

第二节 区域地质概况

矿区所处的黄河断陷盆地是新近纪形成的一个规模较大的断裂带。该断裂带在现今地貌上表现为东西向展布的盆地,即河套盆地。据地质考察和物探资料,盆地南北缘均分布有东西向深大断裂带,该组断裂的继承性活动,使盆地发生南部沉降幅度小于北部的差异,于是沉积了北厚南薄的第四系,进而控制成盐盆地的发育和分区。盆地内可划分为北部凹陷区、西部断块区、南部斜坡区3个区(图3-2)。

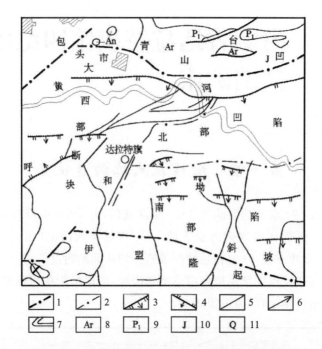

1-隆起与凹陷的界线;2-次一级构造单元的界线;3-正断层;4-逆断层;5、6-不明性质的断层或符号;7-河流;8-太古宇;9-下二叠统;10-侏罗系;11-第四系。

图3-2 内蒙古达旗芒硝矿区基底构造纲要图(据田孝先,1993)

芒硝矿层赋存于北部凹陷区下更新统湖相沉积层中,矿层埋深117.87~225.64m。

矿区外围地层发育齐全,前寒武系和古生界主要出露在大青山北部地区,中生界广布于南部伊盟隆起区,新生界发育于断陷盆地及盆地边缘区。现由新到老简述地层如下。

第四系:主要分布在盆地及盆地边缘区,边缘区以冲、洪积为主;盆地中以湖相沉积为主,厚度最大可达300m。

古近系+新近系:仅发育上新统,分布于唐公梁、蒴亥图、白石头井、马场壕、布尔陶亥一带,呈东西向展布。下部为土红色或灰白色、灰黄色砾岩,中部为黄色含砾砂岩,上部为紫红色或土红色砂质泥岩,含钙质粉砂质团块,厚40余米,超覆不整合于下白垩统东胜组之上,含三趾马、羚羊、乳齿象、大唇犀等化石。

白垩系:主要分布在南部伊盟隆起区,缺失上白垩统。下白垩统东胜组分两个岩性段:第一岩性段由姜黄色、黄绿色、土红色等杂色砾岩夹含砾砂岩、砂质泥岩及砂砾岩组成;第二岩性段由灰绿色、土红色、灰黄色粉细砂岩夹泥质粉砂岩、薄层泥灰岩及钙质结核薄层组成。

侏罗系:可见下统和中统。下统为五当沟组和延安组。前者为石英砂岩、变质砂砾岩夹煤层;后者为砂砾岩、泥岩夹煤层。中统为直罗组,由姜黄色—黄绿色砂岩、紫红色砂质泥岩夹薄层煤组成。

三叠系:下统和尚沟组,由灰黄绿色厚层含砾砂岩夹紫红色厚层粉砂质泥岩组成;中统二马营组,由砂岩夹泥岩组成;上统延长组,由含砾砂岩夹泥岩组成。

二叠系:下统大红山组由凝灰岩和玄武岩组成;中—下统杂怀沟组和石叶湾组由板岩、泥岩和砂砾岩组成,夹煤线;上统脑巴沟组,由泥质粉砂岩和变质砂岩组成。

石炭系:上统为太原组和拴马桩组。前者以砾岩、砂岩和黏土岩为主,夹煤层;后者以灰白色砾岩、砂岩、碳质板岩为主,缺失中、下统(本区缺失志留系、泥盆系)。

奥陶系:缺失上统,岩性以灰岩为主,夹板岩和砂岩,分布范围同寒武系。

寒武系:下部以变质板状粉砂岩和变质含砾石英砂岩为主;中、上部以灰岩和变质板状粉砂岩为主,夹砾岩和生物碎屑灰岩。主要出露于大青山区,分布面积不大。

震旦系:主要出露于大青山区,分布面积不大。以石英砂岩和大理岩为主,夹薄层菱铁矿。

太古宇:广泛出露于大青山地区,以紫苏花岗混合片麻岩、角闪斜长二辉麻粒岩、黑云斜长片麻岩、石榴黑云斜长片麻岩为主。局部地区,地面10m以下为黑云母角闪斜长片麻岩和花岗片麻岩。

第三节 矿区地质及矿床地质

一、矿区地层

矿区第四系特别发育。运用古地磁热释光和^{14}C等方法对晚新生代地层进行研究,对第四纪地层进行划分和对比(闵隆瑞等,1995)。自新至老,简述如下。

全新世包头组:岩性以黄色粉砂质黏土为主,浅棕黄色黏土、土灰色黏土质粉砂等次之。粉砂质黏土,时可见水平层理。有的黏土具可塑性,可搓成细条,局部含有黑色碳质斑点及蓝色条纹。本组顶部常见1m到数米厚的土黄色粉细砂。孢粉组合以草本植物占优势,含量84%～87%,主要为蒿属、黎科、菊科等;木本植物较少,主要为松、麻黄、桦、栎、榉等属。本组在矿区分布较广,大部分钻孔中都有赋存,与下伏达拉特旗组呈整合接触。本组厚数米至15m。

晚更新世—中更新世达拉特旗组:岩性以土灰色—青灰色粉砂、细砂、中细砂为主,夹土黄色粉砂质黏土,局部含小砾石和粗砂,底部可见有芒硝析出。本组上部所夹粉砂质黏土层中含有腹足类化石。孢粉组合以草本植物为主,占74%～97%,主要为蒿属、黎科,其次为禾木科、菊科、莎草科;木本植物含量较低,主要为云杉、松、桦等属。本组分布广泛,钻孔中都有见及,底界深度数十米至120m。结合古地磁资料,本组底界年龄应在0.19～0.73Ma。

中更新世—早更新德胜泰组:岩性主要为青灰色粉细砂与土黄色—灰色粉砂质黏土不等厚互层;上部粉细砂层多于砂质黏土层;下部砂质黏土层多于粉细砂层。砂层主要成分为长石、石英及云母等,呈松散状,分选中等,局部含粗砂、细砾,砂层表面有大量芒硝析出。粉砂质黏土层具水平层理,局部见小波痕层理,含碳质高。本组孢粉组合以草本为主,占58.4%～89.5%,主要为蒿属、黎科,其次为禾草、黑三棱、十字花、菊等科属。木本植物明显增多,占10.4%～41.6%,主要为云杉、冷杉、松、麻黄、蒺藜、榆、桦等科属。本组典型钻孔剖面见于德胜泰地区,底界最大深度为 180~200m。据古地磁资料,本组底界年龄可能为留尼昂开始的时间,即 2.04Ma 左右,与下伏地层整合接触。厚数十米至 90m。

早更新世—上新世河套组:岩性主要为灰绿色、青灰色、黑色、灰色粉砂质黏土夹数层芒硝矿。粉砂质黏土层具水平层理,含钙高,呈半固结状。颜色较暗,富含有机质。芒硝矿分为 3 个矿段,即Ⅰ、Ⅱ矿段以厚层状灰白色、白色、灰黑色晶质芒硝沉积为主,其间夹薄层褐色、灰绿色、黑色粉砂质黏土。其中,Ⅰ矿段芒硝矿层顶板具龟裂厚 5~15cm,并发育垂直裂隙,芒硝充填其中;Ⅲ矿段以灰白色、灰黑色晶质芒硝为主,夹薄层黑色粉砂质黏土,层位稳定。本组孢粉仍以草本植物为主,含量变化大,占 8.3%~97%,一般为 70%~95%,主要为蒿属、黎科,其次为禾本、菊、石竹、毛茛及十字花等科。木本植物以松、麻黄、云杉为主,其次为铁杉、桦、蒺藜、榆、栎等科属。本组底板最大埋深 300m 左右,厚 100m 左右。据古地磁资料本组底界年龄为 3.4Ma 左右。

矿区施钻并见矿 20 余个钻孔,其中 ZK002 孔位于盆地沉降中心地带,厚度大,沉积连续,是矿区第四系的典型剖面。此孔总厚 296.20m,现自上而下记述如下(闵隆瑞等,1995)。

(1)灰绿色、青灰色粉细砂。在 3.86~4.10m 间为含粉砂质黏土,呈土黄色,具可塑性。厚 30.42m。

(2)灰色粉砂质黏土,具可塑性。含有机质,含碳屑。在深 34.2m 处黑色淤泥中取样,^{14}C 年龄为 22 680±700a。本层厚 6.59m。

(3)青灰色、灰绿色粉细砂。呈松散状,分选中等,主要成分为长石、石英和云母等。局部夹薄层粉砂质黏土。厚 43.3m。

(4)土黄色粉砂质黏土。具可塑性,含炭屑。厚 2.7m。

(5)青灰色粉细砂。表面有芒硝析出。厚 26.07m。

(6)灰色粉砂碳质黏土,含碳质。碳质呈星点状分布,具可塑性。厚 2.56m。

(7)青灰色粉细砂。厚 2.02m。

(8)灰色粉砂质黏土。厚 1.63m。

(9)青灰色粉细砂。厚 11.49m。

(10)灰色含碳粉砂质黏土。微薄层状水平层理发育。厚 5.96m。

(11)青灰色粉细砂。厚 5.96m。

(12)土黄色粉砂质黏土,具可塑性。主要成分为长石和黏土等。厚 5.04m。

(13)青灰色粉细砂,分选中等。主要成分为长石、石英和云母等。厚 17.68m。

(14)青灰色黏土质粉细砂,手捻易碎。局部夹薄层状粉砂质黏土,含植物碎片,其呈微薄层(厚 0.5mm 左右)状产出。厚 12.62m。

(15)青灰色粉砂质黏土。厚 0.95m。

(16)灰色黏土质粉细砂。厚 0.60m。

(17)灰色粉砂质黏土夹薄层黏土质细砂。水平层理发育,含植物碎片,碳质呈星点状分布,厚 0.5mm 的微薄层状可见,具可塑性。厚 17.36m。

(18)灰色黏土质粉细砂。厚 1.59m。

(19)青灰色、黑色、灰绿色粉砂质黏土的互层。微薄层状水平层理发育,具可塑性,主要成分有黏土、长石、石英等,黑色粉砂质黏土富含碳质,味臭。木本有云杉、松、柳属、胡桃属、枫杨属、榉属等,其花粉含量为3.4%～16.2%;草本植物蒿属占优势,藜科次之,草本植物花粉占87.8%～96.6%,属干冷的气候。厚13.77m。

(20)灰黑色晶质芒硝。厚0.20m。

(21)黑色粉砂质黏土。富含碳质,味臭,具可塑性。厚2.35m。

(22)灰黑色晶质芒硝,致密块状,半透明,性脆,含有机质,夹1mm厚的夹层有40层之多。厚2.59m。

(23)黑色粉砂质黏土。富含碳质、钙质,味臭,具可塑性。厚0.27m。

(24)灰黑色晶质芒硝。厚1.39m。

(25)黑色粉砂质黏土,富含碳质、钙质,味臭,具可塑性。厚0.28m。

(26)灰黑色晶质芒硝。厚0.19m。

(27)黑色与灰绿色粉砂质黏土互层。微细水平层理发育。富含碳质、钙质,局部含植物碎片,具可塑性。厚30.92m。

(28)白色晶质芒硝。厚1.74m。

(29)灰绿色粉砂质黏土。厚0.26m。

(30)白色晶质芒硝。厚1.16m。

(31)黑色、灰绿色粉砂质黏土。厚2.28m。

(32)灰黑色粒状晶质芒硝。厚1.93m。

(33)黑色粉砂质黏土。含芒硝颗粒,味臭。厚0.22m。

(34)灰黑色晶质芒硝。厚0.68m。

(35)灰黑色粉砂质黏土。含芒硝颗粒,味臭。厚0.20m。

(36)灰黑色、灰白色及灰黄色粒状晶质芒硝。厚4.62m。

(37)灰绿色粉砂质黏土。厚0.60m。

(38)灰白色、灰黄色粒状晶质芒硝。厚1.23m。

(39)灰绿色砂质黏土,含芒硝颗粒。厚0.49m。

(40)灰白色、灰黄色粒状晶质芒硝。厚2.25m。

(41)灰绿色粉砂质黏土,味臭。厚0.30m。

(42)灰白色—灰黄色粒状晶质芒硝夹薄层灰绿色粉砂质黏土,其中含芒硝颗粒。厚5.69m。

(43)黑色粉砂质黏土。厚3.87m。

(44)灰黑色粒状晶质芒硝。厚2.60m。

(45)黑色粉砂质黏土,富含碳质,味臭。厚0.66m。

(46)灰黑色粒状晶质芒硝。厚0.68m。

(47)灰绿色粉砂质黏土,薄层状层理发育。厚0.28m。

(48)灰白色粒状晶质芒硝。厚1.01m。

(49)灰绿色、黑色粉砂质黏土薄层呈互层状,主要成分为黏土、长石、石英等,富含碳质,具可塑性,味臭。厚10.11m。该钻孔共含15层芒硝,最薄20cm,最厚5.69m,一般1m左右。

根据该孔和 ZK402 孔系统采集 230 个样品作古地磁测量,测量结果表明,孔深约 300m,其地层年龄应大于 3Ma(或 3.4Ma 左右),为第四纪界限。而本区芒硝矿开始沉积的时间也为 3.4Ma。该时期正是全球气候普遍变冷,北半球大陆冰盖开始形成的时代。依据古地磁测量资料并采用距今 10ka、0.2Ma 和 1Ma 作为全新世、晚更新世、中更新世及早更新世的界限。如此算来,本区芒硝矿的 3 个矿段,由第Ⅰ矿段形成的时期 3.4Ma,到第Ⅲ矿段结束的时期 2.179Ma,芒硝矿的形成时间延续了约 1.3Ma。

二、矿床地质

该矿床矿层厚度大,埋深较浅,品质优良,是世界罕见的特大型优良芒硝矿。芒硝矿分布面积大,从平面看,呈东西展布的似椭圆状,长轴约 30km,短轴约 20km,盆地含矿面积约 450km^2。

(一)矿段的成分及空间分布

从剖面上来看,可将含矿层自下而上划分为 3 个矿段(图 3-3)。第Ⅰ矿段,平均厚度 25.5m,矿层顶板埋深为 236.32~272.78m。该矿段夹层较多,大于 0.5cm 的夹层有 8~34 层,夹层为含钙质、白云质粉砂黏土。芒硝矿石湿基 Na_2SO_4 含量为 34.4%~22.1%,品位变化系数为 11.8%。

第Ⅱ矿段,矿层厚 1~7.12m,平均厚度 3.38m,大于 0.5cm 的夹层仅 1~2 层。矿石 Na_2SO_4 含量为 43.49%~27.49%(湿基),品位变化系数为 13.2%。矿层顶板埋深 227.48~265.05m。

第Ⅲ矿段,矿层厚度 3.06~8.72m,平均厚度 4.26m。矿石平均含量(湿基)Na_2SO_4 含量为 34.97%,品位变化系数为 14.1%。顶板埋深 117.87~225.69m。矿层结构简单,大于 0.5cm 的夹层有 1~4 层,最多达 7 层。

图 3-4 为 V-V′测线岩性柱状对比图,从图中可以看出,5 个钻孔中,Ⅰ、Ⅱ、Ⅲ矿段厚度变化不大,较稳定。

Ⅰ矿段等厚线详见图 3-5,Ⅰ矿段是盆地最早沉积的芒硝矿层,厚度大,分布稳定。矿段呈现中心厚向四周变薄的趋势。从图中看,盆地沉降中心与卤水浓缩中心一致,在德胜泰至乔来圪旦一线的两侧。

(二)矿石的物质组成

1. 盐类矿物

矿层中盐类矿物较简单,以芒硝为主,占 95%以上,次为无水芒硝,占 1%~2%,石膏、钙芒硝少见,苏打石偶见。芒硝:单斜晶系,自形、半自形、多呈粒状他形晶体,粒径以 0.3~0.5mm 为主。无水芒硝:斜方晶系,一般呈不规则粒状。无水芒硝和钙芒硝多见分布于卤水虾粪粒和卤水蝇粪粒化石之中呈碎屑形态出现,系卤水虾和卤水蝇幼虫进食时所捕获。石膏和苏打石的产状与无水芒硝和钙芒硝有相似之处。矿床盐类矿物简单,以芒硝占绝对优势,利于水溶开采利用。

层序	矿段	分层深度(m)	矿段厚度(m)	柱状图	层 性 描 述
1		112.34～221.40	>109.06		含钙粉砂质黏土。灰绿色、黑色互层，半固结，水平层理极发育，由黏土和白云石、方解石及石英和长石碎屑组成。黑泥灰岩薄层硫化氢臭味极重，风干后黑色变成褐红色，局部夹有泥灰岩薄层(厚2cm)，较多薄层中含有未碳化的植物根茎碎屑
2	Ⅲ矿段	116.54～224.96	1.58～8.72		芒硝矿层夹含钙粉砂黏土薄层。芒硝矿层多呈无色透明半自形晶，他形晶粒聚集成块状夹含钙粉砂黏土薄层，未固结，硫化氢臭味较重
3		144.98～256.78	19.47～35.38		含钙粉砂质黏土。灰绿色、黑色互层，岩性同层序1，较多钻孔的该层顶底板处夹有少量的1～2cm厚的芒硝薄层及分散的芒硝晶粒
4	Ⅱ矿段	151.59～261.19	0.56～8.60		芒硝矿层夹含钙粉砂黏土薄层。特征同层序2
5		157.27～263.64	1.08～9.59		灰绿色含钙粉砂黏土。岩性同层序3
6	Ⅰ矿段	167.08～290.10	0.50～29.92		芒硝层夹含钙粉砂黏土层。顶板芒硝层多有溶蚀现象或呈松散状。中、下部芒硝聚集成致密层状，沉积韵律清晰，年沉积厚度最大可达14cm；比较多的芒硝顶部有溶蚀现象。 含钙粉砂黏土层：黄绿色、灰黑色、黑色，薄至中厚层，松软未固结，多数发育水平层理；部分层中含有少量的芒硝晶粒
7		173.69～300.66			灰绿色含钙粉砂黏土层。多数钻孔在Ⅰ矿段底板以下有一层厚约10cm的泥灰岩，部分地段发育斜层理及交错层理

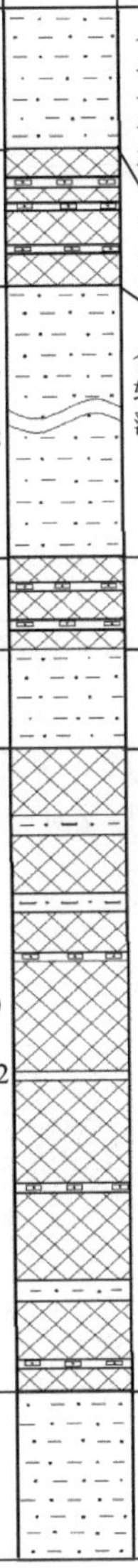

图 3-3 达拉特旗芒硝矿含矿段综合柱状图（据闵隆瑞等，1995）

2. 碳酸盐矿物——白云石、方解石

主要分布于矿层的淡化夹层和矿层顶底板中，与黏土和硅酸盐碎屑物共生。在从Ⅰ矿段向Ⅲ矿段（演化的）垂直方向上，白云石含量渐增，标志着 Mg^{2+} 含量增加。

3. 黏土矿物

计有4种矿物，主要为伊利石，占20%～35%，绿泥石和高岭石含量相当，占6%～8%，伊利石和蒙脱石混层黏土矿物，占1%～5%。

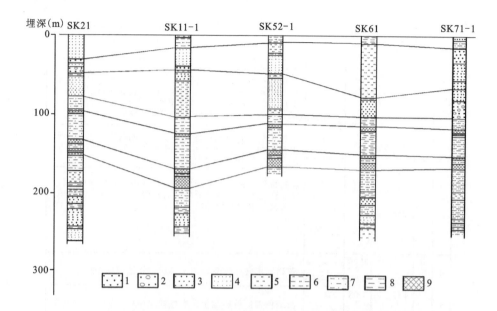

1-中粗砂；2-含砾中粗砂；3-中砂；4-细砂；5-粉砂；6-黏土质粉砂；7-砂质黏土；8-黏土；9-芒硝矿。

图 3-4　内蒙古达拉特旗芒硝矿区 V-V′测线岩性柱状对比图(据闵隆瑞等,1995)

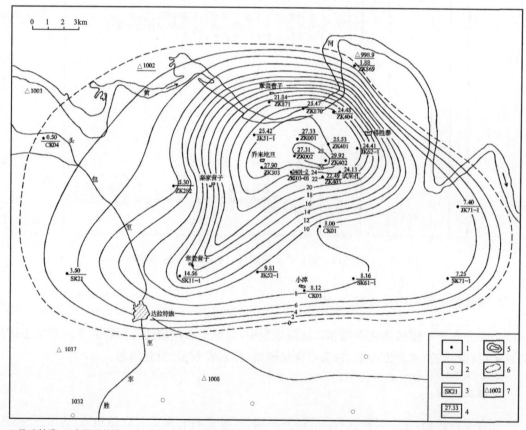

1-见矿钻孔；2-未见矿钻孔；3-钻孔编号；4-芒硝矿段厚度(m)；5-芒硝矿段等厚线；6-推测矿层边界线；7-海拔高度(m)。

图 3-5　达拉特旗芒硝矿 I 矿段等厚线图(据闵隆瑞等,1995)

4. 芒硝层中的孢粉

研究表明,芒硝矿层颜色多样,芒硝层中的微层也呈现黑色、绿色、黄色,这可能与藻类有关。黑色和白色的芒硝中含有不同的孢粉种属。例如,黑色的芒硝中含有数十个蒿、藜、菊、十字花、黑三棱的孢粉,表明是秋季形成的。又如,白色的芒硝中,含有数十粒蒿、藜、桑、松、黄麻、蔷薇的花粉,表明是春季形成的。尤其值得注意的是,在白色透明的芒硝岩芯中,在放大镜下可见呈运动状的红色卤水虾化石及卤水虾的蜕皮化石。还可见卤水蝇幼虫的蜕皮化石(或卤虫蜕皮化石)倾斜状排布成层分布。

(三)矿石的结构构造

矿石的结构的特色反映了成矿卤水中的生物卤水虾和卤水蝇的活动状况,有以下几种:①半自形不等粒状结构,在芒硝颗粒间赋存有黑色或大或小的卤虫粪粒。②他形粒状结构,粒间有卤虫粪粒化石,个别颗粒中含有卤虫化石。③花岗变晶结构,晶间常含卤虫粪粒化石,个别大晶体("脏"晶体)中含众多卤虫化石。④具卤蝇幼虫粪粒化石的不等粒结构,卤蝇幼虫粪粒化石具有机碎屑结构,其内含芒硝和无水芒硝碎屑。也有不含碎屑的黑色点状的卤蝇幼虫粪粒化石,这表明导致粪粒大小不同的卤蝇幼虫亦有大小之分。有意思的是,卤蝇幼虫粪粒中的芒硝碎屑之中还有数个小的卤虫化石。⑤具卤蝇幼虫爬痕的围生包裹结构,卤蝇幼虫爬迹穿过整个视域,表明爬迹发生于数个芒硝颗粒刚形成之初,尚处于软化阶段,然而刚形成的爬迹又被卤虫横着占据,这都表明,芒硝沉积时生物的频繁活动。黑色近四边形状者和黑色点状者以及含白色碎屑的黑色椭圆状者均为卤蝇幼虫的粪粒化石。在芒硝颗粒间黑色曲线状者为卤虫的粪粒。在视域中下部灰色芒硝颗粒中,还可见不同方向上的卤蝇幼虫爬痕。⑥浑圆状溶蚀结构,芒硝颗粒受溶蚀变为浑圆状,然芒硝颗粒中仍可见卤虫化石及其粪粒化石。

矿石的构造有以下几种:①块状及条带状构造,中部一段岩芯为块状芒硝,其内可见红色卤虫的成虫和次成虫化石,呈游浮状,大小为 3～5mm。在其块状透明无色的底部黑色条带处有黑色卤蝇,呈聚集状。②黑白相间条带状构造,深色带可能富含藻质和孢粉化石,浅色带为卤虫、卤蝇幼体蜕皮化石,已被芒硝所交代,呈假象存在。在浅色带中,蜕皮化石呈倾斜状或垂直状排列,可能卤蝇幼虫蜕皮多于卤虫蜕皮化石。这对岩芯采自 ZK001 岩芯 279m 附近。③浅色与暗色微细层状相间构造,灰绿色不含或少含有机质条带与灰黑色含有机质条带互层。浅色条带主要是由卤虫或卤蝇幼虫蜕皮化石所构成,其为芒硝所交代。此段岩芯采自 ZK001 孔岩芯 290m 附近。

(四)卤水矿

卤水赋存于Ⅰ、Ⅱ、Ⅲ固体矿层内部的碎屑夹层之中。在Ⅰ矿层碎屑夹层中赋存的卤水累计厚达 4.04～13.02m,在Ⅱ矿层碎屑夹层中赋存的卤水累计厚达 0～3.65m,Ⅲ矿层卤水累计厚达 1.3m。卤水层在水平方向上由南向北增厚,垂直方向上表现为下厚上薄。

卤水的物理性质和化学成分如下:

下部卤水（Ⅰ、Ⅱ、Ⅲ矿层组）呈棕褐色，H_2S味浓烈，现场测定为16°Bé，水温12℃，pH=8.9±0.1，TDS=158±5g/L，为CS-N型。在阴离子中Cl^-占60%，SO_4^{2-}占30%，HCO_3^-约占8%，CO_3^{2-}占2%；在阳离子中Na^+占94%，Mg^{2+}占5%；上层卤水（Ⅲ矿层组及Ⅲ矿层底板）为SC-N型，pH=9.1，TDS为40～50g/L。在阴离子中Cl^-占20%，SO_4^{2-}占60%，HCO_3^-占15%，CO_3^{2-}占4%；在阳离子中Na^+占99%。

根据卤水成分与固体芒硝成分对比和卤水$\delta^{18}O$及δD研究，推测卤水为成硝原生卤和溶硝次生卤的混合体。上部卤水以次生卤为主，下部卤水以原生卤为主（田孝先等，1993）。

第四节　矿床成因

一、构造条件

矿区位于内蒙地轴南缘，鄂尔多斯台坳的河套断陷盆地中，自中生代晚期以来，特别是新生代时期，受大青山南麓大断裂的控制，北部大青山区强烈抬升，南部河套平原大幅度下降，形成一个北陡南缓的不对称箕状断陷盆地。第四纪以来，本区仍然继续受大青山南麓大断裂活动的控制，形成一个面积为450km²的大湖盆。该湖盆在南部通过哈什拉川和罕台川等河流，从流经的中生界和第三系（古近系＋新近系）含盐碎屑岩及煤系地层中带来大量Ca^{2+}、Na^+、Mg^{2+}、CO_3^{2-}、SO_4^{2-}等组分，在西部通过河流从钙芒硝、石膏等含盐区将盐类组分带入本区。湖盆含盐系中浑圆状的石英碎屑都含有卤虫、卤蝇幼虫化石，这充分证明，原来的自生石英是产于老的含盐系地层的，只不过经过长期搬运而变为浑圆状。再者含盐系中$\delta^{34}S$可达25‰～28‰，表明硫同位素较高。

二、气候条件

进入第四纪，全球气候普遍变冷。北半球进入大冰期时代，大陆冰盖开始形成，气候总的特征是干旱、寒冷的荒漠草原环境。第Ⅰ矿段底部，孢粉资料特征是类型简单，草本植物花粉占89.7%～91.3%，木本花粉占8.75%～10.3%，木本以云杉、松属为主，阔叶木本植物稀少，表明是干冷草原型气候；第Ⅰ矿段和Ⅱ矿段间淡化层的孢粉资料显示，湖泊中生长眼子菜、狐尾藻等水生植物，周围山坡生长稀疏的阔叶木本植物，反映稀疏草原型的温凉、较干的气候；第Ⅲ矿段顶板层，木本植物花粉占3.4%～16.2%，草本植物花粉占87.8%～96.6%，木本植物松、云杉、麻黄较多，阔叶林类<1%，草本以蒿属占优，表明属干冷气候。

芒硝属于喜冷的盐类矿物，3个较纯的芒硝矿段的存在本身就反映了一种干冷的气候条件，与芒硝矿层交互出现的"淡化"层，气候条件则是相对温凉偏温的，其内细菌大量繁殖，也会有卤虫等繁生，在含钙粉砂黏土层中见植物根茎，然而，就在该黏土中见到了大量卤虫化石的印模。这种含钙粉砂黏土中富含碳质，显臭味，表明H_2S含量很高，故所谓"淡化"层中，在微生物的作用下，将还原硫最终氧化为硫酸盐，其反应式是

$$CO_2 + H_2S + O_2 + H_2O \xrightarrow{\text{细菌}} CH_2O + SO_4^{2-} + 2H^+$$

这种SO_4^{2-}遇Na反应，在干冷的气候条件下便形成了芒硝矿层。

三、生物条件

该矿床的地层、矿石矿物中存在着大量的嗜盐生物的信息量,可以这样讲,在笔者所研究的中国硫酸钠矿床中,它具有的嗜盐生物的信息量是最多的。这可能与其形成于第四纪最早的时代,和它是中国最大的纯芒硝矿有关。达拉特旗芒硝矿是生物成矿的典型范例。

达拉特旗芒硝矿普查控制面积 $450km^2$。已获得芒硝矿资源量 $68.80×10^8t$,Na_2SO_4 资源量 $23.70×10^8t$。是目前国内资源量最大的芒硝矿。

第四章 第四纪砂下湖型含芒硝(钙芒硝)复合矿床

第一节 新疆罗布泊含卤水钾盐-钙芒硝矿床

一、位置

罗布泊属于新疆维吾尔自治区巴音郭楞蒙古自治州(简称巴州)若羌县管辖,西距库尔勒市直线距离约450km,北距鄯善县城直线距离约300km。地理坐标:东经$90°00'$—$91°30'$,北纬$39°40'$—$41°20'$。

昔日罗布泊交通不便,一般进入罗布泊有4条路线:①从敦煌至玉门关、八一泉、库木库都克,再由阿其克谷地进入罗布泊;②由库尔勒经兴地、阿平里到铁板河至楼兰或由乌什塔拉经东大山到阳平里达孔雀河下游抵达罗西洼地;③吐鲁番或鄯善经底坎尔乡南行到龟背山进入洼地;④由哈密向南穿行干谷沙丘到铁矿湾和大洼地进入罗北洼地。

现进入罗布泊有一条便捷的铁路。2012年8月21日全线贯通,同年11月29日首列货车通车,全长 374.83km。铁路首起哈密南火车站,途经花园乡、南湖、沙哈、巴特、鲢鱼山、黑龙峰、多头山、东台地、罗中,直达罗布泊罗中区。

二、区域地质

罗布泊位于塔里木盆地东端。塔里木盆地是由南天山褶皱带、西昆仑褶皱带、库鲁克塔格隆起和阿尔金隆起环绕起来的菱形盆地,面积为53万 km^2。

罗布泊所在的塔里木盆地东端,属于满加尔坳陷与东南坳陷的交会处。构造活动强烈,主要表现为断裂构造发育。罗布泊地区共有大断裂16条,其中超岩石圈断裂2条,岩石圈断裂6条,壳断裂8条。这些断裂有利于深部物质向上涌入盆地。通过满加尔坳陷和东南坳陷的沟通,罗布泊可与塔里木盆地西部的和田河断陷、西南坳陷、阿瓦提坳陷及库车坳陷相连通。自第四纪以来构造运动活跃,冰川发生,致使塔里木盆地西部抬升,东部地区即罗布泊一带发生沉降,于是,罗布泊成为塔里木盆地河流及大湖水的汇集区,为多种可溶性盐类和钾盐的形成奠定了丰富的物质基础。

三、矿床地质

(一) 概况

罗布泊地区盐湖演化,根据已有资料可作简要概括:早更新世罗布泊统一大湖,淡水—微咸水和咸水环境交替出现;中更新早中期罗布泊南部淡水—微咸水和咸水环境,东北部边缘出现菱镁矿沉积,应属湖滨相产物;中更新世晚期到晚更新世,受新构造运动影响,罗布泊北部强烈抬升,罗北凹地接受了巨厚的钙芒硝沉积(图4-1)。除沉积钙芒硝外,尚有石盐、杂卤石、钠镁矾等,但以钙芒硝为主。以钙芒硝岩、石膏岩和粉砂盐岩作为储卤载体,在其裂隙中和晶体溶解空洞中发育有含钾的1个潜水层和5个承压水层,其组成罗北凹地地下水系统。罗北凹地面积$1300km^2$,是钙芒硝矿的最大产地。

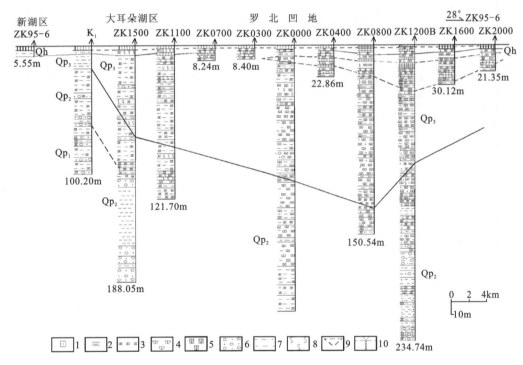

1-石盐;2-钙芒硝;3-石膏;4-白钠镁矾;5-杂卤石;6-砂细砾;7-黏土;8-淤泥;9-杂卤石分布图;10-潜水位。

图4-1 罗布泊北东-南西向地层划分及地质剖面图(据王弭力等,2001)

全新世时罗布泊湖水区已收缩成一个北东向的狭长条带,为淡水—微咸水—咸水环境,沉积黏土粉砂,局部出现石膏薄层。而罗北凹地等次盆地已完全演变为盐湖,出现大量石盐、杂卤石等盐类沉积。

从以上叙述可知,罗布泊盐湖成盐的重要时期即中更新世中晚期、晚更新世早中晚期都是钙芒硝岩形成期(图4-2~图4-4)。从图中可以看出,钙芒硝主要产出于罗北凹地。

除罗北凹地外,钙芒硝岩还产出于罗南洼地和白龙堆西侧盐滩底部盐层。此外,还产出于三龙沙和白龙堆盐丘或雅丹地形中(郑喜玉等,2002),以及罗北凹地西岸阶地等。

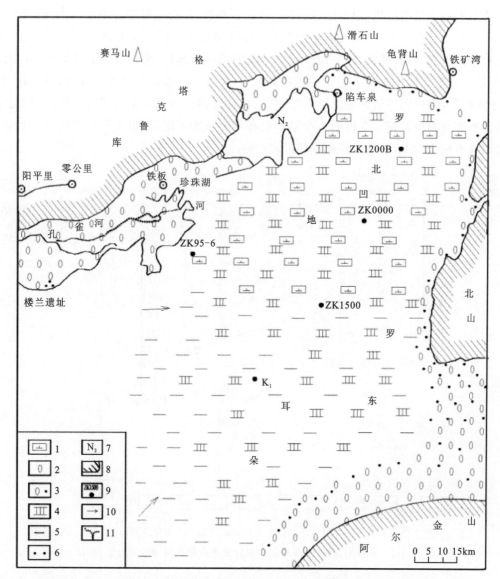

1-盐湖相钙芒硝；2-冲洪积相；3-滨湖相；4-咸水湖石膏相；5-淡水-微咸水湖相；6-河流相；7-上新统；8-新近系以前；9-钻孔；10-古水流向；11-水系。

图 4-2 中更新统上部—上更新统下部盐类矿物相分布（据王弭力等，2001）

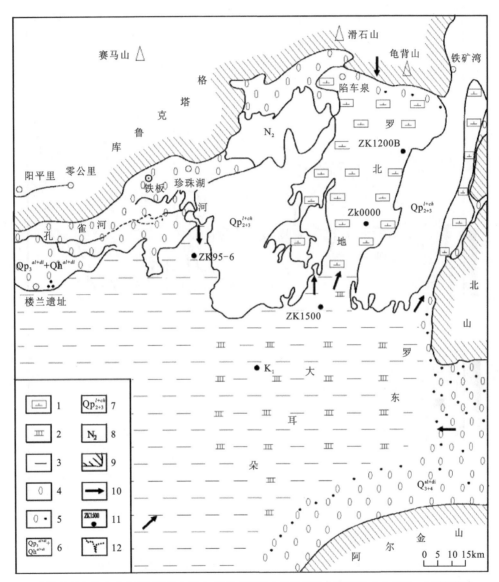

1-盐湖相钙芒硝;2-咸水湖石膏相;3-淡水-微咸水湖相;4-冲洪积相;5-滨湖相;6-全新统—上更新统冲洪积相;7-中—上更新统湖积与化学沉积;8-上新统;9-新近系以前;10-古水流向;11-钻孔;12-水系。

图 4-3 上更新统下部盐类矿物相分布(据王弭力等,2001)

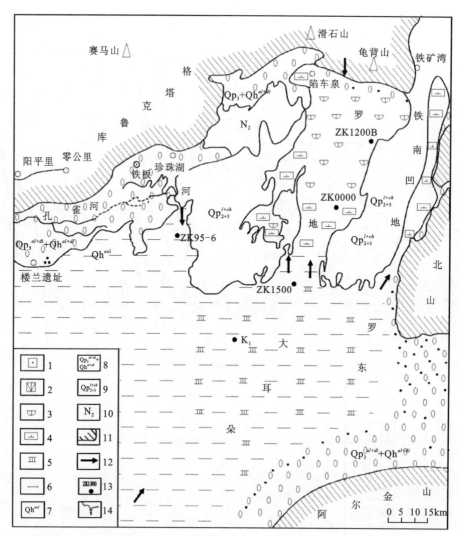

1-盐湖相石盐;2-杂卤石相;3-钠镁矾相;4-钙芒硝相;5-咸水湖相;6-淡水-微咸水湖相;7-全新统风积相;8-全新统—上更新统冲洪积相;9-中—上更新统湖积和化学沉积相;10-上新统;11-新近系以前;12-古水流相;13-钻孔;14-水系。

图 4-4 上更新统上部盐类矿物相分布图(据王弭力等,2001)

作为硫酸钠矿床的钙芒硝沉积资源丰富,储量巨大。特别值得指出的是,罗北凹地巨厚层的钙芒硝岩是液态钾盐的容矿层,该种类型的钾盐矿,在世界上都是罕见的。

罗布泊盐湖现已基本变为一个干盐湖。它不仅是钙芒硝矿的产地,还是石盐矿床、钾镁盐矿床、硝酸钾矿床、石膏矿床的产地。图4-5罗布泊地区盐类矿物分布特征,表明了罗布泊地区产出的大部分盐类矿物种类及其产出的时代和产出量的多少。

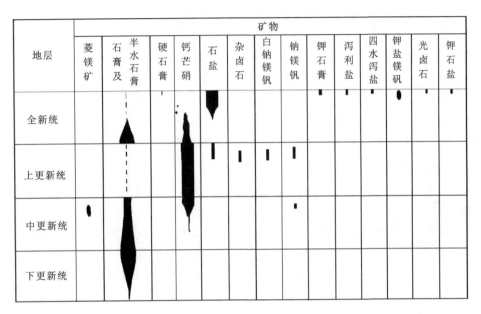

图 4-5　罗布泊地区盐类矿物分布特征(据王弭力等,2001)

(二)科钾1井(LDK01)的岩芯记录

位于罗北凹地西北部的科钾1井(LDK01)的岩芯揭示的地层资料很有价值,对研究钙芒硝矿床的纵向剖面极有意义(吕凤琳等,2015)。

该钻孔岩芯划分出全新统、上更新统新疆群、中更新统乌苏群、下更新统西域组。上述时代划分是根据岩芯^{14}C测定确定的。

钻孔岩芯从新至老记录如下。

全新统

(1)含钾含粉砂的石盐。底部是针状石膏。碎屑色深褐色、黄褐色,磨圆度好。层厚6.16m。

上更新统新疆群

(2)灰绿色含细砂半固结钙芒硝。在10m以上含有石膏,其为细、中晶体。层厚21.24m。

(3)深灰色含石膏钙芒硝粉砂质黏土和粉砂质黏土,以前者为主,有一定孔隙度。层厚6.59m。

(4)钙芒硝岩及含石膏、钙芒硝粉砂质黏土。钙芒硝晶洞发育,胶结松散。层厚16.81m。

(5)灰绿色以含石膏黏土和黏土质石膏为主,钙芒硝具一定含量。石膏呈细晶、中晶至粗晶。层厚31.7m。

(6)褐色、灰绿色钙芒硝黏土及含石膏钙芒硝黏土,有孔隙且发育。层厚17.72m。

(7)灰绿色含黏土钙芒硝岩,上部为钙芒硝质黏土。胶结较好。层厚22.68m。

(8)灰绿色含黏土钙芒硝和黏土质钙芒硝。钙芒硝结晶良好,中粗粒。层厚35.84m。

中更新统乌苏群

(9)灰绿色黏土质钙芒硝。钙芒硝中粗晶,块状构造。胶结松散。层厚4.36m。

(10)含黏土钙芒硝和石膏质黏土,以后者为主。钙芒硝菱板状。中晶,晶洞较发育,为主要储卤层。层厚44.2m。

(11)棕褐色—灰绿色黏土质石膏,上部发育钙芒硝。石膏呈自形柱状。层厚97.56m。

(12)棕褐色含石膏中粗砂质砾岩。石膏呈细晶粉晶。另外有菱镁矿和芒硝。砾石大小不等,磨圆度差。层厚37.98m。

(13)棕色和褐色中粗砂及含石膏粗砂含砾石,砾石多棱角状,大小不等。层厚54.28m。

下更新统西域组

(14)含砾石细砂到上部为中粗砂。砾石大小不等。含水层与不含水层交替出现。层厚12.86m。

(15)含石膏中细砂。从447~453m,约6m为含芒硝中砂。上部岩性潮湿为含水层。层厚70.15m。

(16)褐色和棕色黏土、粉砂和中粗砂以及含砂砾的薄层,上部含少量微晶石膏,块状易碎。层厚42.44m。

(17)红棕色粉砂、中细砂,易碎,含水性好。层厚13.65m。

(18)褐色和棕红色中砂含砾,潮湿,含水。层厚31.4m。

(19)中粗砂含砾石,顶底部粗砾磨圆度很差。含钙镁质碳酸盐和石膏。层厚76.24m。

(20)泥岩及粉砂岩为主,偶见中粗砂和含砾砂岩。其中667m处发育石膏。发育深棕色—红棕色两个沉积旋回。层厚51.6m。

(21)棕褐色砂质砾岩或砾质砂岩。粗砾可达5.5~8cm大小,磨圆度较好,呈次圆状。层厚15.89m。

(22)棕色泥岩、粉砂岩、含砾粉砂岩均有发育。碳酸盐脉状及晶洞发育。层厚49.72m。

(23)含钙含砾粗砂岩为主,碳酸盐胶结物较发育。层厚22.4m。

从以上钻孔编录中可以看到下更新统顶部即15层含石膏中细砂层中的钻孔447~453m间有6m含芒硝中砂。虽然没给出Na_2SO_4的化学分析数据,但芒硝6m之厚足可以说明盐湖已经形成了。这是过去罗北凹陷没有报道过的。因此,今后要密切注意在下更新统中寻找包括芒硝在内的盐类矿产。

四、赋存于钙芒硝岩中的液体钾盐矿——一种新类型的钾盐矿

罗布泊盐湖中的罗北凹陷在罗布泊地质平面图上形似倒置的"葫芦"。在地质剖面上呈一个"北深南浅"的箕状盆地,箕状盆地是成盐的理想盆地,这种形式的盆地是封闭性极好的。罗北凹地含液体钾矿的地层岩性是钙芒硝岩,钙芒硝岩产出于中更新统顶部到上更新统全部

至全新统。钙芒硝岩发育蜂窝状孔隙,这与钙芒硝的特点有关,钙芒硝呈菱形板状,其遇水可溶解部分,久而久之可形成蜂窝状和溶洞(孔)状裂隙,有利于含钾溶液的储集和流通。钙芒硝岩中赋存含钾盐水在国内外尚属首次,故罗北凹地的钙芒硝岩作为含钾液体矿的载体,应属于一种新类型的钾盐矿。

罗北凹地面积 1300km^2,钙芒硝发育层厚达 300 余米。储卤层结构含 1 个潜水层和 5 个主要承压层,储卤层以似层状和透镜状分布。在工程控制范围内,潜卤层平均厚度 14m,孔隙度 88.37%,卤水氯化钾平均品位 1.4%,水化学类型为硫酸镁亚型。获得罗北凹地钾盐(KCl)资源量为 2.50 亿 t,为超大型规模。2001—2005 年,在罗北凹地外围发现 4 个中型钾矿,氯化钾资源量数千万吨(王弭力等,2001)。

罗北凹地超大型钾盐矿床的卤水资源量,按 120 万 t 硫酸钾年产量计算,保守估算至少可生产 57 年(王弭力等,2006)。

第二节 青海察汗斯拉图钾盐-芒硝矿床

一、位置

察汗斯拉图干盐湖系砂下湖型钾盐-芒硝矿床,位于海西蒙古族藏族自治州茫崖行政委员会大风山附近。湖区西侧有 315 国道经过,冷湖—茫崖公路从湖区通过,交通方便。

二、区域地质

察汗斯拉图是个小的湖盆,位于柴达木盆地西北部。柴达木盆地是阿尔金山、祁连山和昆仑山围成的大盆地。盆地东部和西部有显著的差别。盆地内部也表现出东西两部分在地质构造上的不同。盆地东部是一个强烈沉降区域,盆地西部是一系列第三纪(古近纪+新近纪)地层所组成的背斜褶皱(袁见齐,1989)。察汗斯拉图湖盆就位于第三纪(古近纪+新近纪)背斜构造带上。其北邻阿尔金山山地,西接大浪滩,东连昆特依盐滩,南靠大风山,形似向南凸出的方形盐滩。湖盆形成于上新世—早更新世,同柴达木盆地的昆特依、一里坪和大浪滩相连通,为半封闭的成盐盆地;中更新世末期,受新构造运动影响,边缘隆起形成背斜构造,湖盆完全封闭,形成独立的盐湖盆地;晚更新世中晚期,受干旱气候影响,湖水进一步浓缩,导致完全干涸,形成了平坦干盐湖(沈振枢,1988)。

三、矿区地质

(一)矿区构造

察汗斯拉图盆地是在早更新世晚期或更早的构造运动中形成的。在盆地内部形成了中央拱起及其两翼平缓向斜、碱北凹地等一系列次一级褶皱构造。芒硝矿区位于盆地中部和南部,是与盆地内的构造密不可分的。

(二)矿区地质

矿区地层由老到新分别是上新统狮子沟组上部(369.28～501.10m),未见底;下更新统(180.00～369.28m);中更新统(14.98～180.00m);上更新统(0.00～14.98m)。

第四系由老至新分述如下。

下更新统

岩性为灰褐色、灰黄色、浅绿色含粉砂的黏土、灰黑色淤泥、含粉砂淤泥。其中夹灰白色、灰色含淤泥芒硝的石盐岩、含芒硝石盐岩、含石盐芒硝岩。地层中石盐含量75%,芒硝10%～50%。

中更新统

中更新统可分为下中更新统和上中更新统。

下中更新统

下中更新统根据含芒硝层情况可划分出3个沉积旋回。现自下而上叙述如下。

Ⅰ旋回:下部湖积碎屑岩层。岩性主要为黑色淤泥,其中含粉砂和石膏。局部可见含芒硝和石盐的淤泥,厚度20.62m;上部为灰白色芒硝石盐层或含芒硝淤泥的石盐层或粉砂淤泥质石盐层,层厚5.89～15.13m。

Ⅱ旋回:下部湖积碎屑层。岩性为黑色、灰黑色含粉砂的淤泥及灰褐色含粉砂的黏土,其中夹石盐薄层。层厚14.21～18.30m。上部为灰白色、灰色含石盐的芒硝层或石盐芒硝层或含粉砂淤泥的芒硝层或芒硝石盐层。芒硝含量50%～90%,石盐含量最高可达50%。层厚1.55～6.54m。一般为3.0～4.0m。下中更新统第一芒硝矿层(Ma)即产于该旋回中。

Ⅲ旋回:下部湖积碎屑层。岩性为灰褐色—褐色、灰绿色含粉砂的黏土、粉砂黏土、含粉砂的淤泥。其中,含少量石膏、石盐。并可见夹0.10～0.34m的石盐质芒硝层或含淤泥芒硝的石盐层。碎屑层厚13.40～43.72m。上部化学沉积层。岩性为灰白色、灰色芒硝层、石盐质芒硝层、含石盐的芒硝层。该层中亦见夹粉砂黏土或灰黑色含石盐淤泥层。该化学沉积层厚2.48～7.42m,一般4.10～6.61m。下中更新统第二芒硝层(Mb)即产于该旋回中。

上中更新统

根据湖积碎屑层与化学沉积层发育的特征,可划分为5个旋回,自下而上分述如下。

Ⅰ旋回:下部湖积碎屑层。岩性特征下部与中上部有所不同。下部为灰绿色、浅黄绿色、灰褐色含粉砂的黏土、黏土,靠近碱北凹地相变为黑色含粉砂的淤泥。中上部为黑色、灰黑色淤泥及含粉砂或石膏的淤泥。局部地段夹含淤泥的石盐层。本层最大厚度8.84m,一般7.25～8.30m。上部化学沉积层。岩性为灰白色含芒硝的石盐、含淤泥的石盐及含淤泥芒硝的石盐。层厚0.80～4.70m,一般3.12～4.20m。

Ⅱ旋回:下部湖积碎屑层。岩性为黑色、灰黑色、青灰色含粉砂、石膏的淤泥、含石盐的淤泥、含石盐、芒硝的淤泥,具臭味。普遍具微细层理。层厚6.39～12.64m,一般7.38～9.37m。上部化学沉积。岩性为灰白色含芒硝淤泥的石盐、具芒硝质石盐岩,石盐含量70%～80%,芒硝含量10%～30%。层厚1.70～5.04m。

Ⅲ旋回:下部湖积碎屑层。岩性为灰黑色、黑色淤泥、含粉砂的淤泥、含石盐石膏芒硝的淤泥。灰色、灰褐色含粉砂的黏土、黏土粉砂、含芒硝的粉砂岩。该层普遍含杂卤石,可集合形成杂卤石淤泥薄层。本层最大厚度11.29m,最薄3.35m,一般为5.85～8.00m。上部化学沉积层。岩性为白色、灰白色含石盐的芒硝岩,含粉砂或含淤泥的芒硝岩、含粉砂的石盐岩、芒硝质石盐岩。局部见含杂卤石和白钠镁矾。层厚0.5～10.44m,一般3.00～6.50m。上中更新统第一芒硝矿层(M_1)即产于该旋回中。

Ⅳ旋回:下部湖积碎屑层。岩性主要为灰黑色、黑色淤泥、含粉砂的淤泥、含石膏和石盐的淤泥。局部夹石盐薄层。层厚一般为4.45～8.50m,最厚达10.57m。上部化学沉积层。岩性为灰白色、灰色含粉砂黏土的芒硝、含石盐的芒硝、含淤泥芒硝的石盐、芒硝质石盐层。在芒硝层中含有石膏和白钠镁矾。白钠镁矾常呈透镜状或鸡窝状产于芒硝层底部。石盐层亦产于芒硝层的下部。本层最厚4.80m,最薄0.3m,一般0.82～1.90m。上中更新统第二芒硝层(M_2)即产于该旋回中。

Ⅴ旋回:下部湖积碎屑层。岩性主要为灰绿色、浅黄绿色黏土、粉砂黏土、黏土粉砂,向碱北凹陷一带相变为黑绿色淤泥。在该层的中下部赋存第三芒硝层(M_3)。该层最大厚度为13.20m,最薄1.20m,一般为2.55～5.60m。上部化学沉积层。岩性为灰白色、白色芒硝、石盐质芒硝、含石盐的芒硝以及石盐层。在芒硝层中一般夹十余层厚度在1.5cm以下(下部),3～5cm(上部)的黏土粉砂薄层。第四芒硝层(M_4)产于该层中。层厚一般为1.5～2.66m,最厚4.25m,最薄0.65m。

上更新统

下部为湖积碎屑层,其岩性以黄褐色、黄灰色粉砂为主,次之为黏土或粉砂黏土。含少量石盐和石膏。层厚一般为0.50～1.20m。上部化学沉积层。主要岩性为灰白色—灰褐色含粉砂的石盐和粉砂石盐层。最大厚度3.60m。

上更新统—全新统

风化作用和淋滤作用明显,形成数米厚的坚硬盐壳。

四、矿产资源

察汗斯拉图砂下湖型盐类矿床除芒硝矿床外,盐湖还有钾镁盐、光卤石、钠硼解石、硼砂、石盐等。其中,盐滩石盐分布面积2000km^2,石盐层中晶间卤水含KCl 1%以上,盐湖水化学类型为硫酸盐型硫酸镁亚型。

(一)芒硝矿床

该盐湖资源以芒硝为主,硫酸盐矿物有芒硝、无水芒硝、钙芒硝、白钠镁矾、石膏等。
芒硝矿区位于察汗斯拉图盆地的中部和南部,矿区面积742.5km^2。
芒硝工业矿层共有6层,其中,Ma、Mb两层赋存于中更新统下部中,而M_1～M_4 4层矿则产出于中更新统上部地层中。现简述每层矿的特征。

(1)Ma矿层,长20km,宽约10km,分布面积163.29km^2,呈层状,平均厚度2.93m,最厚5.09m,厚度变化稳定,品位均匀,埋深54.62～127.39m。矿石具中—巨粒不等粒结构、镶嵌结构,块状构造。主要矿物除芒硝外,尚有少量石盐和石膏。矿石化学成分为Na_2SO_4

$46.19\%\sim65.57\%$，平均 56.50%；NaCl 一般 $4\%\sim12\%$，最高 48%；$MgSO_4$ 一般 $2\%\sim3\%$，最高 15.79%；$CaSO_4$ 一般 $7\%\sim12\%$，最高 19.30%；淤泥一般 $10\%\sim15\%$，最高 40%。

(2) Mb 矿层，呈层状，平均厚度 2.11m，最厚 4.48m，厚度变化稳定，品位均匀，分布于矿区的西半部，南北长 30km，东西宽 11km，面积 $374.30km^2$。矿石具中—粗粒不等粒结构、镶嵌结构，块状构造。主要组成矿物为芒硝，共生矿物有石盐，且含淤泥物和黏土矿物。矿石化学成分为 Na_2SO_4 $34.77\%\sim76.57\%$，平均含量为 54.50%；NaCl $9.65\%\sim32.13\%$，平均 24.78%；$MgSO_4$ $0.12\%\sim7.05\%$，平均 1.58%；$CaSO_4$ $0.67\%\sim17.24\%$，平均 6.07%；水不溶物 $0.88\%\sim37.62\%$，平均 15.02%。

(3) M_1 矿层：基本分布于整个矿区，并向南东延伸至碱北凹地一带。矿层呈层状，变化较稳定，平均厚度为 1.31m。在矿区内，矿体南北长约 27km，东西宽约 23km，面积 $521.82km^2$，碱北凹地一带含矿面积 $57.68km^2$，含矿总面积 $579.50km^2$。矿层埋深由于后期新构造运动的影响，深浅变化在 $5.64\sim36.80m$ 之间。矿石具中—粗粒不等粒结构、镶嵌结构，块状构造。矿石中以芒硝为主，并共生有石盐和杂卤石以及石膏。除盐类矿物外，矿石中还杂以淤泥、黏土和粉砂。矿石化学成分为 Na_2SO_4 最高 76.71%，最低 45.31%，平均 58.58%；NaCl 最高 49.87%，最低 2.97%，平均 22.19%；$MgSO_4$ 最高 25.05%，最低 0.10%，平均 2.59%；$CaSO_4$ 最高 10.16%，最低 0.44%，平均 4.74%；K_2SO_4 最高 5.27%，最低 0.04%，平均 1.27%；水不溶物最高 26.43%，最低 2.16%，平均 9.79%。

(4) M_2 矿层：该矿层因受中央拱起背斜构造的影响，被分割为东西两个矿体。东矿体长 23km，宽约 9km，面积 $215.23km^2$；西矿体长 18km，宽约 4km，面积 $72.52km^2$。东矿体的东南部埋藏较深，而西北部埋深浅，甚或出露于地表。西矿体在埋深特点上同东矿体。矿石是他形—半自形、中—粗粒不等粒结构、镶嵌结构，块状构造。矿石组成矿物除芒硝外，尚有石盐、白钠镁矾、石膏，局部含少量杂卤石。白钠镁矾或在局部地段富集呈透镜体、鸡窝状产于芒硝层底部，或呈单个晶体星散分布于芒硝颗粒间。矿石具中—粗粒他形—半自形不等粒结构、镶嵌结构，块状构造。主要组成矿物为芒硝，次为石盐和白钠镁矾。矿石中杂质有淤泥和粉砂。矿石的化学组成分东矿体和西矿体来叙述。

东矿体矿石中 NaCl 最高 15.03%，最低 1.19%，平均 6.46%；Na_2SO_4 最高 99.79%，最低 45.39%，平均 66.97%；$MgSO_4$ 最高 24.65%，最低 0.23%，平均 4.59%；$CaSO_4$ 最高 13.60%，最低 0.34%，平均 6.08%；K_2SO_4 最高 1.15%，最低 0.11%，平均 0.47%；水不溶物最高 29.94%，最低 1.44%，平均 14.19%。

西矿体矿石中 NaCl 最高 23.56%，最低 0.64%，平均 5.11%；Na_2SO_4 最高 98.94%，最低 51.37%，平均 69.40%；$MgSO_4$ 最高 19.61%，最低 0.32%，平均 2.40%；K_2SO_4 最高 3.52%，最低 0.07%，平均 0.59%；水不溶物最高 31.00%，最低 5.58%，平均 15.59%。

(5) M_3 矿层：主要分布于中央拱起北部。矿层极不稳定，呈透镜状。根据工程圈定矿体，总面积 $2.78km^2$。矿体厚度变化较稳定，平均厚度 0.29m。矿层埋深最大 2.40m，最低 0.15m，一般为 $0.20\sim0.50m$。矿石具他形—半自形、中—巨粒不等粒结构、镶嵌结构，块状构造。矿物成分主要为芒硝，少量石盐，并有少量黏土和粉砂，矿石质纯。矿石化学成分为

Na_2SO_4 最高 99.78%,最低 90.22%,平均 97.83%;NaCl 最高 1.19%,最低 0.28%,平均 0.63%;$MgSO_4$ 最高 0.69%,最低 0.10%,平均 0.31%;$CaSO_4$ 最高 2.14%,最低 0.03%,平均 0.76%;水不溶物最高 4.82%,最低 0.08%,平均 1.40%。

(6)M_4 矿层:分布于矿区中部和南部。面积 213.39km^2。矿层由于被剥蚀,呈环带分布。矿层走向北西,倾向南东,倾角 0.2°~0.3°。矿层北部厚度薄,约 0.30m,南部较厚,约 1.70m。碱北凹地一带厚度变化不大。矿层埋深在碱北凹地最大,为 19.21m。中央拱起区埋深为 0.10~0.50m,向四周渐加深至数米。矿石具他形—半自形、中—粗粒不等粒结构、镶嵌结构,块状或层状构造。主要组成矿物为芒硝,其次为石盐,少量石膏和黏土矿物。石盐以细粒为主,半自形,或分布于芒硝晶粒间,或与芒硝相镶嵌,或呈团块状分布。矿石的化学成分为 NaCl 最高 47.38%,最低 0.38%,平均 12.14%;Na_2SO_4 最高 98.75%,最低 45.58%,平均 69.67%;$MgSO_4$ 最高 25.02%,最低 0.01%,平均 1.19%;$CaSO_4$ 最高 6.93%,最低 0.03%,平均 2.20%;K_2SO_4 最高 0.21%,最低 0.01%,平均 0.09%;水不溶物最高 47.59%,最低 0.18%,平均 19.17%。

(二)钾盐矿床

钾盐矿床分固体和液体两种。

1. 固相钾盐矿床

固相钾盐矿床仅见于碱北凹地中,其面积 15.9km^2。在凹地中部上更新统化学沉积 Qp_3^{ch} 中,盐类矿物主要为石盐,少量石膏、芒硝和无水芒硝。但在凹地中央为后期盐类矿物,成分复杂,在本层上部见有杂卤石、光卤石、钾石盐、钾石膏等。杂卤石,细小针状,光卤石细粒,含量 1%;钾石盐交代石盐,一般含量 1%;钾石膏,板状,0.7~2mm 大小。本层厚 2.69~3.60m,自凹地中央向四周变薄至尖灭。

全新统为风积和化学沉积,钾盐矿物以光卤石为主,钾石盐为次,此外,尚有钾石膏和钾镁矾。

2. 液体钾盐矿床

水质类型属于硫酸镁亚型。卤水中的 KCl 含量达到边界品位。含水层有 4 个,即 Qp_2^{ch2}、Qp_2^{ch3}、Qp_2^{ch5}、Qp_3^{ch} 的盐层中,前三者属于承压水,后者为潜水。赋存于上部中更新统的第二化学沉积层 Qp_2^{ch2} 的盐层中,分布面积 715.3km^2,含卤水层顶板为淤泥层,最大埋深 47.40m,最小埋深 6.65m,水位埋深 3.43~12.15m。含卤水层累计厚度平均 4.15m,含卤水盐层的孔隙度平均为 18.62%,给水度平均仅 10.22%。

赋存于上部上更新统第三化学沉积层(Qp_2^{ch3}),主要分布面积 217.6km^2。半数以上见矿孔卤水的 KCl 含量大于 1%,含量最高的为 2.1844%,平均 1.03%。单井涌水量最大为 273.91m^3/d。

2010 年山东省鲁南地质工程勘察院受青海森盛矿业有限公司委托,对该矿区进行详查工作,于 2011 年 12 月提交报告,查明固体芒硝矿(Na_2SO_4)资源量 13 291.11×10^4t;固体钾矿(KCl)为 249.40×10^6t,固体盐矿(NaCl)资源量 80 345.7×10^4t。

第三节 内蒙古察干里门诺尔芒硝-碱矿床

一、位置

察干里门诺尔又称查干里门诺尔、查干陶伊日木诺尔,位于内蒙古自治区锡林郭勒盟苏尼特右旗乌日根塔拉苏木境内。地理坐标:东经 112°54′,北纬 43°16′。由湖区至集(宁)二(连)线的赛汉塔拉车站,有专用铁路线运输。西北与二道井(苏木所在地)相距 15km。湖区有公路经乌日根塔拉(二道井)直达赛汉塔拉镇,交通较方便。

二、区域地质

该湖区所属大地构造位置为天山内蒙褶皱系的内蒙晚期海西褶皱带内的锡林浩特—二道井复背斜带的二道井背斜带中。

湖区即位于二道井背斜带内新生代断陷区,断陷盆地由二道井—西拉木伦大断裂所控制。区内出露地层为下白垩统下部,主要为灰绿色泥岩夹薄层灰岩、砂砾岩,是一套内陆湖相建造,组成湖盆的基底和湖岸。下白垩统之上零星的不整合覆盖有古近系内陆湖相红色泥岩、泥灰岩夹砂砾岩,其产状水平,含石膏、天青石等。

三、湖区地质

湖区面积 21km²,长轴沿南东-北西向展布。湖区呈四周高中间低的洼地,周边海拔 1000~1040m,湖面海拔 935~936m,湖面与湖岸相对高差 30~50m。

湖区位于干旱草原气候带,冬季严寒,夏季酷暑,最高最低气温分别为 37.8℃和-32.4℃。蒸发量为降水量的 10 倍,结冰期长达七个月之久,冻土深度 2.5m。

盐湖为一砂下湖。地表为含砂淤泥覆盖,其边部为上更新统—全新统的冲、洪积层,主要为砂砾石、砂夹薄层砂质黏土,以及呈沙丘形式分布的全新统风积层。

湖中沉积经与内蒙古其他盐湖对比,划分为全新统和上更新统。前者为湖相碎屑-化学沉积,厚 15.46m,后者亦是湖相碎屑—化学沉积,厚 10.40m。经钻探揭露,湖底基岩为下白垩统砂泥岩。其与上覆第四系呈角度不整合。

1992 年 10 月笔者赴该湖考察,对西部开采区第三主矿层以上的人工剖面做了实测和描述。1997 年 5 月化工部化学矿产地质研究院在该湖打钻。参加钻孔编录的黄守英高级工程师记录了钻探情况。现综述碱湖沉积(由上到下)如下。

(1)褐色亚砂土。厚 0.55m。

(2)黄色、黄褐色亚砂土,具黏性。局部可见杂色亚砂土。厚 0.5m。

(3)含红色条带的黄色亚黏土。红色条带状亚黏土,宽 1~2cm。延伸稳定。厚 0.30m。

(4)灰绿色黏土夹 1cm 厚的红色黏土条带。红色条带状黏土,延伸稳定。厚 1.20m。

(5)灰绿色黏土。底部含单斜钠钙石晶体。中上部发育冻融褶皱。厚0.15m。

(6)灰色、灰白色碱层。主要矿物为天然碱,少量芒硝。厚0.20m。

(7)黑色含单斜钠钙石和芒硝巨晶的淤泥,向上单斜钠钙石含量渐增。厚0.63m。

(8)灰白色碱层。上部含有黑色黏土,下部质纯,主要矿物成分为天然碱,少量石盐。厚0.6m。

(9)黑色含碳质淤泥。厚0.5m。

(10)灰白色碱层,夹2层5cm厚的黑色淤泥。主要成分为天然碱,少量芒硝和石盐。厚0.29m。

(11)黑色含有芒硝薄层的黏土。厚0.15m。

(12)灰白色晶质碱矿层。该层为第Ⅰ工业主矿层。该层夹6~7层约10cm厚的黏土薄层。主要盐类矿物有天然碱、泡碱、芒硝,尚有少量石盐。厚2.7m。

(13)黑色含碱淤泥。碱矿物主要有氯碳钠镁石和单斜钠钙石。底部夹6层3~4cm的碱层,主要成分为天然碱。该层含有众多未腐烂、未碳化的草根。厚1.13m。

(14)灰白色碱层,质坚硬。下部为芒硝和泡碱,上部为天然碱。泡碱颗粒粗大,大者为1cm。夹黑色淤泥薄层。厚3.00m。该层为第Ⅱ工业矿层。

(15)黑色含碱淤泥,含天然碱薄层。厚1.30m。

(16)灰白色晶质碱层,夹淤泥薄层。厚0.70m。

(17)黑色淤泥。下部含砂,可见微细层理。厚1.56m。

(18)灰白色、灰色晶质碱层、质坚硬,上部夹黑色淤泥,富含晶间卤水。该层下部富含芒硝、泡碱,向上天然碱增多。厚3.37m。该层为具工业意义的第Ⅲ主矿层。

(19)黑色淤泥。质细腻具黏性,含芒硝颗粒。厚1.60m。

(20)灰白色晶质碱层。厚0.13m。

(21)黑色黏土。厚1.65m。

(22)灰绿色黏土。夹6层1~2cm的芒硝薄层。厚3.65m。

(23)下白垩统泥岩,质坚硬具层理。未见底。

从以上叙述可以得知,碱矿层赋存于上更新统—全新统的湖相沉积中,碱矿层以单层大于0.1m计,可达8层,或更多(图4-6)。按照工业指标进行圈定,工业矿层有3层,面积为$5.8\sim7.8km^2$。碱矿层呈水平层状,分布稳定,中心部位较厚,向边部渐变薄至尖灭。

矿石无色或白色,质坚硬,粒状结构,块状构造。主要矿物为天然碱、泡碱,含相当量的芒硝,少量石盐。共生矿物有单斜钠钙石、氯碳钠镁石。在矿层中矿物有一定的分布规律即芒硝多分布于底部,向上渐变为泡碱和天然碱。石盐亦多分布于上部。单斜钠钙石和氯碳钠镁石则分布于淤泥中,有时在矿层底部亦有分布。

矿层化学成分见表4-1。

从表4-1可以看出三层工业矿层芒硝和石盐的含量基本上变化不大,而天然碱含量从Ⅰ矿层到Ⅲ矿层则是渐增的。

3个主矿层中均含有晶间卤水。因此,该矿床是固液共存的矿床。晶间卤水呈黄色,具透明状,化学组成见表4-2。晶间卤水中的B_2O_3具有综合利用的价值。

层号	井深(m)	层厚(m)	柱状图	岩 性
1	2.44	2.44		含砂黏土,土黄色、黄褐色,下部呈红褐色
2	2.84	0.70		黏土沉积,灰绿色
3	3.14	0.30		天然碱层,灰色—灰白色
4	3.64	0.50		淤泥层,灰黑色含碱晶体
5	4.00	0.36		天然碱层,灰色、浅灰色
6	4.34	0.34		淤泥层,浅灰色内含芒硝
7	5.04	0.70		淤泥天然碱互层,灰黑色分3层
8	6.64	1.60		淤泥层,灰黑色内夹天然碱薄层
9	7.00	0.36		天然碱层,灰白色
10	7.64	0.64		淤泥层,灰黑色上部含硝粒
11	8.04	0.40		天然碱层,灰白色
12	9.39	1.35		淤泥层,灰黑色内含不规则碱粒
13	12.39	3.00		天然碱层,灰白色,质纯坚硬,下部夹3层,灰黑色淤泥薄层
14	13.65	1.26		淤泥层,黑色内含天然碱层
15	14.61	0.96		天然碱层,灰白色间薄层淤泥
16	15.71	1.10		淤泥层,灰黑色,质细,下部含砂,见沉积层理
17	19.01	3.30		天然碱层,灰白色及暗灰色,质纯坚硬,上部夹2层黑色淤泥质
18	19.71	0.70		淤泥层,灰黑色含硝粒
19	20.07	0.35		天然碱,灰白色
20	20.93	0.87		淤泥层,灰黑色,质细,具黏性
21	23.41	2.48		黏土层,呈黄褐色,质细纯净,下部含粉砂并见有沉积层理

图 4-6 察干里门诺尔沉积剖面图(据郑喜玉等,1992)

表 4-1　察干里门诺尔芒硝—碱矿床主矿层化学成分(组合样平均,%)

矿层号	Na_2CO_3	$NaHCO_3$	Na_2SO_4	NaCl	水不溶物	总水分
Ⅰ	24.88	1.64	11.97	2.01	2.44	56.95
Ⅱ	26.84	3.21	10.69	1.63	2.07	55.44
Ⅲ	24.52	4.71	10.17	1.72	3.97	54.70

注:据张幼勋,1994。

表 4-2　主矿层中晶间卤水的化学组成

矿层	$Na_2CO_3+NaHCO_3$	Na_2SO_4	NaCl	KCl	B_2O_3	平均密度(g/cm^3)
Ⅰ	6.30	2.27	14.86	0.33	0.04	1.18
Ⅱ	6.39	2.11	13.80	0.41	0.07	1.16
Ⅲ	6.08	2.30	16.17	0.58	0.08	1.18

注:据张幼勋,1994。

该芒硝-碱矿床天然碱矿石总储量约为 8000×10^4 t,折合成纯碱(Na_2CO_3)约为 2200×10^4 t(含卤水),并有芒硝矿 400×10^4 t。卤水中含 B_2O_3 400～1000mg/L,可综合利用。

第五章 中新生代陆相碎屑岩型钙芒硝矿床

第一节 四川新津钙芒硝矿床

一、位置

新津钙芒硝矿床位于新津县东南的金华镇。这里交通便利，离新津火车站3.5km，距成都市27km，成雅高速公路紧靠矿区。

二、区域地质

新津钙芒硝矿床位于川西坳陷中。川西坳陷为北东-南西向狭长盆地，东西分别以龙泉山、龙门山深断裂为界，南面以雅安—夹江一线为界，面积40 000km^2，形成于三叠纪末期印支运动。区内上白垩统赋存硬石膏-钙芒硝矿层，是著名的钙芒硝矿产地。截至1996年底，已发现矿产地24处，其中大中型矿区18个，保有储量按Na_2SO_4计431 861.33×10^{4}t，除固体钙芒硝矿外，尚有地下卤水广泛分布。在邛崃山以东、龙泉山以西，都江堰—广汉以南，夹江—雅安以北，包括大邑安仁、都江堰盐井沟、新津金华矿区、天全老场、眉山大洪山等近100 000km^{2}范围内蕴藏地下卤水。其矿化度100～240g/L，化学成分以NaCl为主，Na_2SO_4次之，还含Br、I等。在雅安、丹棱、眉山、新津等地发现地下硝水，其矿化度为100～200g/L，成分以Na_2SO_4为主，NaCl、$CaSO_4$次之。地下硝水矿埋深仅20～30m，卤水浓度高，易于开采利用，具有重要的工业意义。

三、矿床地质

新津钙芒硝矿床是川西坳陷区钙芒硝矿带中大型矿床之一。矿区出露地层主要为海棠井组和金刚山组，第四系不整合于白垩系之上。矿层赋存于上白垩统海棠井组中上部。矿层产状平缓，埋深100～200m。矿体呈层状产出，分上、下两个矿带，共有矿11层(表5-1)，累计矿层厚度为25～30m。

下矿带一般含矿3层，总厚8～10m，单层最大厚度达8.19m。矿层间夹层为紫红色砂质或泥质白云岩，厚度小于1.2m。下矿带硫酸钠平均含量为38%。上、下矿带间夹12～14m紫红色泥质、砂质白云岩或白云质黏土岩，并含不稳定钙芒硝岩1～3层。上矿带矿层总厚17～20m。最大夹层厚度3.31m，一般1m左右。含钙芒硝矿8层，其中，下部5层矿厚度较大，一般2～3m，最大6.73m，品位较高，最高达41.6%，平均33%。上部3层矿厚度稍小，一

表 5-1 新津钙芒硝矿床 ZK1 孔矿层厚度、品位表

矿带	矿组	矿层编号	矿 层 特 征	厚度(m)	Na_2SO_4平均品位(%)
上矿带	上矿组	11	中细粒结晶钙芒硝岩,顶板为紫红色泥质白云岩	1.37	26.5
		10	中细粒结晶钙芒硝岩,与 11 矿层间夹 1.14m 厚的紫红色白云质粉砂岩	1.16	26.3
		9	粗粒结晶钙芒硝岩,矿层中夹少量石膏质泥岩条带,与 10 矿层间为厚 1.37m 的紫红色泥质白云岩	2.43	28.0
		8	中细粒结晶钙芒硝岩为主,局部钙芒硝、石膏结晶粗大,与 9 矿层间为厚 2.91m 的紫红色泥质白云岩	0.56	35.0
		7	粗晶钙芒硝岩,上部夹白云岩条带,与 8 矿层间为厚 0.86m 的白云岩	6.85	30.0
	下矿组	6	不等粒结晶钙芒硝岩,与上矿组间为厚 2.40m 的紫红色粉砂质黏土岩	2.04	38.5
		5	中细粒结晶钙芒硝岩,与 6 矿层间为厚 0.56m 的黏土质白云岩	2.05	35.0
		4	中粗粒结晶钙芒硝岩,与 5 矿层间为厚 0.43m 的黏土质白云岩	0.85	38.5
过渡层			紫红色粉砂质白云岩,夹有 1 薄层(厚 0.12m)钙芒硝岩层	13.21	
下矿带		3	中粗粒结晶钙芒硝岩	1.51	37.5
		2	粗粒结晶钙芒硝岩,中下部有粉砂质白云岩条带,与 3 矿层间为厚 0.70m 的紫红色白云质泥岩	5.87	35.7
		1	中细粒结晶钙芒硝岩,与 2 矿层间为厚 1.18m 的粉砂质白云岩,底板为紫红色白云质泥岩	1.56	27.4

般 1~2m,最大 2.43m,最小 0.46m,品位稍低,平均 27%。

钙芒硝矿石具半自形—自形粒状结构、不等粒结构,块状构造。主要组成矿物有钙芒硝、硬石膏、石膏、白云石,其次还有次生芒硝及少量方解石、石英和黏土矿物。

第二节 青海西宁硝沟钙芒硝矿床

一、位置

西宁硝沟钙芒硝矿床位于西宁市东 15km 处,交通方便,有公路和铁路通达,附近不远处有一水库,将对矿床开发利用有极大便利。

二、区域地质

西宁硝沟钙芒硝矿床处于西宁-民和盆地中。西宁-民和盆地位于祁连山加里东褶皱系中间隆起带的东南缘,是在前古生界褶皱变质基底之上发育起来的中新生代断陷盆地(图5-1)。盆地呈北西西向展布,其南以拉脊山北坡大断裂与南祁连加里东褶皱带为界,其北以大坂山南坡大断裂与北祁连加里东褶皱带相隔。盆地受两条大断裂所控制,断裂长期发育,多次活动,尤其印支运动以来,活动更加强烈,使拉脊山和大坂山长期上升,盆地剧烈下陷,接受巨厚沉积。西宁盆地东自乐都县晃家庄,西至湟中县多吧乡,南始拉脊山北麓,北终互助县南门峡,面积4000km²。盆地东经民和盆地与甘肃省河口盆地相通。盆地内蕴藏着丰富的钙芒硝矿床,与川西坳陷钙芒硝矿床一样,是不含石盐的单一钙芒硝矿床。

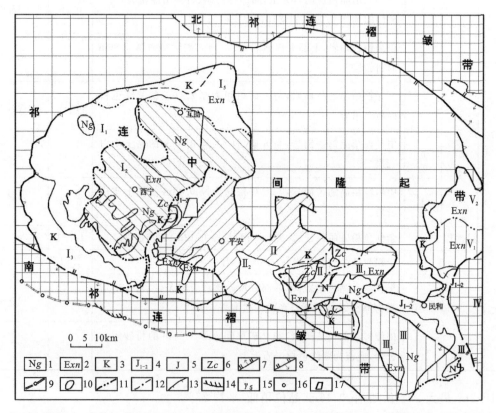

Ⅰ-西宁坳陷;Ⅰ₁-苏家卜-多吧凸起;Ⅰ₂-西宁-总寨凹陷;Ⅰ₃-湟中-土门关斜坡;Ⅰ₄-双树湾凹陷;Ⅰ₅-七塔尔斜坡;Ⅱ-小峡晃家庄隆起;Ⅱ₁-小峡凸起;Ⅱ₂-平安驿凹陷;Ⅱ₃-晃家庄凸起;Ⅲ-巴州坳陷;Ⅲ₁-六寨子凹陷;Ⅲ₂-中坝凸起;Ⅲ₃-古都凹陷;Ⅲ₄-民和-大庄斜坡;Ⅳ-河口新隆起;Ⅴ-黑喇嘛坳陷;Ⅴ₁-黑喇嘛坳陷;Ⅴ₂-东部斜坡。1-新近系贵德群;2-古近系西宁群;3-白垩系;4-中-下侏罗统窑街群;5-侏罗系;6-长城系;7-实测推测正断层;8-实测推测逆断层;9-据物探资料推测的断层;10-地质界线;11-盆地内二级构造单元界线;12-盆地内一级构造单元界线;13-盆地边界;14-盆地外构造单元界线;15-花岗闪长岩;16-1979年普查钻孔;17-硝沟矿区。

图5-1 西宁-民和盆地构造分区图

钙芒硝矿层产于晚白垩世和古近纪,具多旋回多韵律的特点。钙芒硝多层产出,主要有4层,即上白垩统民和组二段(K_2m^2)、三段(K_2m^3)、古近系西宁群下岩组第二段(E_1x^3)、西宁群中岩组第三段(E_2x^3)。其间,以K_2m^2规模最大,分布最广,经济意义最大。硝沟、州里铺钙芒硝矿床皆以此矿体为主。现以硝沟钙芒硝矿床为例详述。

西宁盆地硝沟钙芒硝矿床恰位于盆地中部即小峡凸起东侧、平安凹陷西缘。矿体为层状,变化稳定,埋藏较浅,部分裸露地表,呈陡崖状,便于开采。

在傅家寨裸露地表的呈陡崖状山体的钙芒硝矿山,水平层理发育。

三、矿床地质

(一)矿区地层

矿区内地层为中新生代陆相盆地沉积,其中包括上侏罗统碎屑岩建造,白垩系碎屑岩-石膏-钙芒硝建造,古近系黏土岩-石膏、钙芒硝建造和第四系松散堆积物。地层产状近水平。现由老至新叙述。

1. 上侏罗统享堂组(J_3x)

下部为浅棕色、灰白色钙质细砂岩,中部为棕红色砂质黏土岩,顶部为粉砂质黏土岩,其中常含灰绿色钙质黏土岩团块。厚度大于164m。

2. 下白垩统河口群(K_1h)

按照岩性该组可分为2个岩性段。

第一段(K_1h^1):下部为紫红色、杂色砂砾岩、砾岩夹棕灰色粉砂质黏土岩,上部为棕灰色、灰色黏土岩夹石膏质石英砂岩和粉砂质黏土岩。厚度45~86m。

第二段(K_1h^2):底部为棕色薄层细砂岩,下部为棕红色粉砂质黏土岩,上部棕色、棕黄色钙质粉砂岩夹黏土岩。厚度95m。

3. 上白垩统民和组(K_2m)

民和组与下伏河口群呈不整合接触,按照岩性该组可分为3个岩性段。

第一岩性段(K_2m^1):该段为石膏黏土岩段,底部为浅灰色不等粒砂岩,下部为棕红色黏土岩,含少量石膏,中上部为棕红色含石膏黏土岩夹含膏含砂黏土岩。石膏呈白色斑杂状、菊花状、菱板状等出现。石膏含量由下往上渐增。局部出现钙芒硝。从石膏形态来看,可能是钙芒硝水化的产物,岩层中出现无色透明芒硝脉也说明了这一点。层厚19~41.0m。

第二岩性段(K_2m^2):该段为钙芒硝岩段,主要由灰绿色黏土质钙芒硝岩、含黏土钙芒硝岩、含粉砂钙芒硝质黏土岩、棕红色钙芒硝质砂岩、含砂钙芒硝质黏土岩、钙芒硝质黏土岩等组成。"绿"矿一般富于"红"矿。出露于地表的钙芒硝,由于水溶作用可将复盐分解为芒硝和石膏两个单盐,形成次生芒硝矿。厚度95.0m。

第三岩性段(K_2m^3):该段为石膏黏土岩段,岩性为棕红色黏土岩夹灰色石膏质细砂质、黏土质石膏岩、石膏质黏土岩。顶部出露钙芒硝矿透镜体,厚数十厘米至2m,长度数米至数十米。该段地层厚度22.0~44.0m。与上覆古近系为整合接触。

4. 古近系西宁群(Exn)

矿区仅见下岩组(Exn^1)，分布于矿区东北部。据岩性特征可分为3个岩性段。

第一岩性段(E_1xn^1)：下部为浅灰绿色石膏质黏土岩夹黏土质粉砂岩、薄层黏土质石膏岩，上部为白色石膏岩。厚5.64m。

第二岩性段(E_1xn^2)：杂质黏土岩。由深灰色、棕色、灰黑色、黄绿色、土红色薄层状黏土岩相间互层而构成。厚度4.41m。

第三岩性段(E_1xn^3)：下部为浅灰绿色薄层状黏土质石膏岩、石膏质砂岩、粉砂质黏土岩夹红色黏土岩及灰白色黏土质砂岩，上部为黄褐色黏土岩夹薄层泥灰岩。厚度16～30m。

第四系为松散堆积物。

(二)矿层特征

矿床主要为一规模巨大的层状体，以2°～5°向东或南东倾斜。矿层厚度由西向东渐增，由南向北亦渐增，勘探区面积1.30km²，提交钙芒硝矿储量达$1.6×10^8$t以上。钙芒硝矿石具半自形—自形细粒结构、中粗粒结构、不等粒结构、假斑状结构、菱板状结构、含晶砂泥质结构等，矿石具致密块状构造、条带状构造等。矿石中主要矿物为钙芒硝，次要矿物为硬石膏，次生矿物为芒硝等。钙芒硝以半自形、自形菱板状多见，粒径大小1～10mm，最大可达数厘米。镜下可见钙芒硝中包裹有硬石膏。矿石化学成分为Na_2SO_4 15%～48.70%，Ⅰ级品平均含量31.79%，Ⅱ级品评价含量25.39%。

(三)次生芒硝矿

西宁盆地硝沟地区，当钙芒硝矿出露地表时，受水的溶解作用，在适宜的地段可形成次生芒硝矿床，具有一定的工业价值。

次生芒硝矿的形成，实际上是钠钙硫酸盐矿床的表生富集带产物。这里探讨其次生富集的影响因素、形成机理、富集的地区等问题。

1. 影响次生富集的因素

(1)气候条件。气候条件决定次生作用强度和次生富集带的发育程度。干旱少雨的气候条件是钙芒硝矿转变为芒硝矿的先决条件，由于干旱，钙芒硝矿才能裸露到地表接受风化作用。由于少雨，才能使一定量的水作用于钙芒硝，就地或在低洼地形成芒硝。干旱不利于Na_2SO_4水溶液的流失，有利于次生芒硝的保存，太干旱、水量少限制了钙芒硝向芒硝的转化。因此，只有干旱少雨才是形成次生芒硝矿的最佳气候条件。

(2)地形条件。地形坡度小即平缓、低洼处利于厚层次生芒硝矿的生成。这样的地方利于水的聚集，使钙芒硝次生变化有充足的水的条件，后期次生作用强，利于芒硝生成。例如，在山坡平台处，次生芒硝可厚达7.55m，而在斜坡处仅有3.5m。

(3)矿体条件。矿体中矿石质量对次生作用影响较大。这里有3种情况：当矿石中泥砂含量<30%时,易生成次生富矿(Na_2SO_4含量一般都在35%以上);当泥砂质含量高于50%时,钙芒硝水解不太充分,矿石中Na_2SO_4含量一般小于25%;当泥砂含量介于上述二者之间时,次生矿石为泥质晶质粒状混杂结构,块状、角砾状、条带状构造俱存。这是主要的次生芒硝矿石类型。

钙芒硝矿体上覆岩层岩性、厚度也直接影响到次生作用的发育。

2. 次生芒硝矿的形成机理

出露于地表的钙芒硝矿层在水的作用下,被溶蚀分解,生成次生芒硝和石膏,其化学反应式为

$$CaSO_4 \cdot Na_2SO_4 + 12H_2O = CaSO_4 \cdot 2H_2O + Na_2SO_4 \cdot 10H_2O \downarrow$$

其中,钙芒硝是复盐,由Na_2SO_4和$CaSO_4$组成,当其浸泡于水中,先变为$Na_2SO_4 \cdot CaSO_4 \cdot nH_2O$,即水钙芒硝,继而分解出石膏,而富含$Na_2SO_4$的水溶液在低洼的地方沉淀出芒硝。在反应过程中,石膏可依钙芒硝的假象而存在,形成俗称的"羊脑"石。这种现象可从钙芒硝的水浸中清楚地看到。这种次生变化过程是长期而反复进行的。

3. 次生芒硝矿富集的地段

次生芒硝矿多分布于产有钙芒硝矿的沟谷两侧和沟谷底部以及山顶低处。芒硝矿呈瓜皮帽式覆盖于钙芒硝矿体之上。矿层厚度与地表的关系极为密切,当钙芒硝矿所处的地表平缓时,上复次生芒硝矿层的厚度一般较大,反之,地形坡度大,次生芒硝矿则变薄(图5-2)。

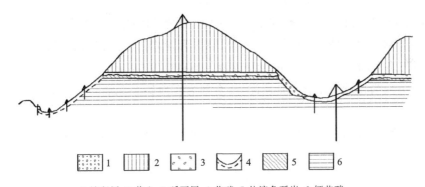

1-坡积层;2-黄土;3-砾石层;4-芒硝;5-盐溶角砾岩;6-钙芒硝。

图5-2 次生芒硝产出部位示意图

次生芒硝矿发育的深度一般不大。在钙芒硝矿体内部常见沿裂隙产出脉状或透镜状的次生芒硝矿。

第三节 广西陶圩钙芒硝矿床

一、位置

广西陶圩钙芒硝矿床位于横县县城西北的陶圩镇境内,距县城35km,离湘桂铁路芦村站

18km。宾阳—横县二级公路从矿区中心通过。横县县城位于郁江,由水路上可达南宁,下可通广州。交通十分方便。

二、区域地质

广西陶圩钙芒硝矿床是广西发现的第一个该矿种的矿床。矿床系大型规模,具有重要的工业意义。

陶圩矿区位于陶圩盆地之中。陶圩盆地位于邕宁县大塘-横县莲塘中生代盆地北东端,又称那(陈)-陶(圩)盆地,因喜马拉雅运动与大塘-莲塘盆地相隔开,形成现在的石塘-陶圩长轴状独立的断陷型小盆地,盆地四面向中心平缓倾斜,近等轴状倾角一般为$5°\sim20°$,长10多千米,宽$3\sim4km$,面积$55km^2$。陶圩盆地周围及基底地层为寒武系黄口洞组,下泥盆统莲花山组、那高岭组、郁江组,中泥盆统东岗岭组。盆地内发育一套以褐红色为主夹灰绿色陆相碎屑—化学沉积(钙芒硝沉积)。

三、矿床地质

(一)矿区地层

广西区测队将盆地内含矿地层划归为下白垩统新隆组。邓小林等(1996)根据孢粉资料等将其划分为上白垩统。根据岩性划分为上、下两个岩性段,并作进一步的韵律划分。

下岩性段(K_2^1):为灰色夹褐红色砾岩。砾石成分以灰色白云岩、砂岩、硅质岩为主,钙质胶结。褐红色砾岩砾石成分以砂岩为主。铁质胶结。厚度大于200m。

上岩性段(K_2^2):为钙芒硝矿赋存层位。按照盐类矿物的分布可划分出5个韵律(图5-3)。

韵律1:下部为含粉砂泥岩、粉砂质泥岩,中部为含膏白云质泥岩、泥质硬石膏岩,顶部为含云泥质钙芒硝岩,形成一个完整的沉积韵律。韵律厚度208m。

韵律2:下部为粉砂质泥岩夹膏质泥岩,上部为泥质钙芒硝岩,局部钙芒硝质泥岩。韵律厚87m。

韵律3:下部为含钙芒硝膏质泥岩,上部为泥质钙芒硝岩及含膏粉砂质钙芒硝质泥岩。韵律厚25m。

韵律4:下部为含膏泥岩,上部为泥质钙芒硝岩。韵律厚63m。

韵律5:下部为含膏泥岩,中部为泥质钙芒硝岩,上部为含钙芒硝膏质泥岩与泥质膏岩互层,顶部为泥质钙芒硝岩。韵律厚44m。

韵律5之上实为淡化层:底部为泥质膏岩和含膏泥岩,中部为泥质白云岩夹含膏白云质泥岩,上部为粉砂质泥岩、泥岩。

总之,整个上白垩统可视为一个形成钙芒硝矿的旋回。其中,又分为5个韵律。

(二)矿层地质特征

钙芒硝矿层呈层状,可见6层矿,最厚55m,最薄8m,一般20m左右。钙芒硝矿石类型根据钙芒硝含量,可划分为含泥钙芒硝矿石、泥质钙芒硝矿石、含硬石膏钙芒硝矿石。

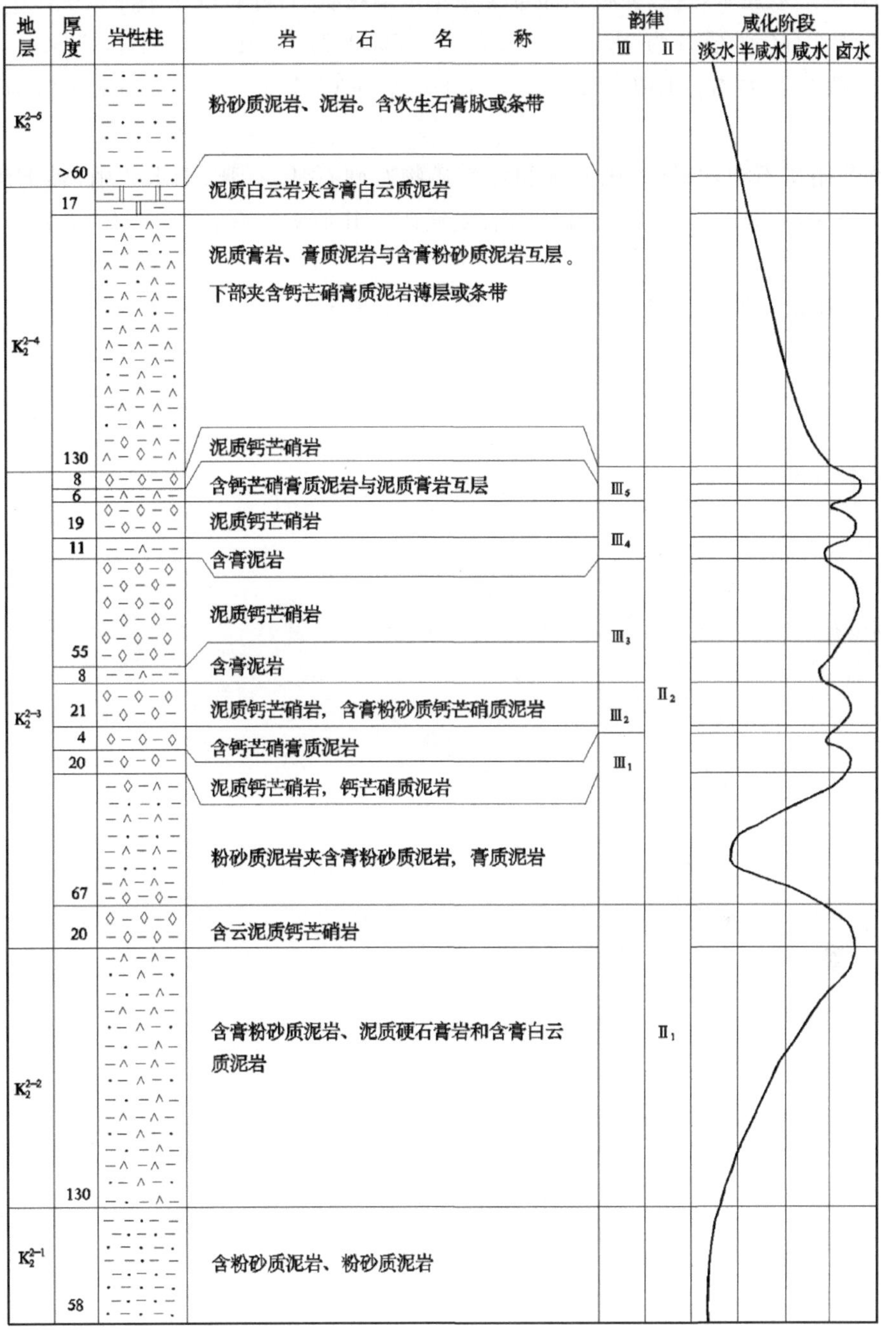

地层	厚度	岩性柱	岩 石 名 称	韵律 III	韵律 II	咸化阶段 淡水	半咸水	咸水	卤水
K_2^{2-5}	>60		粉砂质泥岩、泥岩。含次生石膏脉或条带						
	17		泥质白云岩夹含膏白云质泥岩						
K_2^{2-4}	130		泥质膏岩、膏质泥岩与含膏粉砂质泥岩互层。下部夹含钙芒硝膏质泥岩薄层或条带						
			泥质钙芒硝岩						
K_2^{2-3}	8		含钙芒硝膏质泥岩与泥质膏岩互层	III₅					
	6								
	19		泥质钙芒硝岩	III₄					
	11		含膏泥岩						
	55		泥质钙芒硝岩	III₃	II₂				
	8		含膏泥岩						
	21		泥质钙芒硝岩,含膏粉砂质钙芒硝质泥岩	III₂					
	4		含钙芒硝膏质泥岩						
	20			III₁					
			泥质钙芒硝岩,钙芒硝质泥岩						
	67		粉砂质泥岩夹含膏粉砂质泥岩,膏质泥岩						
	20		含云泥质钙芒硝岩						
K_2^{2-2}	130		含膏粉砂质泥岩、泥质硬石膏岩和含膏白云质泥岩		II₁				
K_2^{2-1}	58		含粉砂质泥岩、粉砂质泥岩						

图 5-3 陶圩盆地上白垩统含盐系剖面图(据邓小林等,1996)

钙芒硝矿石颜色分两种,一种为灰色、灰绿色,另一种为灰紫色、褐红色,具粗—巨晶结构、泥晶结构,条带状构造、网脉状构造以及块状构造。钙芒硝矿石中多含泥质和硬石膏等杂质。一般钙芒硝含量 50%~60%,最高可达 99%,泥质含量一般为 20% 左右,硬石膏含量 2%~5%,菱镁矿含量一般小于 5%,最高可达 13%。此外,尚含有少量白云石、石英、长石及有机质。矿层中钙芒硝多为自形菱板状晶体,少数为板状、粒状,晶粒大小一般为 0.5~

3mm，大者可达数厘米，这些菱板状晶常常聚集呈菊花状、竹叶状散布于泥质中。

钙芒硝矿石化学成分为 Na_2SO_4 25.71%～50.93%，一般 30% 左右；$CaSO_4$ 23.61%～49.3%，一般 31% 左右；$MgCO_3$ 5.79%～14.64%；$CaCO_3$ 1.5%～3.85%；酸不溶物 0.40%～28.69%。

在钙芒硝矿石中，与钙芒硝共生和伴生矿物有硬石膏、石膏、无水芒硝、黏土矿物(绿泥石、伊利石)、碳酸盐矿物(方解石、白云石、菱镁矿)，其他矿物有石英、长石、天青石、黄铁矿、云母等。

现已查明矿石量 73 817 万 t，Na_2SO_4 量 13 920 万 t。

第六章 中新生代陆相碎屑岩型含钙芒硝复合矿床

第一节 云南安宁石盐-钙芒硝矿床

一、位置

云南安宁石盐-钙芒硝矿床位于昆明市西郊安宁县境内,少部属西山区所辖(图6-1)。矿区地理坐标:$102°23'—102°37'E,24°52'—24°58'N$。东界距昆明市区20km,西抵安宁县城。矿区对外交通方便,成昆铁路和滇缅公路均通过矿区。矿区范围内,绝大多数乡、村均可通行汽车。

二、区域地质

矿区在构造上属扬子准地台西南侧的康滇地轴和盐源丽江台缘坳陷的东半部。区内大的构造线呈南北向展布,受小江、普渡河、罗次、元谋及程海等深断裂控制,并划分为数个Ⅲ级构造单元。

其中一个Ⅲ级构造单元是武定易门隆褶区,位于昆明建水褶断区之西,西以罗次深断裂为界,东以普渡河深断裂为界(图6-2)。该区基底地层为厚逾万米的昆阳群,构造盖层主要为元古宙、早古生代和晚古生代及中、新生代地层。印支期后的断陷小盆地红层沉积发育,但沉积不连续,常缺乏上侏罗统及下白垩统。部分盆地出现盐类矿床。区内褶皱以南北向为主,但在富民至晋宁间连续出现3条东西向的褶曲构造,其间一向斜褶曲即为安宁盆地。该盆地就是由南北向温泉断裂和高峣-大青山断裂与东西向车家壁-温泉-草铺断裂相交会构成的侏罗纪断陷盆地(图6-2)。

安宁盆地的边缘为前古生代、古生代地层,昆阳群、震旦系、寒武系、泥盆系、石炭系、二叠系、三叠系等。含盐盆地的主体地层有侏罗系下禄丰组、上禄丰组、安宁组、白垩系的桃花村组、锅盖山组和新近系、第四系。含盐地层地质上常称谓红层,滇中红层区域对比表见表6-1。

下侏罗统下禄丰组红色碎屑岩不整合于二叠系峨嵋山玄武岩组之上。侏罗系、白垩系各套地层呈环带状产出,产出面积达$264km^2$,其中,上侏罗统安宁组分布居中,面积约$100km^2$。

现重点叙述侏罗系。

(1)下侏罗统:该统由下禄丰组(J_1l)组成。下禄丰组由上、下段组成。下段为小海口段,上段为甸基段。小海口段(J_1l^1)岩性为黄绿色长石石英砂岩、粉砂岩、泥岩互层。底部见砾岩

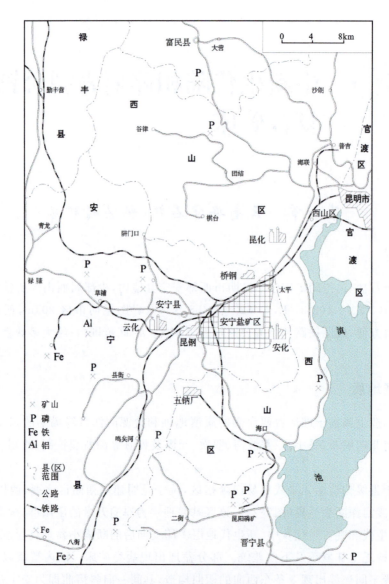

图 6-1 安宁矿区位置图

或砂砾岩。厚 135~335m。甸基段（J_1l^2）岩性以灰紫色、灰绿色泥岩、钙质泥岩和粉砂岩为主，夹 2 层泥灰岩及泥岩透镜体。厚度 123~429m。

（2）中侏罗统上禄丰组（J_2l）：按岩性可以分为 4 段，即底部打磨山段、中下部小河边段、中上部甸尾段、上部小普河段。整个上禄丰组是一套以细碎屑为主的泥岩、泥质碳酸盐地层，各门类化石丰富。

（3）上侏罗统安宁组（J_3an）：以一套含盐细碎屑沉积、泥质碳酸盐沉积和化学沉积的组合为特征。按照岩性可分为 3 段，下段为下膏硝段，中段为中硝盐段，上段为上膏硝段。

下膏硝段（J_3an^1）：岩性以棕红色、紫红色钙泥质粉砂岩、粉砂质泥岩与灰色白云质泥岩互层。中、下部夹 1~5 层灰紫色硅质（或钙质）细砂岩。顶部夹 2 层灰黑色含石油泥灰岩、含石

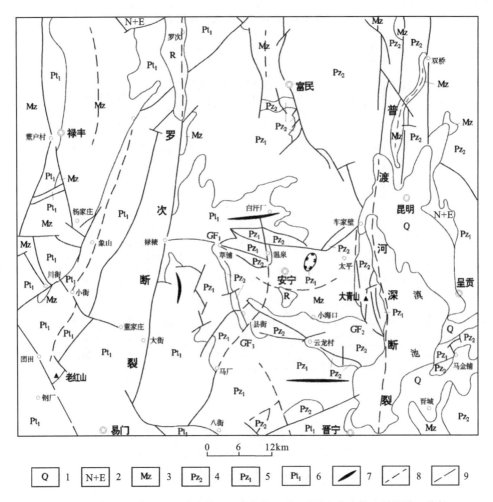

1-第四系；2-古近系+新近系；3-中生界；4-上古生界；5-震旦系及上古生界；6-昆阳群；7-背斜；8-向斜；9-断裂、断层（GF_1编号）。

图 6-2 区域构造简图

油钙芒硝岩和 6 层钙芒硝岩及零星石膏矿层。在地表，由于强的风化作用，变为黄褐色，含较多褐铁矿且孔洞发育，形成田坝或沟谷地貌。该段厚度大于 150m。

中硝盐段（J_3an^2）：以白色、青灰色石盐岩、钙芒硝石盐岩、青灰色钙芒硝岩为主，与少量灰色泥岩、紫红色粉砂质泥岩互层。该盐段的特点是厚度大、韵律发育、旋回结构明显。在地表露头呈黄褐色泥岩及硝、盐溶蚀残留物，结构松散、盐溶孔洞发育。盐段中含少量藻类及昆虫化石。该层厚 77.6～426.7m。

上膏硝段（J_3an^3）：以青灰色、灰白色钙芒硝岩、石膏岩、灰色泥岩为主，夹少量紫红色、灰紫色泥岩、粉砂质泥岩。顶部见厚 1.34～7.26m 灰紫色钙质泥岩，显水平层理，含特殊古生物化石，为晚侏罗世顶部标志层。矿区西北部夹薄层石盐类、无水芒硝岩等。当出露于地表时，该岩段在地貌上为田坝、缓坡、缓丘。这是膏硝易风化、破碎所致。厚度 79.6～147.5m。

表 6-1 滇中红层区域对比简表

地层	滇西地区	楚雄地区	安宁地区	昆明地区	川西会理地区
N	煤系	煤系	煤系	煤系	昔格达组
E_{2-3}	勐腊组			小屯组 路美邑组	
E_2	等黑组	赵家店组			
E_1	勐野井组	元永井组			
K_3	曼宽河组	外可奈组			
K_2	漫岗组	马头山组	锅盖山组 桃花村组		雷打树组
K_1	景星组	普昌河组			
		高峰寺组			小坝组
J_3	坝注路组	妥甸组	安宁组	安宁组	飞天山组
		蛇店组	上禄丰组	上禄丰组	官诊组 牛滚由组 新林组
J_2	和平乡组	张河组			
J_1	漾江组	冯家河组	下禄丰组	下禄丰组	益门组
T_3^{2-3}	渣玛组	祥云组			三叠系
T_3^1	泥质碳酸盐	云南驿组			
T_3					
T_1					
下伏层	二叠系	苴林群	昆阳群或二叠系玄武岩组	二叠系玄武岩组	二叠系

从以上叙述来看,安宁组是一套以盐岩、钙芒硝岩为主体的细碎屑和泥质碳酸盐沉积层。自下而上由细碎屑岩—泥质岩—泥质碳酸盐岩—硬石膏岩—钙芒硝岩—石盐岩—钙芒硝岩—硬石膏岩组成一个完整的沉积旋回。

三、矿床地质特征

根据含盐系的矿层分布特征,可分为 3 个矿段,10 个矿带,25 个矿体。现从下向上分述。

Ⅰ矿带、Ⅱ矿带和Ⅲ矿带构成了下矿段。下矿段仅钙芒硝矿具有工业价值,其累计厚度 11.78~29.53m, Na_2SO_4 平均品位 21.65%;中矿段由Ⅳ、Ⅴ、Ⅵ 3 个矿带组成。该矿段主要为石盐矿,次为钙芒硝矿。石盐矿在Ⅳ矿带圈出一个矿体,厚度 47.85~195.72m,NaCl 品位 20%~90.68%。在Ⅴ矿带圈出 2 个矿体,厚度 11.60~163.21m,NaCl 品位 20%~86.63%。在Ⅵ矿带圈出 2 个矿体,厚度 15.64~186.61m,NaCl 品位 20%~94.14%。中矿体钙芒硝矿累计厚度 68.02~113.99m, Na_2SO_4 平均品位 25.98%;上矿段由Ⅶ、Ⅷ、Ⅸ、Ⅹ 4 个矿带所组成。除Ⅷ、Ⅹ 2 个矿带无钙芒硝矿外,其他均赋存钙芒硝矿体。钙芒硝矿累计厚度 19.71~

106.51m，Na_2SO_4平均品位28.88%。

综上所述，矿床由石盐矿层、钙芒硝—石盐矿层和钙芒硝矿层所组成。钙芒硝-石盐矿层，单层厚1~3m，最厚可达16.32m。累计厚度最大104.87m。

钙芒硝矿层，或呈厚的单层产出，或与石盐层相间成层产出。

在含盐系中钙芒硝组成的基本韵律形式有：①泥岩-含钙芒硝泥岩（白云质泥灰岩）-钙芒硝岩；②泥岩-含钙芒硝泥岩-钙芒硝岩-石盐岩；③泥岩-含钙芒硝泥岩-钙芒硝岩-无水芒硝岩；④钙芒硝岩-石盐岩。

组成矿体的矿石类型有石盐岩、钙芒硝岩、硬石膏岩等。钙芒硝岩常见的颜色为浅灰色至深灰色，也可见灰白色、粉红色等。因含泥质成分高可称作泥质钙芒硝岩。钙芒硝岩主要组成矿物为钙芒硝，也经常含泥质物（15%~50%）、碳酸盐矿物（白云石为主，含量5%~30%）、硬石膏（<5%）。此外，尚含少量黄铁矿、正延性玉髓和晶簇状自生石英集合体、无水芒硝等。在含钙芒硝盐岩中常见含有蓝闪石。

本矿区钙芒硝很特殊，其形态可呈粒状，颗粒仅0.01mm或更小，构成的灰色钙芒硝岩酷似灰岩。有的钙芒硝晶体可达4~5cm。自形—半自形晶常见。自形晶多为菱板状、柱状、针状等。钙芒硝常被硬石膏交代或包裹，亦可见被无水芒硝交代或包裹的现象。

该矿床已查明矿区内Na_2SO_4总储量704 992.96×10^4t，其中，与石盐共生的Na_2SO_4为245 797.81×10^4t，钙芒硝矿层中的Na_2SO_4为459 195.15×10^4t。全部Na_2SO_4储量中C级储量125 712.64×10^4t，D级579 280.32×10^4t。

第二节 湖南澧县曾家河石盐-钙芒硝-无水芒硝矿床

一、位置

湖南澧县曾家河石盐-钙芒硝-无水芒硝矿床位于澧县城北约9km，属涔南乡辖，面积约24km²。矿区交通便利，207国道自北而南穿越矿区东部，北可达沙市，南经澧县过常德达长沙，水路于澧县八澧水过洞庭湖进长江，西距枝柳铁路金罗站约15km。

二、区域地质

矿区大地构造位置处于扬子准地台的中新生代大型盆地江汉沉降区的西南边缘，隶属江汉坳陷的二级构造盐井—澧县凹陷的次级构造—澧县盆地。

澧县盆地形似长菱角状，北东东向展布。北界为大堰垱断裂，南界为澧水大断裂。盆地系中生代后期形成的小型断陷盆地，长约50km，宽约13km，面积约650km²。

盆地周边地层，从奥陶系（缺失石炭系）到第四系均有出露。盆内地层主要为上白垩统、古新统和始新统，属一套含盐建造的内陆湖泊红色碎屑岩，总厚度约1400m。

盆地内构造较简单，规模较小，构造线方向主要为北东东—北东方向。褶皱主要有盆地中、东部的石虎-谭家铺向斜、西南部的合口-南岳寺向斜、北部的大堰垱-甘河向斜及西北部的伏牛山背斜。断裂主要分布于盆地西北部、中部，规模都较小。

现简述古近系及其下伏和上覆地层如下。

上白垩统(K_2):分布于澧县盆地的西部、东部及南部边缘,为一套内陆湖相红色碎屑岩层。一般可分为上、中、下3部分:下部为灰紫色砾岩及砖红色细砂岩,与下伏地层呈不整合接触,厚度211.15m;中部为紫红色粉砂质泥岩夹泥质粉砂岩,含少量粒状硬石膏,厚度为119.81m;上部为紫红色泥质粉砂岩与黄绿色厚层状长石石英砂岩互层,厚173.74m。

古近系(E):为一套内陆湖泊相红色碎屑及含盐沉积,总厚度1 309.73m,与下伏地层呈整合接触。

古新统(E_1):下部为紫红色泥质粉砂岩夹粉砂质泥岩,含石膏。底部夹薄层砂砾岩。层厚213.29~258.94m;上部为紫红色含膏粉砂质泥岩。盆地西部夹3.34~80.92m石膏及硬石膏岩。层厚74.73~117.80m。古新统总厚288.02~376.74m。

始新统(E_2):下部为紫红色粉砂质泥岩与灰绿色泥质云岩互层,含硬石膏团块,厚85.46~143.14m。中下部为紫红色粉砂质泥岩与粉砂岩互层。厚37.20~67.79m。中上部为含盐岩段,厚度89.69~188.06m。含盐段为一套灰色、深灰色泥岩、泥质云岩、含石膏钙芒硝岩、钙芒硝岩、无水芒硝岩及石盐岩组成多个韵律结构。含5~18个无水芒硝或石盐矿层,石盐矿层累计厚度18.76m,无水芒硝矿层累计厚度13.52m。上部为一套紫红色粉砂质泥岩,泥质粉砂岩与含膏云质泥岩互层,后者之中含泥云质石膏岩。厚度0.40~122.90m。

渐新统(E_3)为一套紫红色粉砂质泥岩与紫灰色泥质粉砂岩互层,仅分布于盐井-申津渡盆地,澧县盆地被剥蚀无保存。

第四系广泛分布,由黏土、亚黏土及砂砾(卵)石层组成。澧县盆地东部厚度最大达238.71m。

三、矿床地质

矿区内石虎-谭家铺向斜为控制无水芒硝和石盐矿层空间形态的主要构造。向斜之南的伍家铺断层为无水芒硝、石盐矿层的南部边界。

(一)含矿岩系简述

无水芒硝矿层和石盐矿层产于含盐浓度最高的盐岩段中,盐岩段厚度为151.16~188.06m。从下向上由含硬石膏云岩、泥岩亚段→下钙芒硝岩亚段→岩盐、无水芒硝、钙芒硝岩亚段→上钙芒硝岩亚段,构成一个完整的沉积旋回。将这一旋回划分为14层(图6-3),自下而上叙述如下。

(1)灰色、浅灰色白云岩与灰绿色中厚层状泥岩互层。上部白云岩中含少量团块状硬石膏。厚13.60~31.51m。

(2)灰色泥晶白云岩、灰绿色云泥岩夹灰绿色泥岩。下部含少量硬石膏团块,上部含少量0.1~10cm菱形钙芒硝,大者可达3cm,呈竹叶状分布。厚15.32~28.64m。

(3)烟灰色泥云质钙芒硝岩及含钙芒硝泥云岩。钙芒硝常呈自形菱板状,大小数厘米,局部可见钙芒硝呈粒状集合体或呈块状或呈条带状或呈薄层状分布。厚4.64~18.03m。

(4)夹石盐矿层的含泥云钙芒硝岩。钙芒硝岩具菱形粒状结构,粒径0.2~1cm,较底部

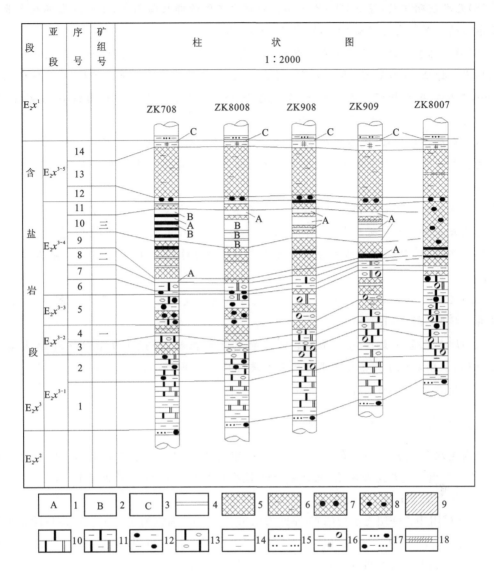

1-无水芒硝岩;2-盐岩;3-石膏岩;4-次生硝岩;5-钙芒硝岩;6-泥质钙芒硝岩;7-团粒状结构的钙芒硝岩;8-含团粒状硬石膏钙芒硝岩;9-硬石膏岩;10-白云岩;11-泥质白云岩;12-含硬石膏泥质白云岩;13-含钙芒硝泥质白云岩;14-泥岩;15-粉砂质泥岩;16-含石膏(硬石膏)泥岩;17-含灰质结核泥质粉砂岩;18-沥青质页岩

图 6-3 曾家河无水芒硝、岩盐矿含盐岩段柱状对比图(据黄良军等,1990)

颗粒明显变小。夹2层盐岩,盐岩层往西可相变为含泥云钙芒硝岩。层厚8.43~13.74m。

(5)青灰色含硬石膏泥云质钙芒硝岩夹含钙芒硝云质泥岩。钙芒硝菱形,粒径0.2~1cm。钙芒硝可集合呈块状也可聚集呈"竹叶"状。该层以含粒状、团块状硬石膏为显著特征。层厚16.68~23.21m。

(6)灰绿色泥岩。岩性极特征,分布稳定,可作为标志层。厚1.08~2.97m。

(7)烟灰色含泥云质钙芒硝岩。厚2.56~7.19m。

(8)无水芒硝矿层,厚0.39~2.64m。分布于矿区西部及西南部,在矿区东部及东北部同一无水芒硝矿层相变为石盐矿层,层厚2.0~2.53m。

(9)烟灰色含泥云质钙芒硝岩。中部夹一薄层沥青质页岩(其间含1~3cm大小的菱形钙芒硝),岩性特征,分布稳定,为标志层。中上部夹0~2层无水芒硝岩单矿层,单层厚度0.44~0.79m,在矿区东部相变为石盐矿层,单层厚0.18~0.40m。由于分布面积小,矿层不稳定,工业意义不大。该层厚10.75~24.0m。

(10)无水芒硝矿层(或石盐矿层)夹含泥云质钙芒硝岩。可见5层矿。无水芒硝矿与石盐矿呈相变关系。前者分布于矿区西部及西南部,后者则分布于东部及东北部。层厚12.99~23.39m。

(11)烟灰色含泥云质钙芒硝岩,中部夹无水芒硝岩单层或石盐单层,两者呈相变关系。无水芒硝岩分布于西部及西南部,厚度0.30~1.39m,平均0.62m,Na_2SO_4含量52.90%~84.24%,平均70.42%。石盐岩分布于东部及东北部,厚度0.10~0.59m。该层厚3.73~6.40m。

(12)深灰色含泥云质钙芒硝岩,常夹灰色云质泥岩或泥质云岩薄层及条带。东部泥裂构造发育。层厚1.71~4.42m。

(13)烟灰色含泥云质钙芒硝岩。钙芒硝呈菱形板状,一般大小在1~3cm,大者可达5cm。在断裂附近由于钙芒硝水解变为石膏质泥岩。层厚26.93~39.77m。

(14)含石膏、硬石膏泥岩层。层厚1.78~8.52m。

(二)无水芒硝矿组(层)及矿石

区内无水芒硝岩集中分布于二矿组、三矿组及Ⅷ矿层。其中二矿组和三矿组为工业矿组,尤其三矿组为主要工业矿组,Ⅷ矿层厚度较小且品位低达不到工业要求,因此,工业意义不大。现从下而上分述。

(1)二矿组中含一层无水芒硝矿,厚度为0.39~2.64m,面积约0.8km²。矿层埋深246.54~313.61m。矿石为含钙芒硝无水芒硝岩,其岩石呈无色、烟灰色,局部呈特征的天蓝色,具板状巨晶镶嵌结构。Na_2SO_4含量68.23%~94.46%,平均77.45%。

(2)三矿组含无水芒硝矿4~8个单层,单层厚度0.13~8.15m,累计6.50~13.03m,平均10.66m,分布面积1.5~1.8km²。无水芒硝单层Na_2SO_4含量25.78%~98.28%,平均62.69%。三矿组中含夹石3~7层,夹石层厚度一般小于3m。夹石为钙芒硝岩。

(3)在三矿组之上云泥质钙芒硝岩层中部赋存一层含钙芒硝无水芒硝岩,厚度为0.30~1.39m,一般0.39~0.70m,平均0.62m,面积1.8km²。Na_2SO_4含量52.90%~84.24%,平均70.42%。

无水芒硝矿石按矿物组成可划分为两类:一类是无水芒硝矿石,另一类是含钙芒硝无水芒硝矿石。

无水芒硝矿石:主要矿物为无水芒硝,含量90%,次要矿物有钙芒硝、石盐、白云石等。具不等粒镶嵌结构、包裹结构、交代结构(钙芒硝被无水芒硝交代),块状构造。

含钙芒硝无水芒硝矿石:无色、部分烟灰色、天蓝色,矿石以无水芒硝为主,其含量一般

50%～70%，次为钙芒硝，20%～40%。黏土矿物和碳酸盐矿物占 10% 以下。镜下矿石呈镶嵌结构。无水芒硝或包裹钙芒硝或交代钙芒硝，表明无水芒硝可能有几个生成世代。

无水芒硝矿石、石盐岩、钙芒硝岩化学成分见表 6-2。

表 6-2　曾家河无水芒硝矿石、盐岩矿石及钙芒硝岩的化学成分

矿石类型	化学成分						
	K^+	Na^+	Ca^{2+}	Mg^{2+}	Sr^{2+}	Ba^{2+}	Pb^{2+}
钙芒硝岩	0.05	10.89	8.56	0.052	—	—	<0.000 1
无水芒硝矿石	0.041	24.52	4.36	0.07	0.000 678	0.000 496	<0.000 1
石盐岩	0.038	33.89	2.23	0.028	0.000 785	0.000 467	<0.000 1

矿石类型	化学成分					
	Li^+	SO_4^{2-}	B_2O_3	Cl^-	Br^-+I^-	水不溶物
钙芒硝岩	—	43.285	0.003 65	0.55	0.003 6	35.405
无水芒硝矿石	<0.000 1	54.486	0.001 3	0.211 6	0.004 3	9.280 8
石盐岩	<0.000 1	10.476	0.000 66	47.000 2	0.002 7	4.216 8

2007 年 9 月，湖南省地质矿产勘查开发局四〇三队编写了《湖南省澧县曾家河矿区 1$^\#$ 田外围谭家矿段无水芒硝、岩盐矿详查报告》查明无水芒硝（Na_2SO_4）（332+333）资源储量为 $1\,260.02×10^4$t，伴生钙芒硝（Na_2SO_4）（332+333）资源量 $167.52×10^4$t。

第三节　湖南衡阳石盐-钙芒硝矿床

一、位置

衡阳盐矿区位于衡阳市的东北部和东部，即衡阳市、茶山坳、蒋家山、金甲岭等地。所谓衡阳盐矿区实际上是指其包括的 3 个主要矿段：矿区南部沿京广铁路或 F_4 断层以南的"蒋家山钙芒硝矿段"；矿区中部 F_3、F_4 断层之间为"茶山坳岩盐矿段；矿区北部 F_3 断层以北为"金甲岭岩盐矿段"。从图中可以看出，中部的茶山坳矿段和其北部的金甲岭矿段都是石盐矿段，而南部的蒋家山矿段是钙芒硝矿段，在平面上来看（虚线所示），从外向内，逐渐由硬石膏→钙芒硝→石盐相带呈现明显的"牛眼式"型式。

衡阳盐矿区总面积约 800km²，地理坐标为 26°50′—27°05′E，东经 112°30′—112°55′N。京广铁路傍矿段南缘经过，距衡阳市仅 10km，湘江、来河从南、西、北三面环绕矿区，京珠高速、泉南高速、岳临高速、衡炎高速擦矿区而过。公路亦可直达衡阳市，交通极为便利。

二、区域地质

衡阳盆地系中生代末期燕山运动形成的断陷型盆地。盆地边部及中部发育北东向和北北东向多次活动的大断裂，其对盆地的形成和发展起到了控制作用。盆地东北部是坳陷中心，在茶山坳至金甲岭一带古近系中沉积了具有工业价值的石盐、钙芒硝、硬石膏矿床。

衡阳盆地是著名的红层盆地,其形态不甚规则,大致呈北北东向展布,面积约 6000km²,盆地内堆积了厚达 5000 余米的红色岩层。盆地及其四周地层发育较全,除下泥盆统、中三叠统、新近系缺失外,自元古宇冷家溪群至第四系均有出露。衡阳盆地的基底由 3 个构造层所组成。

冷家溪群—志留系:广泛分布于盆地北、东、西三面边缘,为板岩、千枚岩、变质砂岩等一套类复理石建造的轻变质岩系。总厚 15 000m。

～～～～～～～～～～不整合～～～～～～～～～～

中泥盆统—下三叠统:分布于盆地的南部和西南部边缘,主要为浅海相碳酸盐岩建造。总厚约 6000m。

～～～～～～～～～～不整合～～～～～～～～～～

上三叠统—侏罗系:为陆相含煤砂页岩建造,零星出露于盆地边缘。厚约 470m。

～～～～～～～～～～不整合～～～～～～～～～～

白垩系—古近系:分布于盆地内部,为一套内陆湖相红色岩建造,厚 630～5000 余米。其中,古近系由下至上,划分为古新统车江组,始新统—渐新统霞流市组。该组又分上、下两段,下段茶山坳段,上段高岭段。石盐和钙芒硝矿层即赋存于古近系始新统—渐新统霞流市组茶山坳段中(表 6-3)。

表 6-3 衡阳盆地红层划分表

地层划分			沉积旋回			韵律曲线			古生物	
系	统	组	Ⅲ级	Ⅱ级	Ⅰ级	碎屑岩	泥岩	蒸发岩	介形类	孢粉
古近系	渐新统—始新统	霞流市组 高岭段	Ⅲ₄						真星介属	被子植物
		霞流市组 茶山坳段	Ⅲ₃	Ⅱ₂					土星介属 金星介属	
	古新统	车江组			Ⅰ					
白垩系	上统	戴家坪组	Ⅲ₂						女星介属	裸子植物
	下统	神皇山组		Ⅱ₁						
		东井组	Ⅲ₁						狼星介属	
前白垩系										

三、矿床地质

现以茶山坳石盐矿段为例叙述。

茶山坳石盐矿段位于衡阳盐矿区的中部,面积约 $32km^2$,其北为金甲岭石盐矿段,其南为蒋家山钙芒硝矿段。石盐矿层赋存于茶山坳段中,据钻孔资料,自下而上,可将茶山坳段分为 5 个岩性段。

(1)下部浅色泥岩段(E_2x^{1-1}):灰色含斑状硬石膏泥岩与紫红色粉砂质泥岩互层。向上硬石膏含量渐增。厚度大于 45m。

(2)下硫酸盐岩段(E_2x^{1-2}):青灰色含团块状、云雾状硬石膏泥岩、泥灰岩与紫红色泥岩互层,且夹层状、透镜状硬石膏岩及钙芒硝岩。常见次生石盐脉。厚约 150m。

(3)石盐岩段(E_2x^{1-3}):底部以含团块状硬石膏的泥岩、泥灰岩与紫红色泥岩互层为主,夹 2~5 层,厚 1~4m 的石盐矿,且夹有硬石膏岩及钙芒硝岩。中上部则以石盐矿层为主,夹薄层青灰色卤泥岩及钙芒硝岩,偶见夹薄层紫红色泥岩。厚 300m,最厚可达 460m。

(4)上硫酸盐岩段(E_2x^{1-4}):主要为钙芒硝矿层夹硬石膏岩及灰质泥岩,顶部常见有次生雪花状石膏岩。厚 10~90m。

(5)上部浅色泥岩段(E_2x^{1-5}):下部以灰色灰质泥岩、泥灰岩为主,夹紫红色灰质泥岩及灰白色长石石英砂岩、灰质砂岩。上部紫红色泥岩增多,与灰质泥岩、泥灰岩互层。岩石裂隙中充填次生石膏。厚约 200m。

在茶山坳石盐矿段中,石盐主矿层东西长 6000m 以上,南北宽大于 2000m,埋深最浅 212m,深 394m,往北往东埋深逐渐加大。矿层厚 51~335m,一般厚 220m,矿体累计厚 33~296m,单层厚 20~40m,夹石层累计厚 3~44m,夹石层一般 5~15 层,单层厚 2~5m。含矿率 65%~95%,一般在 80% 以上。在石盐主矿层之下的石盐矿层,称作石盐副矿层,其与主矿层区别在于矿层厚度小、夹石层多且与夹层呈互层产出。副矿层埋深大多在 500m 以下,矿层厚 14.25~54.19m,一般厚 25m。矿体单层厚 1~5m,累计厚 5.25~17.98m;夹石单层厚 1~8m,累计厚 5.42~45.68m;含矿率 15%~62%,大都小于 60%。

按照矿石中矿物含量及其结构构造特征,可将石盐矿石划分为 3 种类型。①晶质石盐矿石:无色透明状,质较纯。具半自形—自形粒状结构,石盐晶体最大达 5~10mm,NaCl 含量一般为 70%~80%。由这种矿石构成的矿层厚 0.2~1m,常赋存于石盐主矿层的中、上部。②含钙芒硝的石盐矿石:浅黄色,具半自形不等粒结构,矿物粒径 1~3mm。NaCl 含量 50%~70%,Na_2SO_4 5%~10%,水不溶物<30%。③团块、条带状石盐矿石:灰色,石盐或呈团块状、不规则状集合体与灰色条带状、不规则状泥质物混杂一起,或与泥岩呈薄层状互层出现,或常与薄层状钙芒硝及团块状硬石膏相伴产出。NaCl 含量一般在 40% 左右。

四、矿产资源及开发利用

衡山盐矿区茶山坳矿段中部矿层厚度及各矿石品位,从上至下分别叙述如下。

(1)上硫酸盐带:钙芒硝为主,伴生硬石膏、石膏。钙芒硝矿层平均厚 26.65m,Na_2SO_4 平均品位 30.10%,含矿率 85%。

(2)氯化物带中岩盐主矿层:岩盐为主,含少量泥质夹层,伴生钙芒硝、硬石膏,石盐矿层平均厚 177.72m，NaCl 品位 46.62%，含矿率 86%，伴生 Na_2SO_4 11.27%。

（3）氯化物带中岩盐副矿层：岩盐同泥质夹层产出，含少量钙芒硝、硬石膏，平均厚 18.65m，含矿率 34%，NaCl 36.20%。

（4）下硫酸盐带：硬石膏为主，伴生钙芒硝、岩盐，多数孔未穿过本层，已知厚>200m。

岩盐主矿层埋藏在当地侵蚀基准面下 200～400m，由于盐层上部尚有相当厚度的隔水层，故矿层顶部含盐（卤）水层与地表水间没有水力联系。

该成盐断陷盆地面积约 800km^2，为整个盆地面积的 1/8，该地区在 1957—2013 年间作了大量的普查工作。查明钙芒硝矿石量(332+333)9 570.3×10^{4}t，Na_2SO_4 为 2 531.48×10^{4}t。

第四节　湖北潜江石盐-钾芒硝-钙芒硝矿床

一、位置

矿床位于湖北潜江县周矶和蚌湖一带，东邻武汉，西靠沙市，交通都很快捷。

二、区域地质

矿床位于江汉盆地中部的潜江凹陷。该凹陷被角新沟低凸和海口凸起等围限，呈现一似心形状。

江汉盆地经数百个石油勘探钻井揭示表明，地层自下而上为下白垩统石门组、五龙组、上白垩统渔洋组，古新统沙市组，始新统沟咀组、荆沙组，始新统—渐新统潜江组，渐新统荆河镇组，新近系广华寺组，第四系平原组。白垩系—古近系厚逾 8000m，是一套红色含盐碎屑岩建造。从表 6-4 中可知，湖北与其他地区红层的对比。

表 6-4　湖北与其他地区红层对比表

层系		地区			
		衡阳盆地	湖北	广东	江苏
古近系	渐新统—始新统	霞流市组	高岭段 茶山坳段	荆河镇组 潜江组	罗佛寨组上段	赣江组 常州组
	古新统	车江组	新沟咀组	罗佛寨组下段	阜宁组
白垩系	上统	戴家坪组	跑马岗组 红花套组 罗镜滩组	南雄组	泰州组 赤山组 浦口组
	下统	神皇山组 东井组	五龙组 石门组		葛村组

三、矿床地质

(一)主要地层

在潜江凹陷中,沙市组和潜江组为主要的含盐地层。红色含盐碎屑岩建造由两个沉积旋回组成:第一沉积旋回由下白垩统石门组起一直到始新统荆沙组;第二沉积旋回由始新统—渐新统潜江组和荆河镇组组成。第二沉积旋回是主要的成盐旋回。

潜江组含丰富的石盐和钾镁硫酸盐层,这表明其是成盐浓缩程度最高时期的产物。整个潜江含盐系总厚3500~4500m,盐层累计厚1800m,是江汉盆地最厚的含盐系地层。

潜江组与上覆荆河镇组构成一个成盐沉积旋回,潜江组按岩性,可划分为4个段。自下而上叙述(图6-4)。

(1)潜四段:石盐岩与钙芒硝泥岩互层。除石盐外,可见少量无水芒硝和盐镁芒硝。个别层中呈散状分布钠镁矾和无水钠镁矾。厚400~2500m。

(2)潜三段:岩性基本同四段,不同的是无水芒硝含量显著增多。一般位于每一盐层的底部。多数层中见斑点状盐镁芒硝,少数盐层中有钠镁矾、无水钠镁矾。局部含杂卤石。表明原始卤水浓缩程度逐渐增高。厚150~640m。

(3)潜二段:盐层中钾芒硝呈层产出,一般层厚数十厘米,最厚达1.32m。局部见钾石膏。无水钾镁矾层仅见于钟96井潜二段,位于钾芒硝层之上。本段是潜江组含盐浓度最高的层段,溴氯系数和B含量达到最高值。厚110~630m。

(4)潜一段:下部为石盐岩、膏岩与砂泥岩、泥灰岩互层,中部为泥岩、砂岩、粉砂岩互层(中部淡化的砂泥岩厚数十至百余米),上部为泥岩、泥膏岩、油页岩夹石盐岩。盐层中除石盐、无水芒硝外,少数层中见到盐镁芒硝,个别层中有钠镁矾和杂卤石。本段连同上覆的荆河镇组(泥岩、砂岩夹油页岩夹含钙芒硝泥岩)是盐湖发展到后期淡化的产物。

(二)钾镁硫酸盐段盐类矿物及其组合特征

潜江组剖面研究表明,盐类矿物产出层序由下而上一般为钙芒硝-石盐-无水芒硝-盐镁芒硝和无水钠镁矾-钾芒硝-无水钾镁矾。这些盐类矿物组合说明,原始卤水属硫酸钠亚型。根据硫酸钠亚型卤水等温蒸发实验和地热变质过程的物化分析(韩蔚田等,1981)推断,潜江凹陷卤水蒸发析盐的矿物相主要为石盐、无水芒硝、白钠镁矾、软钾镁矾和钾芒硝。这与地层剖面中见到的盐类矿物是有差别的,造成这种差别的原因是地热变质作用。岩矿鉴定表明,本区钾镁硫酸盐复盐矿物的主要矿物组合类型有:①石盐-无水芒硝-盐镁芒硝;②石盐-钾芒硝;③石盐-无水钠镁矾-钠镁矾;④石盐-无水钾镁矾。

(三)潜江凹陷潜二段钾镁硫酸盐沉积古环境概况

潜江凹陷北部由于受潜北基底大断裂及其派生的浩口、车挡等次级断裂的控制,长期下沉,在潜一段至潜四段时期沉积了厚达1800m盐层,并在蚌湖和周矶两个次凹中于潜二段18和32韵律层形成了钾芒硝矿层。

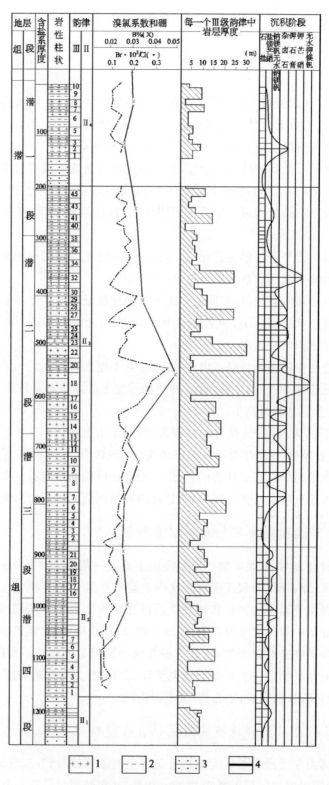

1-石盐岩；2-泥岩；3-砂岩；4-钾盐层。

图 6-4 潜江凹陷潜江含盐系综合柱状图（据刘群等，1987）

四、红层中的找矿探讨

在江南的红层中除重视寻找固体盐类矿床,如石盐、钙芒硝、无水芒硝、重碳钠盐、天然碱、钾芒硝等外,还应重视对液体含钾、硼、锂等矿床的寻找。因为深部花岗岩等火成岩的存在,又加上地热变质作用的存在可能会导致后者的形成。

第五节 江苏洪泽顺河集含重碳钠盐的钙芒硝-石盐-无水芒硝矿床

一、位置

该矿床位于江苏洪泽县城北偏东方向约 9km,属西顺河镇所辖。矿区内水陆交通方便,宁连一级公路 205 国道经过矿区东部,泗阳—洪泽国道贯穿矿区,向北 40km 抵淮阴市,乘铁路可达全国多地。水路以洪泽湖为中心,四通八达,东部有淮沭河、张福河,东南部为苏北灌溉总渠,并与淮沭河、京杭大运河相接,全年水运畅达无阻。

二、区域地质

本矿床从大地构造位置来说,位于扬子准地台的东北部,临近华北地台南缘,属于洪泽盆地(图 6-5)中的次一级凹陷-顺河集次凹,其西北与鲁苏隆起超覆过渡,其南受建湖隆起北缘(邓码断裂)控制,西南与管镇次凹隔湖相连,东与淮安中断陷相接。在燕山运动末至喜马拉雅运动长期接续下沉,接受中新生代沉积,是一南断北超、南厚北薄的箕状断陷,也是著名的红层盆地。区内钻孔仅揭露中生界上白垩统浦口组和赤山组。

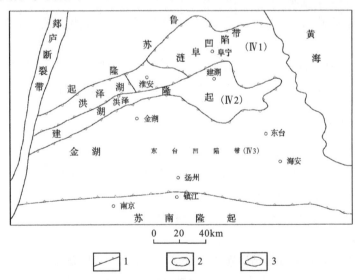

1-苏北坳陷边界;2-断凹陷;3-断(凹)陷。

图 6-5 苏北坳陷构造单元划分示意图

浦口组：下部岩性为咖啡色泥岩夹砂岩、云质泥岩、泥质粉砂岩；中部暗棕色—灰黑色泥岩、膏质泥岩、粉细砂岩、硬石膏岩、钙芒硝岩，后两者与岩盐组成不等厚互层；上部暗棕色粉砂质泥岩、粉砂岩、泥质粉砂岩，泥岩中含石膏和钙芒硝。浦口组分布广泛。早期为山麓堆积，中晚期是盐湖蒸发岩—河流相堆积。厚度大于3000m，与下伏地层为不整合接触。

赤山组：红棕色、砖红色粉细砂岩夹泥质砂岩、砂砾岩，是湖相、河湖相沉积。与下伏地层为不整合接触，厚度0~774m。

三、矿床地质

该矿床是1975年华东石油地质局在洪泽盆地进行油气普查施工的苏72井首先发现的。20世纪80年代，地质矿产部第三地质大队先后在本矿区施钻洪钾一井和洪钾三井（图6-6）。后者终孔井深2 505.00m，终孔层位为古近系阜宁组二段。揭露含盐系地层680.32m，并于井深1 992.87~2 027.7m，首次发现重碳钠盐矿层。现将该钻孔所揭示的地层自上而下简述如下。

（一）地层

1. 第四系东台组

上部土黄色、灰绿色粉砂质黏土层，具黏性，局部含砾石；下部土黄色含砾砂层夹粉砂质黏土层，砾石呈棱角状。层厚93.00m。

2. 新近系盐城组

按岩性组合特征，可分为3段。盐城组厚290.5m。

（1）上部浅绿色泥岩，质纯，具可塑性；中部灰色细砂岩夹砂质泥岩；下部灰色中粗粒砂岩，主要成分为石英，含有碳屑。该段厚144m。

（2）灰色中粗粒砂岩，底部为厚层含砾粗砂岩，砾石成分为石英，砾径2~3mm。该段厚60m。

（3）灰色细、中粗砂岩，以石英为主，分选性好。底部为厚层含砾粗砂岩，砾石成分以石英为主，呈棱角状，砾径2~3mm。与下伏地层呈不整合接触。该段厚86.5m。

3. 古近系三垛组

该组厚826.34m。按岩性组合特征，可分为4段。

（1）上部棕红色泥岩，中部泥质粉砂岩及厚层砂砾岩，含纤维状石膏，下部含钙质和石膏的粉砂质泥岩。该段厚265.94m。

（2）棕红色泥岩夹含粉砂质泥岩，局部为钙质泥岩夹次生纤维状石膏，底部夹灰绿色白云质泥岩。该段厚176.9m。

（3）上部深灰色钙质泥岩与钙质粉砂岩互层含黄铁矿，其呈条纹、条带及团块产出。粉砂岩含碳屑。下部以钙质泥岩为主夹钙质粉砂岩、白云质泥岩。该段厚209.46m。

（4）以深灰色、灰绿色钙质粉砂岩为主夹钙质泥岩、钙质细砂岩。粉砂岩结构松散，含H_2S气味。泥岩页片状，含介形虫化石。与下伏地层呈不整合接触。该段厚173.97m。

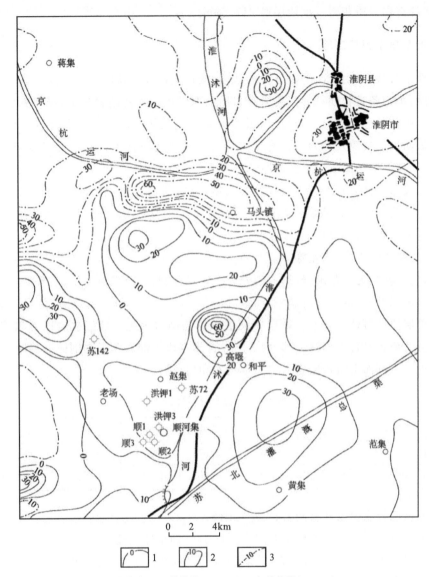

1-零等值线；2-正等值线($n\times 10r$)；3-负等值线($n\times 10r$)。

图 6-6　江苏省洪泽盆地顺河次凹航测 ΔT 平面等值线图

4. 古近系戴南组

上部以钙质细砂岩为主夹钙泥质砂岩及钙质泥岩，局部夹含砾砂岩。钙质细砂岩，结构松散，具油迹，局部夹油浸砂岩层。泥岩中含介形虫及腹足类化石。底部砂砾岩与下伏地层为不整合接触。该组厚 392.45m。

5. 古近系阜宁组阜三段

上部棕色、暗棕色钙质粉砂岩、钙质细砂岩为主夹钙泥质砂岩及钙质泥岩，局部夹砂砾岩薄层。钙质泥岩中含介形虫化石；下部以细砂岩为主夹粉砂岩，局部为钙泥质粉砂岩，具较浓油气味；底部夹白云质灰岩。该段层厚217.59m。

6. 古近系阜宁组阜二段

按岩性组合特征，由上而下可分为上盐段、淡化层段和下盐段。阜二段总厚680.32m。

上盐段：顶部条带状硬石膏岩夹粉砂岩。上部以灰色钙芒硝岩为主，局部夹少量石盐岩、泥岩薄层。中部灰色石盐岩与泥岩、白云质泥岩组成频繁互层。局部夹厚层灰色钙芒硝岩。泥岩含石盐团块。裂隙发育为石盐充填。局部夹较多硬石膏条带。下部以浅灰色石盐岩为主夹泥岩，局部夹钙芒硝岩。上盐段厚139.22m。

淡化层段：以灰色白云质灰岩、泥灰岩为主，夹泥质白云岩、白云质泥岩及钙质泥岩。中部夹四层总厚为1.24m的重碳钠盐矿层。灰岩、白云岩坚硬，水平层理发育，局部含油迹。深灰色钙质泥岩含钙芒硝团块。该段厚50.98m。

下盐段：厚490.12m，未钻穿。

上部以石盐岩、无水芒硝岩、钙芒硝岩为主，夹碳酸盐岩及少量泥岩(表6-5)。

从表中可以看出，剖面含石盐率较高，可达30.63%。上部盐层相对厚度大，质较纯，纯石盐岩最大单层厚度可达4.06m。盐层中夹层以钙芒硝岩为主。硫酸盐岩以无水芒硝岩和钙芒硝岩为主。前者发育于本段上部，后者则发育于本段下部。两者在剖面上可达33.77%，而硬石膏岩少见。剖面上淡化层岩类主要是灰岩和白云岩。

表6-5 各岩类厚度与岩比表

岩类	石盐岩	无水芒硝岩	钙芒硝岩	硬石膏岩	泥岩	白云岩	灰岩	重碳钠盐
厚度(m)	38.69	24.35	40.35	3.67	21.79	17.67	25.66	0.01
岩比(%)	30.63	12.71	21.06	1.60	11.37	9.22	13.39	0.01

盐层的顶底板主要是钙芒硝岩、无水芒硝岩。

顶部可见石盐层与无水芒硝岩之间夹厚约1cm的重碳钠盐岩。

下部以泥岩为主，其为碳酸盐岩(灰岩和白云岩)，夹石盐岩、硬石膏岩及少量泥质钙芒硝岩。剖面含盐率低，仅为7.99%，盐层薄，主要分布于本段上部。

(二) 矿体(层)地质

本矿床除了地矿部第三地质大队1985年元月终孔的洪钾3井外，1990年由江苏石油勘探局施工了顺1井、顺2井，并提交了相应的无水芒硝和岩盐储量报告。1993年3月华东石油地质局又以江苏东方石油科技开发公司的名义接受江苏省三友盐化有限公司筹建处的委托，施工了顺3井，并于同年8月20日向省储委提交了勘探地质报告。

通过对揭穿含盐系的顺1井、顺2井和顺3井以及洪钾3井的对比研究，从下向上划分出19个工业矿层，其中下盐亚段为13个工业矿层，上盐亚段为6个工业矿层。现分述如下：

第Ⅰ工业矿层：岩性以灰白色岩盐和盐质钙芒硝等为主，呈似层状产出，岩盐分布不稳定，向块段边缘钙芒硝岩层明显增多，矿层视厚6.0～7.18m，平均6.51m。岩盐平均品位63.77%，

伴生 Na_2SO_4 含量平均 12.94%，伴生有益元素含量低，伴生水溶性有害元素。Pb 为 $(0\sim4)\times10^{-6}$，Ba 为 $(0\sim12)\times10^{-6}$，As 为 0，均不超标。

第 II 工业矿层：岩性为灰白色岩盐夹钙芒硝岩层，块段中部为灰白色岩盐夹泥质条带，矿层呈似层状产出。岩盐分布较稳定，向块段边缘钙芒硝层明显增多，矿层视厚 4.29~6.0m，平均 5.36m。盐岩品位 65.19%，伴生 Na_2SO_4 含量 15.35%。Pb 为 10×10^{-6}，超标 10 倍，F 为 12×10^{-6}，超标 2 倍，Ba 为 7×10^{-6}，As 不超标。

第 III 工业矿层：以灰白色盐岩为主，含无水芒硝薄层及团块，边部夹钙芒硝岩层。矿层视厚 4.2~5.42m，平均 5m。NaCl 平均品位 53.02%，伴生 Na_2SO_4 平均品位 19.98%。有害组分 Pb 为 $(0\sim10)\times10^{-6}$，F 为 $(4.48\sim12)\times10^{-6}$，Ba 为 $(0\sim7)\times10^{-6}$，As 不超标。

第 IV 工业矿层：为灰白色岩盐、钙芒硝质盐岩夹钙芒硝薄层及条带。NaCl 平均品位 64.99%，伴生 Na_2SO_4 含量 11.54%。有害组分 Pb 为 $(0\sim8)\times10^{-6}$，F 为 46×10^{-6}，Ba 为 $(0\sim8)\times10^{-6}$，As 不超标。

第 V 工业矿层：灰色—灰白色岩盐、含钙芒硝岩盐、泥质岩盐、含无水芒硝岩盐。矿层呈层状产出，分布稳定，矿层视厚度 6.75~7.6m。顶板为泥岩、钙质泥岩和灰岩以及钙芒硝岩等。NaCl 平均品位 77.77%，伴生 Na_2SO_4 含量 6.91%。有害组分 Pb 为 $(0\sim9.5)\times10^{-6}$，F 为 $(30\sim32)\times10^{-6}$，Ba 为 $(0\sim8)\times10^{-6}$，As 不超标。

第 VI 工业矿层：岩性为灰白色岩盐、含钙芒硝质岩盐。岩盐分布较稳定，底部向块段东北部相变为无水芒硝岩。矿层视厚为 5.2~6.05m，平均 5.76m。NaCl 品位 77.29%，共生 Na_2SO_4 含量 20.13%。有害组分 Pb 为 $(6\sim9.5)\times10^{-6}$，F 为 $(30\sim32)\times10^{-6}$，Ba 为 $(0\sim8)\times10^{-6}$，As 不超标。

第 VII 工业矿层：岩性为灰白色岩盐、钙芒硝质岩盐、含泥岩盐夹泥岩、含云泥岩薄层。矿层呈层状产出，岩盐分布较稳定，矿层视厚平均 7.75m。NaCl 品位 71.56%~81.71%，Na_2SO_4 含量 5.41%~8.98%。有害组分 Pb 为 $(0\sim4)\times10^{-6}$，F 为 $(7.08\sim38)\times10^{-6}$，Ba<$50\times10^{-6}$，As 不超标。

第 VIII 工业矿层：为棕黄色、浅黄色、灰色无水芒硝岩夹含云泥岩、钙质泥质条带和薄层，含少量钙芒硝团块。矿层视厚度 10.21~17.2m，平均 14.55m。无水芒硝品位高达 83.57%~85.96%，下部品位可达 90% 以上，伴生 NaCl 只有 0.58%~2.39%。有害组分 F 为 $(34\sim38.5)\times10^{-6}$，Pb 为 $(0\sim5)\times10^{-6}$，Ba<50×10^{-6}。

第 IX 工业矿层：岩盐为主要矿石，底部有 1m 厚的无水芒硝矿石。岩盐平均品位 70.49%，共生 Na_2SO_4 平均含量 22.87%。水溶性有害组分 Pb 为 $(0\sim1)\times10^{-6}$，F 为 $(1.4\sim1.46)\times10^{-6}$，Ba<$50\times10^{-6}$，As 不超标。

第 X 工业矿层：本矿层岩盐为主要矿石，顺 3 井底中有 1.27m 无水芒硝岩，洪钾 3 井底部有 3.89m 无水芒硝岩，顺 2 井未取芯。NaCl 平均品位 80.92%，伴生 Na_2SO_4 含量 11.98%（洪钾 3 井底部 3.89m 无水芒硝品位 80.38%）。有害组分 Pb 为 $(0\sim9.5)\times10^{-6}$，F 为 $(1.81\sim10)\times10^{-6}$，Ba 为 $(0\sim39.3)\times10^{-6}$，As 为 $(0\sim1.3)\times10^{-6}$。

第 XI 工业矿层：本矿层岩盐为主要矿层，底部有 0.65~2.36m 无水芒硝岩。矿层视厚度平均 6.3m。石盐平均品位 69.64%,共生 Na_2SO_4 含量 26.73%。

第XII工业矿层:洪钾 3 井缺失本矿层。本矿层分为下部XII-1 无水芒硝矿层和上部XII-2 岩盐矿层。XII-1 矿层在顺 2、3 井中岩性为棕黄色无水芒硝岩,视厚 0.63～8.0m,厚度变化较大,无水芒硝品位 85.83%～91.1%,伴生 NaCl 含量 0.15%～6.75%;XII-2 矿层在顺 1、2、3 井中岩性为灰白色岩盐,含无水芒硝岩盐夹泥岩条带时,视厚度 2.38～14.0m。岩盐平均品位 88.12%,伴生 Na_2SO_4 含量 3.27%。有害组分顺 2 井 F 为 $4.1×10^{-6}$,Pb 为 $(0～1)×10^{-6}$,Ba、As 均为 0。

第XIII工业矿层:洪钾 3 井缺失本矿层。顺 1、2、3 井均取芯。岩性为棕黄色无水芒硝岩,少量含重碳钠盐无水芒硝岩,矿层呈似层状产出,厚度变化较大。顺 1、顺 2 井矿层视厚 5.20～6.73m,顺 3 井视厚 1.45m。无水芒硝品位 84.19%～96.72%,NaCl 含量 0～0.59%。有害组分 F 为 $(6～6.88)×10^{-6}$,Pb 为 $(0～1)×10^{-6}$,Ba、As 均为 0。

第XIV工业矿层:岩性以灰白色—灰黑色岩盐、含泥岩盐、泥质岩盐、含钙芒硝岩盐、含无水芒硝岩盐为主,上部含无水芒硝,夹泥岩、钙芒硝条带。矿层呈层状,岩盐延续较稳定,矿层视厚 11.97～20.4m,平均 16.01m。NaCl 品位 79.42%～82.49%,平均品位 81.44%,Na_2SO_4 含量 5.72%～8.84%,平均为 7.19%,是较好的岩盐开采层。矿层顶界埋深 1 951.93～2 129.8m,向西南加深,深度递变率 94.46m/km。顶板岩性为泥岩、含钙泥岩和泥质钙芒硝岩,视厚 1.93～3.0m。伴生水溶性有害组分 $Pb<2.5×10^{-6}$,洪钾 3 井超标 2 倍多,F 为 $(0.83～14)×10^{-6}$,$As<3×10^{-6}$,Ba 为 $(0～50)×10^{-6}$,顺 3 井超标。

第XV工业矿层:岩性以灰白色—灰黑色岩盐、含钙芒硝岩盐为主,夹无水芒硝、泥岩、含钙芒硝泥岩薄层和条带。呈层状产出,岩盐分布稳定,矿层视厚 22.2～24.29m,平均 23.42m。岩盐平均品位 72.0%,伴生 Na_2SO_4 平均含量 5.52%。矿层顶界埋深 1 925.54～2 104.90m,向西南加深,深度递变率 95.25m/km。顶板为含钙芒硝泥岩、含灰泥岩、膏质泥质与岩盐、无水芒硝岩石等厚互层,视厚度较大,达 13.7～17.44m。水溶性有害组分含量:$Pb<2.5×10^{-6}$,洪钾 3 井超标 2 倍多,F 为 $(9.02～14)×10^{-6}$,均超标 1 倍左右,As 为 $(0～0.5)×10^{-6}$,不超标,$Ba<50×10^{-6}$,顺 3 井超标。

第XVI工业矿层:岩性为灰白色—灰黑色岩盐、含泥岩盐、泥质岩盐、钙芒硝质岩盐夹无水芒硝岩、含灰泥岩、云质泥岩和钙芒硝泥岩薄层。呈层状产出,岩盐分布较稳定。矿层视厚 4.2～5.95m,平均 5.05m。岩盐平均品位 81.1%,品位较高,伴生 Na_2SO_4 含量 2.68%。水溶性有害组分含量:$Pb<2.5×10^{-6}$,洪钾 3 井超标 2 倍多,F 为 $2.0×10^{-6}$,普遍超标 1～2 倍。As 为 $(0～0.5)×10^{-6}$,$Ba<50×10^{-6}$,顺 3 井超标。

第XVII工业矿层:岩性以灰白色—灰黑色岩盐、含泥岩盐与含钙芒硝岩盐泥岩、钙芒硝质泥岩、泥质钙芒硝岩等不等厚互层为主,呈层状产出。岩盐分布稳定。矿层视厚 22.07～25.0m,平均 23.59m,洪钾 3 井有一层厚 4.14m 的夹石,其由泥岩、云质泥岩组成,并含钙芒硝团块及条带等。岩盐平均品位 56.78%,伴生 Na_2SO_4 含量为 4.80%。有害组分含量:$Pb<2.5×10^{-6}$,As 为 $(0～0.5)×10^{-6}$,F 为 $(0.76～12)×10^{-6}$,$Ba<50×10^{-6}$。

第XVIII工业矿层:岩性以灰白色—灰黑色岩盐、泥质岩盐、含泥岩盐与泥岩、云质泥岩不等厚互层,呈层状产出。岩盐分布较稳定。矿层视厚 5.0~5.37m,平均 5.18m。岩盐平均品位 57.39%,品位较低,伴生 Na_2SO_4 含量为 0.46%。有害组分含量:$Pb<2.5\times10^{-6}$,As 为 $(0\sim0.5)\times10^{-6}$,F 为 $5.66\sim9\times10^{-6}$,$Ba<50\times10^{-6}$。

第 XIX 工业矿层:岩性主要为灰色—灰黑色岩盐、泥质岩盐、钙芒硝质岩盐与泥岩、含钙泥岩、含钙芒硝泥岩、钙芒硝岩、硬石膏岩互层,夹少量无水芒硝岩。下部矿层夹泥岩层较少,上部矿层则较多。该矿层又可分为 XIX-1 和 XIX-2 两矿层,前者岩盐平均品位 58.49%,伴生 Na_2SO_4 含量平均 4.31%,后者岩盐平均品位 40.19%,达不到储量计算指标的要求,伴生 Na_2SO_4 含量平均 12.26%。水溶性有害组分:$Pb<2.5\times10^{-6}$,洪钾 3 井超标 2 倍多,F 为 $(0.93\sim10.0)\times10^{-6}$,局部超标,As 为 $(0\sim0.5)\times10^{-6}$,不超标,$Ba<50\times10^{-6}$,顺 3 井超标。

 古代海相碳酸岩型钙芒硝矿床(矿点)

第一节 新疆库车盆地第三纪(古近纪＋新近纪)海相碎屑-碳酸岩型石盐-钙芒硝矿床

该类矿床被定为海相碎屑—碳酸岩型石盐-钙芒硝矿床,是由于它既不同于我国广泛分布的陆相碎屑岩型石盐-钙芒硝矿床,也有别于古代海相碳酸盐型的石盐矿床中的钙芒硝矿,它介于两者之间。虽然,只在少数地区出现,但有另立一种类型来研究的必要。

一、库车成盐盆地概述

库车盆地为南天山冒地槽褶皱系的山前坳陷带,东起库尔楚,西止塔拉克,北以天山为界,南至新和-轮台及穷木兹杜克大断裂,面积约 30 000 km^2(刘群,1987)。古近纪本区为一个巨大的半封闭式浅海-潟湖海湾,由于海水进退频繁,气候干热,海水盐度多次增高,形成多期膏盐层。盐盆中膏盐矿点广布,成盐时代稍晚于喀什叶城盐盆西南面的莎车坳陷(图 7-1)。有两个成盐期,一是古新世晚期—渐新世早期,一是中新统。前者成盐强度胜于后者。含盐系最厚达 2600m,盐层累计厚度达 1500m,见图 7-2。

二、库车盆地第三系(古近系＋新近系)含盐系剖面结构及其特征

由于构造运动,沉积中心逐渐向南迁移。在古新世—始新世早、中期有两路海水进入本区给盆地带来丰富的盐类物质(图 7-1)。第三系(古近系＋新近系)含盐系极为发育。盆地内有多个钻孔对含盐系进行揭示。

根据含盐系的时代和成盐强度,划分古近系为第一成盐期,新近系为第二成盐期(图 7-2)。第一成盐期又细分为两个亚期。在古近系划分出 7 个盐段。从第 1 盐段到 5 盐段,岩性为硬石膏岩、泥砾质石盐岩、含硬石膏白云岩、含硬石膏泥灰岩。含盐建造主要是石膏-石盐建造。从 5 盐段到 7 盐段,岩性为浅褐色—青灰色厚层状石盐岩,北部吐孜玛扎夹多层含钙芒硝或钙芒硝质石盐岩。含盐建造主要是石盐-钙芒硝建造。

第二成盐期形成的中新统盐层下部为泥质钙芒硝岩或含钙芒硝石盐岩,上部为石膏岩、泥灰岩、粉砂灰质泥岩,含盐建造是石盐-钙芒硝建造。在多个盐矿点均发现钙芒硝岩层或钙芒硝质石盐岩。例如,红柳窝、克孜勒厄肯、克瓦孜列克、土埃依—梅音依、巴拉霍依、健人沟北翼、轮台县阳霞等。

下篇 矿床实例

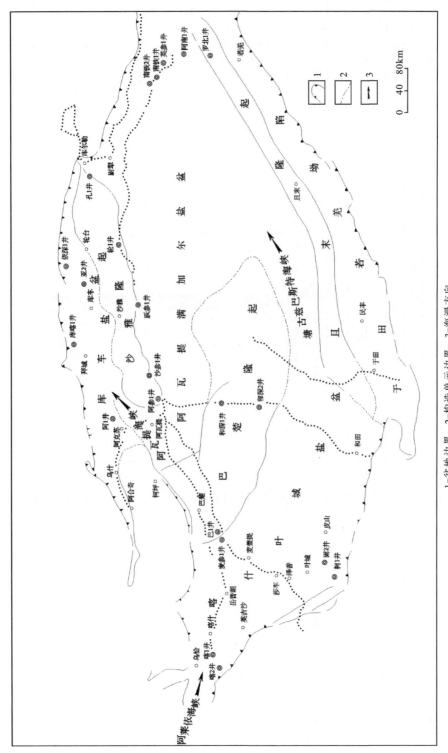

图7-1 塔里木盆地晚白垩世—古近纪多级成盐盆地示意图

1-盆地边界；2-构造单元边界；3-海浸方向。

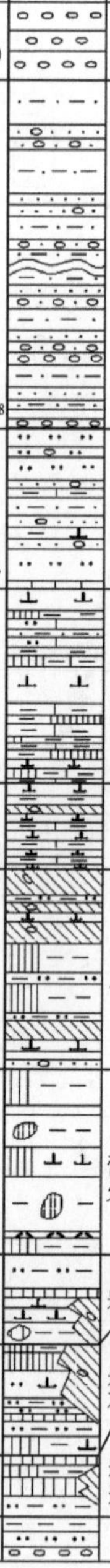

地层单位				代号	厚度	柱状图	岩 性 简 述
系	统	组	段		(m)		
第四系		西域组		Qp			灰色冰水砾石层
新近系	上新统	库车组		N_2c	>1758		由浅棕色巨厚层砾岩、砂砾岩及粗砂岩组成,上部出现粉砂岩、泥岩互层。胶结松散,分选性差
	中新统	康村组		N_1k	424		以长石质或硬砂质含砾不等粒砂岩为主,夹少量细砾岩透镜体和粉砂岩薄层,砂质灰岩,粒度韵律明显,泥钙质胶结
		盐水沟组		N_1y	523		棕红色、灰绿色相间的中厚层状钙质泥岩,泥灰岩夹石膏薄层和团块所组成,局部含钙芒硝石盐岩透镜体
古近系	渐新统	阿瓦特组	含盐泥岩段	E_3a^3	228		棕褐色中厚层状粉砂质泥岩夹泥灰岩,石膏岩及石盐岩透镜体
			岩盐段	E_3a^2	520		棕红色厚层状含泥砾石盐岩为主,夹粉砂质泥岩及少量石膏岩薄层所组成
			杂色泥岩段	E_3a^1	489		棕红色、褐红色中薄层状粉砂质泥岩夹灰绿色含膏钙质泥岩及石膏薄层和团块,底部见有薄层凝灰火山岩
	始新统	小库孜拜组	上段	E_2x^2	230		紫红色中薄层状钙质泥岩,粉砂质泥岩夹灰绿色粉砂岩及石膏岩薄层组成。局部为巨厚的含泥砾石盐岩沉积
			下段	E_2x^1	300		紫红色薄层状钙质泥岩夹长石质石英砂岩、粉砂岩及石膏薄层和团块,砂质岩中见有铁质氧化壳和石盐假晶深部相变为石盐岩沉积
	古新统	塔拉克组		E_1x	172		下部为灰褐色厚层状砾岩、长石质砂岩夹石膏岩和泥质白云岩,中上部为灰白色厚层状石膏岩夹白云质灰岩和砂质泥岩,深处渐变为石盐岩沉积
白垩系	上统	间景山组		K_2j			灰褐色钙质砾岩、砂岩、粉砂岩、泥岩

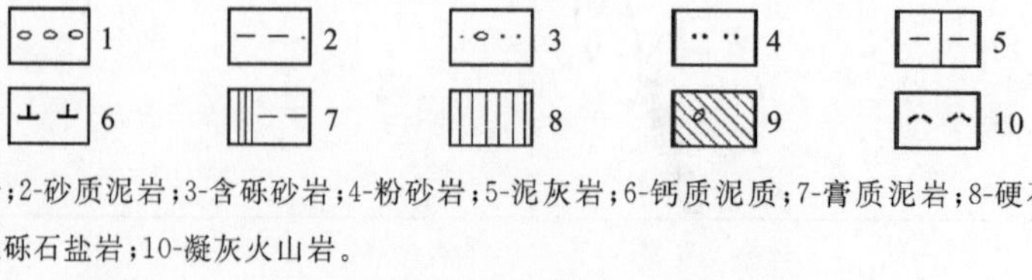

1-砾岩;2-砂质泥岩;3-含砾砂岩;4-粉砂岩;5-泥灰岩;6-钙质泥质;7-膏质泥岩;8-硬石膏岩;9-含泥砾石盐岩;10-凝灰火山岩。

图 7-2 库车盆地第三系(古近系+新近系)地层柱状图

含盐系岩性研究表明，与陆相碎屑岩型石盐-钙芒硝矿床相比，库车类型的特点是泥灰岩、白云岩成分及含量要多，"泥砾"含量亦多，而粉砂质和泥质等碎屑物含量减少。

第二节 四川渠县钙芒硝-杂卤石矿床

一、地理及构造位置

渠县钙芒硝-杂卤石矿床位于四川盆地东部渠县三汇镇农乐乡，距襄渝铁路7km，交通方便。大地构造位置属川东南褶皱带华蓥山背斜北倾末端。背斜呈北东-南西向展布，次级构造复杂，形成一串雁行式短轴背斜，与主背斜形成60°～70°交角。

二、地层简述

矿区出露地层为中上三叠统，主要含盐系的嘉四、五段均埋于地下，杂卤石矿层产于嘉五段—雷一段一亚段中。该含盐系由石灰岩、白云岩、硬石膏岩为主的碳酸盐—硫酸盐岩所组成。其中，还含菱镁矿岩、钙芒硝岩和杂卤石岩。厚度一般为85～120m。

杂卤石矿层分布于"绿豆岩"（水云母质凝灰岩）层的上下13～15m范围内。

三、矿层特征及矿石类型

杂卤石矿层单层厚度为0.03～3.06m，一般为0.2～0.7m。矿层一般为6～8层。矿层顶板埋深25～384m，最深可见900m。

杂卤石产于富Mg、富泥的薄互层状硬石膏岩、钙芒硝岩的复式组合序列内，或与"绿豆岩"相伴随出现。杂卤石矿石依照其所含矿物及含量，可分为4种类型，即含多钙钾石膏的杂卤石矿石、杂卤石矿石、含硬石膏杂卤石矿石、硬石膏质杂卤石矿石。这4种矿石的化学分析结果见表7-1。

表7-1 渠县钙芒硝—杂卤石矿床物质成分

矿石类型	化学成分					
	H_2O	SO_3	CaO	MgO	K_2O	Na_2O
含多钙钾石膏的杂卤石矿石	6.11	48.58	20.18	5.54	15.25	0.08
杂卤石矿石	5.57	51.54	19.69	6.74	14.00	0.13
硬石膏质杂卤石矿石	2.99	54.70	29.51	4.16	7.47	0.03
含硬石膏杂卤石矿石	3.73	54.19	27.13	4.35	9.00	0.00

第三节 其他海相碳酸岩型钙芒硝（矿点）

一、华北奥陶系中的钙芒硝

华北奥陶系在邯邢地区广泛分布。北起临城，南入河南省境内，东自武安经涉县，西至山西省,出露面积达1400km²。

在邯邢中奥陶统已发现硬石膏(石膏)矿床(矿点)约30余处,其分布范围北起竹壁—磨窝—郭村—王窑—胡峪,南至崔炉一带,绵延130km²,最宽处在胡峪—冶陶,达32km。

中奥陶统蒸发岩主要为石膏岩和硬石膏岩,局部可见钙芒硝岩。蒸发岩具有多层次的特点,主要分布于3个层带内。自下而上为:第一含膏带,产于贾汪组的顶部,通常由1~2个石膏(硬石膏)矿层组成,总厚度20~50m,代表性的地区是郭村石膏矿,以角砾状石膏矿石为其特征。第二含膏带为下马家沟组顶部,硬石膏矿层数量多,通常6~9层,单层最大厚度为50m,总厚度为几十米至百余米,含膏带常见石盐假晶。第三含膏带为上马家沟组中、上部,是成膏的最好矿带,此含膏带通常由3~6个矿层组成,顶部尚含有钙芒硝和钙菱镁矿。钙芒硝见于武安县赭山矿区ZK28号孔岩芯内,分为两层,上层埋深374~376m,下层埋深415~425m,富集的部位形成厚0.5cm的薄层。钙菱镁矿主要分布于膏层旋回顶部的白云岩夹层内。

第一含膏段以硬石膏、石膏为主,未发现其他盐度更大的矿物,表现海水浓度相当于$CaSO_4$沉积阶段;第二含膏段除有大量硬石膏和石膏外,普遍见石盐假晶,表明局部海水浓度已到NaCl沉积阶段;第三含膏段除硬石膏、石膏外,尚见钙芒硝薄层及团块,并有石盐假晶,反映原始卤水浓度已达$CaSO_4$-NaCl沉积阶段。钙芒硝的出现也反映出陆表水与海水曾发生过交流。

山西奥陶系出露广泛,普及全省。中奥陶统蕴藏着丰富的石膏资源。在太原圪蹬沟上马家沟组第六层石膏中产出有薄层钙芒硝。

二、四川震旦纪海相碳酸岩型石盐-钙芒硝矿

该矿床位于四川省长宁—珙县地区,含矿层位于上震旦统灯影组下部,这是我国乃至世界最古老的石盐—钙芒硝矿床。该矿是由四川石油管理局泸州气矿在20世纪70年代初于川南长宁施钻的宁1井和宁2井(图7-3)所发现的。

宁1井见6层石盐岩厚39.5m。其中,5层产于上震旦统灯影组富藻段中,单层厚2.5~12m,共厚29.5m。另一层产于上震旦统灯影组下贫藻段中,石盐层厚10m。

宁2井于灯影组下贫藻段井深2593~2645m为厚52m的钙芒硝层,井深2645~2885m为厚达240m的石盐层。此石盐层中夹有硬石膏及膏质白云岩薄层。

根据石盐岩中矿物含量及赋存状态,可划分为7种石盐矿石类型,即块状晶质石盐岩、条带状石盐岩、含钙芒硝条带石盐岩、含钙芒硝团块石盐岩、含星点状硬石膏、钙芒硝石盐岩以及含微量钾矿物(脆钾铁矾[$KFe(SO_4)_2$])石盐岩。

石盐岩中Br^-含量为0.004 4%~0.011%,平均含量0.008 8%,盐层底部溴氯系数($Br \cdot 10^3/Cl$)为0.1左右,向上变为0.15左右,个别达0.2。K^+含量较低为0.014 5%~0.123%,平均0.031%。

根据林跃庭等(1992)资料四川震旦纪NaCl资源量为3 263.4亿t。

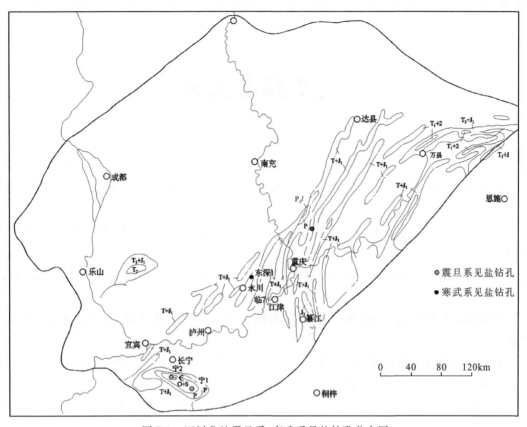

图 7-3 四川盆地震旦系、寒武系见盐钻孔分布图

主要参考文献

蔡亚能,1986.孤雌生殖与两性生殖卤虫的观察——卤虫种类的初探[J].山东海洋学院学报,16(3):52-59.

邓小林,杨更生,谭志来,等,1996.广西陶圩盆地蒸发岩系特征及其地质时代[J].化工地质,18(4):289-295.

董聿茂,戴爱云,蒋燮治,等,1982.中国动物图谱——甲壳动物(第一册)[M].2版.北京:科学出版社.

冯增昭,王英华,张吉森,等,1990.华北地台早古生代岩相古地理[M].北京:地质出版社.

韩蔚田,谷树起,蔡克勤,1982. K^+、Na^+、Mg^{2+}、Ca^{2+}/Cl^-、SO_4^{2-}-H_2O 六元素体系中杂卤石形成条件的研究[J].科学通报,27(6):362.

韩蔚田,谷树起.1981.对 Na^+、Mg^{2+}/Cl^-、SO_4^{2-}-H_2O 四元体系多温图的修正[J].科学通报(16):989-991.

胡文瑄,1984.云南安宁盆地上侏罗统安宁组含盐系剖面及含盐性标志研究[D].北京:中国地质大学(北京).

孔超,2007.新疆地区若干盐湖基于16S rDNA的原核微生物多样性研究[D].杭州:浙江大学.

孔凡晶,马妮娜,ALIAN W,等,2010.大浪滩盐湖蒸发盐嗜盐菌培养鉴定及其天体生物学意义[J].地质学报,84(11):1661-1667.

李润民,刘振敏,1983.青海察尔汗盐滩达布逊盐湖"珍珠盐"的形成条件[J].化工地质(2):38-40.

李武,1994.中国天然碱工业[M].北京:化学工业出版社.

刘群,1987.中国中、新代陆源碎屑-化学岩型盐类沉积[M].北京:北京科学技术出版社.

刘群,杜之岳,陈郁华,等,1997.陕北奥陶系和塔里木石炭系钾盐找矿远景[M].北京:原子能出版社.

楼纯菊,吴复华,1988.微生物的生活[M].北京:科学出版社.

吕凤琳,刘成林,焦鹏程,等,2015.亚洲大陆内部盐湖沉积特征、阶段性演化及其控制因素探讨——基于罗布泊LDK01深孔岩心记录[J].岩石学报,31(9):16.

马延和,田新玉,1991.碱性β-甘露聚糖酶的产生条件及一般特征[J].微生物学报,31(6):443-448.

闵隆瑞,曲懿华,陈郁华,等,1995.内蒙古达拉特旗芒硝矿研究[M].北京:地质出版社.

曲懿华,钱自强,韩蔚田,1979.盐矿物鉴定手册[M].北京:地质出版社.

任慕莲,杨文荣,姜作发,等,1992.新疆艾比湖卤虫[M].乌鲁木齐:新疆科技卫生出版社.

尚慧芸,姜乃煌,1983.陆相沉积盆地生物标记化合物及分子参数[J].沉积学报,1(1):107-117.

王柏昆,2007.我国元明粉的生产技术研究现况[J].中国科技信息,(17):89.

王大珍,周培瑾,田新玉,等.1984.极端嗜盐菌新种的鉴定[J].微生物学报,24(4):304-309.

王弭力,刘成林,焦鹏程,2006.罗布泊盐湖钾盐矿床调查科研进展与开发现状[J].地质论评,52(6):757-764.

王弭力,刘成林,焦鹏程,等,2001.罗布泊盐湖钾盐资源[M].北京:地质出版社.

王稳航,刘安军,黄巍,等,2003.卤蝇蛆甲壳素的提取及壳聚糖的制备工艺[J].食品与发酵工业,29(6),18-22.

魏东岩,1978.山西某成盐盆地第四系含盐系盐类矿物的初步研究[J].河北地质学院学报(2):47-65.

魏东岩,1985.山西某芒硝矿床中硼磷镁石的研究[J].岩石矿物及测试,4(4):313-318+384.

魏东岩,1985.太阴玄精石和寒水石[J].矿物学报,5(3):257-263.

魏东岩,1988.盐类沉积中的钙芒硝及其成因[J].矿物岩石,8(2):92-98+141.

魏东岩,1990.我国硫酸钠矿床成因类型及找矿方向[J].中国地质(3):10-12.

魏东岩,1991.芒硝矿层中卤水虾粪粒化石的发现及其地质意义[J].科学通报,36(17):1322-1325.

魏东岩,1991.我国硫酸钠矿产资源及开发利用的对策与建议[J].化工地质(Z1):68-75.

魏东岩,1997.蒸发岩矿床生物成矿研究综述[J].化工矿产地质,19(1):1-5.

魏东岩,1999.中国石盐矿床之分类[J].化工矿产地质.21(4):201-208.

魏东岩,2008.蒸发岩生物成因论[M].北京:地质出版社.

魏东岩,2009.全球变化——人类存亡之焦点[M].北京:地质出版社.

魏东岩.1994.巴里坤盐湖沉积亚环境组合的研究[J].化工地质,16(2),73-78.

徐昶,1993.中国盐湖黏土矿物研究[M].北京:科学出版社.

袁见齐,1989.袁见齐教授盐矿地质论文选集[M].北京:学苑出版社.

张立丰,2006.新疆达坂城盐湖嗜盐古菌16S rDNA序列分析和细菌视紫红质基因序列的研究[D].乌鲁木齐:新疆师范大学.

张彭熹,陈克造,1987.柴达木盆地盐湖[M].北京:科学出版社.

赵婉雨,2013.柴达木盆地达布逊盐湖微生物多样性研究[D].北京:中国地质大学(北京).

郑绵平,1996.盐湖资源环境与全球变化[M].北京:地质出版社.

郑绵平,向军,等,1989.青藏高原盐湖[M].北京:科学出版社.

郑喜玉,1993.新疆盐湖的形成演化环境[J].盐湖研究.1(1):1-10.

郑喜玉,等,1992.内蒙古盐湖[M].北京:科学出版社.

郑喜玉,等,1995.新疆盐湖[M].北京:科学出版社.

郑喜玉,唐渊,徐昶,等,1988.西藏盐湖[M].北京:科学出版社.

郑喜玉,张明刚,徐昶,等,2002.中国盐湖志[M].北京:科学出版社.

中国地质科学院地质研究所,武汉地质学院,1985.中国古地理图集[M].北京:地图出版社.

中国地质矿产信息研究院,1993.中国矿产[M].北京:中国建材工业出版社.

中国化工博物馆,2014.中国化工通史行业卷(上、中、下)[M].北京:化学工业出版社.

中国矿床编委会编著,1994.中国矿床(下册)[M].北京:地质出版社.

周培瑾,田新玉,马延和,等,1990.一株产碱极端嗜盐杆菌[J].微生物学报,30(1):1-6.

朱井泉,1984.云南安宁盆地晚侏罗世含盐系盐类物质组分及成因研究[D].北京:中国地质大学(北京).

BORCHERT H,MUIR R O,1976.盐类矿床:蒸发岩的成因、变质和变形[M].袁见齐,张瑞锡,张昌明,译.北京:地质出版社.

COLLINS N C,1975. Population biology of a brine fly(Diptera:Ephydridae)in the Presence of Abundant Algal Food[J]. Ecology,56(5):1139-1148.

COOKE H J,BURKITT K F P,BARKER W B,1958. Biology:A textbook for first examinations[M]. London:Longmans.

EVANS F R,1960. Studies on growth of protozoa from Great Salt Lake with special reference to Cristiaera[J]. Jounrnal of Protozoology,7:14-15.

FOLK R L,1993. SEM Imaging of bacteria and nannobacteria in carbonate sediments and rocks[J]. Journal of Sedimentary Petrology,63(5):990-999.

GWYNN J W,1980. Great Salt Lake:A Scientific, Historical and Economic Overview[M]. Utah:Utah Geological and Mineral Survey.

JIANG Z S,FOWLER M G,1986. Carotenold-derived alkanes in oils from northwestern China[J]. Organic Geochemistry,10(4-6):831-839.

KENNETH G R,BRUCE J R,1996. Guide to microlife[J]. Franklin Watts,1:219-224.

PETERS K E,MOLDOWAN J M,1995.生物标记化合物指南——古代沉积物和石油中分子化石的解释[M].姜乃煌,张永昌,林永汉,等译.北京:石油工业出版社.

POST F J,1977. The microbial ecology of the Great salt Lake[J]. Microbial ecology,3:143-165.

TEN HAVEN H L,DE LEEUW J W,PEAKMAN T M,et al.,1986. Anoma-lies in steroid and hopanoid maturity indices[J]. Geochimica et Cosmochimica Acta,50(5):853-855.

VORHIES C T,1917. Notes on the fauna of Great Salt Lake[J]. The American Naturalist,51(608):494-499.

VREELAND R H,HOCHSTEIN L I,1992. The Biology of Halophilic Bacteria[M]. Boca Raton:CRC Press.

WARREN J K,1986. Shallow-water evaporitic environments and their source rock potential[J]. Journal of Sedimentary Research,56(3):442-454.

WEI D Y,DENG X L,LIU Z M,et al.,2000. On biochemical formation of salt deposits [J]. Acta Geologica Sinica-English Edition,74(3):613-617.

WEI D Y,LIU Z M,DENG A,et al.,1998. Biomineralization of mirabilite deposits of Barkol Lake,China[J]. Carbonates and Evaporites,13(1):86-89.

WELLS R C,1923. Sodium Sulphate:its sources and uses[M]. U.S.:Washington Government Printing Office.

WOESE C R,1981. Archaebacteria[J]. Scientific American,244(6):98-125.

ZOBELL C E,1937. Direct microscopic evidence of an autochthonous bacterial flora in the Great Salt Lake[J]. Ecology,18(3):453-458.

附　录　中国硫酸钠矿床中典型矿物化石照片及说明

照片1　达拉特旗芒硝矿岩芯柱,具水平条带状构造。用放大镜观察,生物化石丰富,在白色条带中,可见栩栩如生大小不同的卤虫化石。在较暗的红色细条带中,可见卤蝇幼虫化石及卤虫卵粒体[引自闵隆瑞等《内蒙古达拉特旗芒硝矿床研究》(1995)]。

照片2　达拉特旗芒硝矿岩芯柱,水平条带状构造。用放大镜观察,在白色细条带中,可见白色卤虫幼虫蜕皮(短的)和卤蝇幼虫蜕皮化石(细长的)呈斜向有序排列或散发的焰火状排列,并可见红色卤虫化石。这可能反映芒硝形成时微小水动力条件的变化[引自闵隆瑞等《内蒙古达拉特旗芒硝矿床研究》(1995)]。

照片3　达拉特旗芒硝矿岩芯柱,具微细水平条带,同样,生物化石丰富,所不同的是蜕皮化石较小。还可能有类似叠层石状藻席微层的特点[引自闵隆瑞等《内蒙古达拉特旗芒硝矿床研究》(1995)]。

照片4　罗布泊钙芒硝矿岩芯柱,具水平条带状构造。条带中主要由白色卤虫幼虫蜕皮化石组成,在微层中多是呈立体排列。

照片5　罗布泊钙芒硝岩芯柱,具斜向条带状构造,化石以白色卤蝇幼虫蜕皮化石为主。夹少量卤虫幼虫蜕皮化石和深色卤虫化石。

照片4、5引自王弭力等(2001)"罗布泊盐湖钾盐资源——国家"九五"科技攻关三〇五项目研究成果"。

照片6　内蒙古盐湖含芒硝碱矿石岩芯的劈开面,清楚地看到几种化石。棕红色—暗色细条状者为卤虫化石,较大的似蠕虫状的白色卤蝇幼虫蜕皮化石,白色较小的点状者为卤虫幼虫蜕皮化石。

照片7　彩色晶质芒硝矿石,含卤虫化石和卤蝇、卤虫幼体蜕皮化石,其矿石结构统称为两虫结构。

照片8　略带棕色的晶质无水芒硝矿石,具两虫结构。

照片9　略带淡蓝色的晶质白钠镁矾矿石,具微细条带状。

照片10　具溶洞状钙芒硝矿石,系液体钾盐的载体,其亦含两虫化石(引自王弭力等,2001)。

附 录 中国硫酸钠矿床中典型矿物化石照片及说明

照片1　　　　照片2　　照片3　照片4　照片5　　照片6

照片7

照片8

照片9

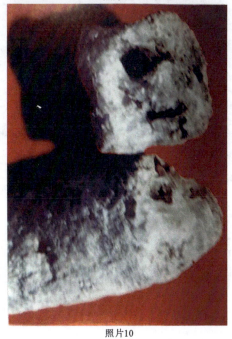

照片10

照片 11　天山北麓的巴里坤盐湖及其泥坪和沙坪。

照片 12　巴里坤盐湖边部盐坪中红色卤虫遗体和两虫蜕皮遗体以及红色卤虫卵粒堆积条带。

照片11

照片12

附 录 中国硫酸钠矿床中典型矿物化石照片及说明

照片 13 巴里坤盐湖湖水表面生物特征。红色条带为卤水虾及其卵粒集中分布带,褐色者为卤蝇幼虫。白色不同大小的点状物为卤虫幼体的蜕皮物,其散布于湖面。

照片 14 巴里坤盐湖湖水表面呈平行排列的红色条带与白色(或带青的白色)条带微呈斜交状。红色条带为卤虫(成虫或次成虫),白色条带为卤蝇不同长度的幼虫蜕皮和卤虫幼虫蜕皮所构成。黑色或褐色的卤蝇幼虫常分散或成堆分布于卤水表面。卤蝇幼虫常以卤虫为食。

照片13

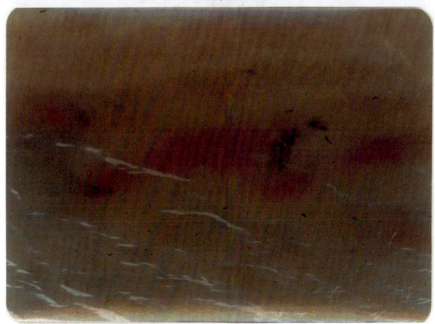

照片14

照片15　青海西宁付家寨出露地表的钙芒硝矿山，水平层理发育。

照片16　西宁出露地表的钙芒硝矿，在层面上可见波纹构造。用放大镜在层面上可清楚地看到密集的卤虫化石和卤蝇幼虫蜕皮化石。

照片15

照片16

附　录　中国硫酸钠矿床中典型矿物化石照片及说明

照片17　远观西宁傅家寨出露地表钙芒硝山顶低洼处,钙芒硝矿水解风化脱水形成的白色无水芒硝矿。

照片18　西宁硝沟出露地表的山体地层剖面,图中1为原生钙芒硝矿;2为芒硝矿;3为无水芒硝矿;4为含芒硝的砾石层。

照片17

照片18

照片 19　芒硝矿石具微细层理。

照片 20　在同一晶质矿石中既含有芒硝薄层(图中1),也含有无水芒硝薄层(图中2),还含有钙芒硝薄层(图中3)的矿石。这表明盐湖成矿时,卤水成分的变化。

照片 21　水化的钙芒硝矿石。钙芒硝具菊花状聚集体。

照片19

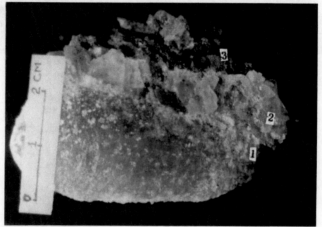

照片20

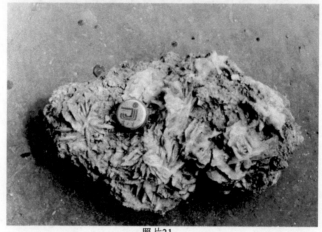

照片21

附 录 中国硫酸钠矿床中典型矿物化石照片及说明

照片 22 晶质芒硝岩的镜下照片。芒硝呈自形中细粒、柱状晶体,具定向镶嵌结构,正交偏光×40。芒硝晶体中含不同大小暗色卤虫化石和白色卤虫幼虫蜕皮化石。芒硝晶体间分布有卤虫粪粒化石。

照片 23 钙芒硝岩镜下照片,具半定向镶嵌结构。钙芒硝形态为卤蝇幼虫、卤蝇蛹化石,以前者为多。可见腹足和尾部的呼吸管。钙芒硝矿物颗粒间夹有少量含有碎屑的卤蝇幼虫粪粒化石。广西钙芒硝矿,T09,单偏光×40。

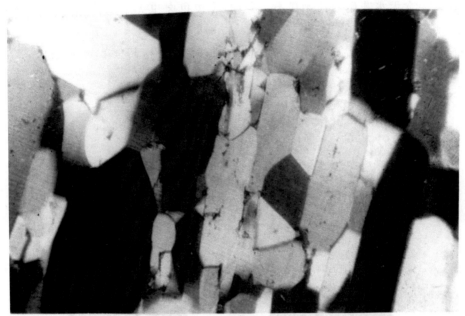

照片22

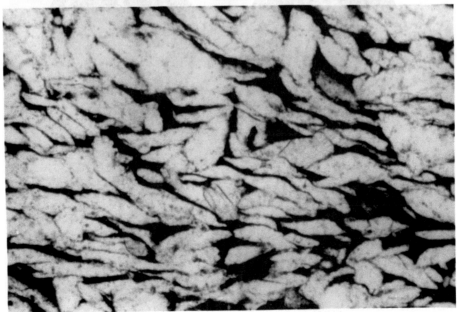

照片23

照片 24　晶质芒硝岩,芒硝呈单斜板状晶体,具镶嵌结构。正交偏光×25。

照片 25　晶质无水芒硝岩具粒状镶嵌结构。正交偏光×40。

照片 26　白钠镁矾岩具不等粒花岗变晶结构。白钠镁矾晶粒中含卤虫化石与卤蝇粪粒化石等。正交偏光×40。

照片 27　泥质钙芒硝岩具条柱状结构,有的条柱状晶体由卤虫蜕皮化石构成,其四周边缘由白色长条状卤蝇幼虫蜕皮化石围合而成。正交偏光×40。

照片 28　含无水芒硝的芒硝矿石。其中,含黑色卤虫无节幼体化石,分布于中上部。M20,正交偏光×80。

照片 29　芒硝矿石中,在晶体边部分布的卤虫粪粒化石,其呈单个、链条状,以至构成网状。N0026,单偏光,3.2×8。

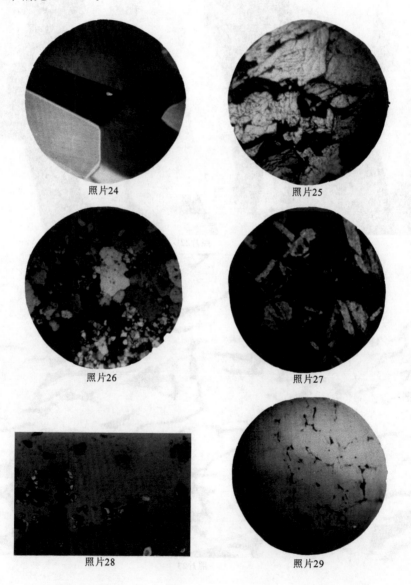

照片24　　　　　　照片25

照片26　　　　　　照片27

照片28　　　　　　照片29

附 录　中国硫酸钠矿床中典型矿物化石照片及说明

照片30　芒硝岩中,在晶粒间分布的卤虫粪粒化石,通常由4~5个链条组成一个网状。M05,单偏光,4×3.3。

照片31　芒硝岩中,单个、链状、长条状卤虫粪粒化石。单偏光,4×3.3。

照片32　芒硝岩中分布的卤虫粪粒化石及卤蝇幼虫粪粒化石。前者分布于照片上部,3个粪粒单独分布,各具碎屑粒状结构,碎屑沿着粪粒长向展布,粪粒尾部均为细尖状;后者具团块状,粪粒中含黑色卤虫无节幼体化石。该粪粒的右侧下部可见具尖状尾部的粪粒可能是3个卤虫粪粒化石的聚集体。单偏光,4×3.3。

照片33　芒硝岩中,两个卤虫化石被芒硝交代具蚕蚀状结构。M05,正交偏光,×40。

照片34　芒硝岩中,枣核状卤虫粪粒化石被芒硝沿边缘交代呈亮边结构。M05,正交偏光,×40。

照片35　无水芒硝岩中,卤虫粪粒化石呈西瓜籽状和葫芦状,其被无水芒硝完全交代。正交偏光,×40。

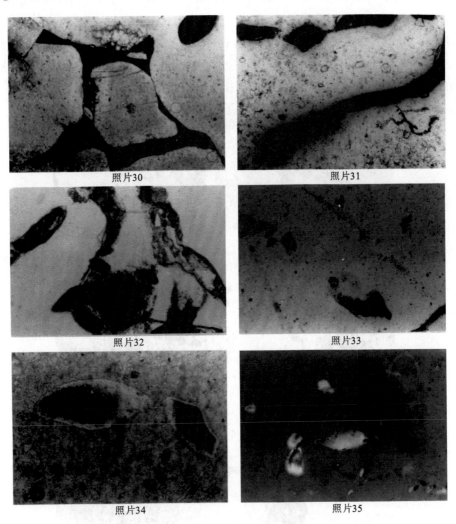

照片30　　　　　　　　　照片31

照片32　　　　　　　　　照片33

照片34　　　　　　　　　照片35

照片 36　芒硝岩中含多种化石。上方黑色两个为卤虫幼体化石及椭圆状卤蝇幼虫粪粒化石,其内含卤虫无节幼体化石。沿粪粒化石边部可见两个弯曲状较完整的卤虫次成虫化石,并可见两个较小的卤虫卵。单偏光,×80。

照片 37　芒硝岩中,卤蝇幼虫粪粒化石(黑色)较密集分布,大小不等,形态以浑圆为主,亦有不规则状。大的粪粒具碎屑结构。碎屑成分为芒硝和无水芒硝,基质为泥质。单偏光,×60〔引自闵隆瑞等所著《内蒙古达拉特旗芒硝矿研究》(1995)〕。

照片 38　含硬石膏的钙芒硝岩,具纤柱状粒状结构,含数量较多的黑色卤蝇幼虫粪粒化石和少量细条状卤虫粪粒化石。卤蝇幼虫粪粒化石形态为降落伞状或不规则状,具碎屑结构,白色碎屑为盐类碎屑,黑色为泥质。呈柱状的钙芒硝,其内由卤蝇幼虫的蜕皮化石紧密排列所构成。T10,单偏光,×40。

照片 39　芒硝岩具不等粒镶嵌结构。黑色卤蝇幼虫粪粒化石较大,单个出现,呈球状不规则状。黑色卤虫粪粒化石分布于芒硝颗粒间。正交偏光,×60〔引自闵隆瑞等所著《内蒙古达拉特旗芒硝矿研究》(1995)〕。

照片 40　达拉特旗芒硝矿床含盐系中含钙粉砂黏土层中根茎植物(古盐湖边滩沉积物和生物)。在黏土层中,可观看到卤虫印模化石及白色卤虫幼虫蜕皮化石和卤蝇幼虫蜕皮化石〔引自闵隆瑞等所著《内蒙古达拉特旗芒硝矿研究》(1995)〕。

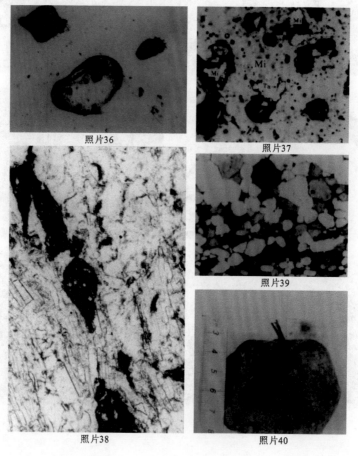

照片36

照片37

照片38

照片39

照片40

附 录 中国硫酸钠矿床中典型矿物化石照片及说明

照片41 现代盐湖边卤坑中成片成团栖息的卤蝇在觅食卤虫、藻类等生物,微小的白色点状物可能是卤蝇之卵。

照片42 芒硝岩中卤蝇幼虫粪粒化石,粪粒具碎屑结构。中间一个大的碎屑中含一个小的粪粒化石。大的粪粒边缘疑可见两个次成虫或成虫卤虫化石。M07,单偏光,×200。

照片43 芒硝岩中卤蝇粪粒化石,薯状,其内含黑色圆形卤虫卵粒和卤虫卤蝇幼虫蜕皮化石。正交偏光,×80。

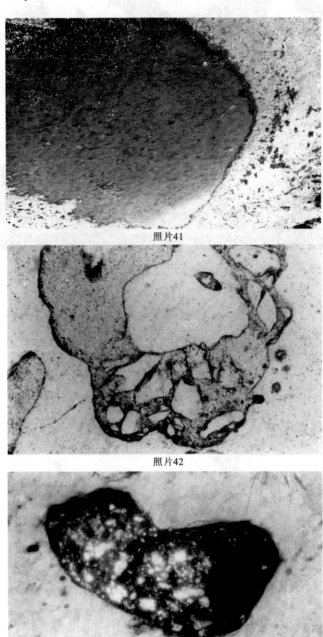

照片41

照片42

照片43

照片 44　山西运城产粟状、豆状的硼磷镁石集合体在扫描电镜下的柱状、假六方板状晶体形状。×10 000。

照片 45　无水芒硝在扫描电镜下的杆状及球状菌藻体,定向排列。

照片44

照片45